普通高等教育理学类专业教材

热力学·统计物理学

主编 侯俊华 杨红萍 张建军

RELIXUE TONGJIWULIXUE

$$(p + a/v^2)(v - b) = RT$$

$$\eta_R = \eta_R' = 1 - \left|\frac{Q_2}{Q_1}\right| = 1 - \frac{T_2}{T_1}$$

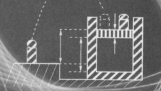

西安交通大学出版社
XI'AN JIAOTONG UNIVERSITY PRESS

国家一级出版社
全国百佳图书出版单位

内容简介

本书系统地阐述了热运动与热现象的基本概念、基本规律和基本方法,并从宏观和微观上描述了热力学系统的热现象和热性质。内容包括:热力学的基本定律、均匀闭系的热力学关系及其应用、相平衡和化学平衡、非平衡态热力学、概率论、统计物理学的基本概念、最概然统计法、系综统计法、涨落理论、非平衡态统计物理学等。

本书编写在参照综合性大学物理系本科热力学与统计物理课程教学大纲的同时,考虑了师范类院校学生特点和师范专业认证的要求,力求内容丰富、简明、清晰;对许多传统内容也采取了新的讲授方法,还列举了较多数量的具有特色的例题和习题,以便于学生自主学习、合作学习,增强学生自我学习能力、强化学生利用所学知识解决实际问题的综合实践能力。

本书可作为高等学校物理类各专业学生学习热力学与统计物理学课程的教材,也可供化学专业本科生、研究生、教师及有关的科技工作者参考。

图书在版编目(CIP)数据

热力学·统计物理学 / 侯俊华,杨红萍,张建军主编. — 西安 : 西安交通大学出版社,2022.7
ISBN 978 - 7 - 5693 - 2639 - 0

Ⅰ. ①热… Ⅱ. ①侯… ②杨… ③张… Ⅲ. ①热力学—高等学校—教材 ②统计物理学—高等学校—教材 Ⅳ. ①O414

中国版本图书馆 CIP 数据核字(2022)第 102847 号

书　　名	热力学·统计物理学
	RELIXUE·TONGJI WULIXUE
主　　编	侯俊华　杨红萍　张建军
责任编辑	郭鹏飞
责任校对	李　佳
出版发行	西安交通大学出版社
	(西安市兴庆南路 1 号　邮政编码 710048)
网　　址	http://www.xjtupress.com
电　　话	(029)82668357　82667874(市场营销中心)
	(029)82668315(总编办)
传　　真	(029)82668280
印　　刷	西安明瑞印务有限公司
开　　本	787 mm×1092 mm　1/16　印张　15.5　字数　357 千字
版次印次	2022 年 7 月第 1 版　　2022 年 7 月第 1 次印刷
书　　号	ISBN 978 - 7 - 5693 - 2639 - 0
定　　价	42.00 元

如发现印装质量问题,请与本社市场营销中心联系、调换。
订购热线:(029)82665248　(029)82667874
投稿热线:(029)82668254　QQ:21645470
读者信箱:21645470@qq.com

前　言

　　热力学与统计物理学是高等院校物理学专业的重要理论课,同时也是固体、液体、气体、等离子体理论和激光理论的基础之一。它的概念和方法在原子核和基本粒子理论中也有许多应用,而且日益广泛地渗透到化学、生物学等学科中。特别是近年来,出现了许多鼓舞人心的进展。各态历经理论、非线性化学物理、随机理论、量子流体、临界现象、流体力学以及输运理论等方面的新成果,使这门学科发生了革命性的变化。可以预言,随着科学技术的迅速发展,热力学与统计物理学这门学科将更加生气勃勃。

　　热力学与统计物理学都研究物质运动的热形式,但二者采用的方法不同。热力学是热运动的宏观理论。它以由观察和实验总结出的几个基本定律为基础,经过严密的数学推理,来研究物性之间的关系。统计物理学是热运动的微观理论。统计物理学认为:物质的宏观性质是大量微观粒子运动的平均效果,宏观物理量是相应微观量的统计平均值。统计物理学是从物质的微观结构出发,依据微观粒子所遵循的力学规律,再用概率统计的方法求出系统的宏观性质及其变化规律。

　　我们在教学实践中不仅注重教师的主导地位,更注重学生的主体地位。结合"导学-学导式"教学法,采取"既讲清楚,又不讲清楚"的授课方式。对重点内容,不惜笔墨,力求讲清楚、讲透彻,使大多数同学经过思考即可容易掌握相关知识;对于与热学有重复的部分,我们提倡学生"温故而知新";对于那些我们认为可以经过学生自己思考即可掌握的内容、可以导出的公式,就留给学生自己去做,以培养学生积极思考和自主学习的习惯。本书的特点即为上述教学方法的运用。

　　本书上一版在原子能出版社出版,该版出版以后作者连续 5 年进行教改尝试,采用的教学方法由传统的课题讲授式逐步演化为对比试验讲授式,再到以学生为中心、注重学生差异化发展的学导式、导学-学导式和问题教学模式。2020年,作者承担的热力学与统计物理课程被认定为山西省精品资源共享课程。

　　为更好适应据信息时代学生获取知识途径的变化和师范专业认证对教学改革的新要求,作者对教材内容进行了适当的调整和删减。通过修订,本书更加符合师范专业"学生中心、产出导向"的认证理念。修订工作分工为:侯俊华负责全书的统稿,以及第五、第六、第七章的修订;杨红萍负责第一、第二、第三、第四章的修订;张建军负责第八、第九、第十章的修订。为适应线上线下混合教学的教育信息化要求,新版教材加入了精品资源共享课网站链接,读者可扫描下面二维码获取线上课程资源。

　　本书在撰写过程中得到了冯玉广教授的大力支持和精心指导。他对本书的结构编排、内容设计、概念表述、例题、习题和思考题甄选等均做了严格把关,并对书中每一句话仔细斟酌、反复推敲。笔者在此对冯玉广教授表示衷心的感谢。

　　限于水平,书中自然存在不少缺点和不妥之处,请读者不吝赐教。

侯俊华　杨红萍　张建军

2022 年 4 月

目　　录

绪　论

热力学与统计物理学主要研究物质热运动的规律以及热运动对物质宏观性质的影响。

热运动是系统内部大量微观粒子(分子、原子或基本粒子)的无规则运动。热运动是物质的一种基本运动形式,它不仅表现在大量微观粒子组成的系统中,而且还表现在诸如有限体积中的电磁辐射这样的系统中。

热力学与统计物理学都研究物质运动的热形式,但二者采用的方法不同。

热力学是热运动的宏观理论。它以由观察和实验总结出的几个基本定律为基础,经过严密的数学推理,来研究物性之间的关系。在热力学中,完全不涉及物质的微观结构,不引进任何假设和模型,所以,热力学理论具有高度的普遍性和可靠性,即热力学理论对任何物质系统都能给出与实验符合的结果。然而,由于从热力学理论得到的结论与物质的具体结构无关,所以,它不可能给出具体物质的具体特性(如物质的状态方程、比热容等)。在实际应用中往往必须结合实验观测的数据才能得到具体结果。此外,由于热力学理论不考虑物质的微观结构,因而无法说明涨落现象。

统计物理学是热运动的微观理论。统计物理学认为:物质的宏观性质是大量微观粒子运动的平均效果,宏观物理量是相应微观量的统计平均值。统计物理学是从物质的微观结构出发,依据微观粒子所遵循的力学规律,再用概率统计的方法求出系统的宏观性质及其变化规律。由于统计物理学深入到热运动的本质,所以,它能把热力学三个基本定律统一于一个基本的统计原理,并阐明三个定律的统计意义,还可以解释涨落现象。不仅如此,在对物质的微观结构做出某些假设后,还可以求得具体物质的特性。然而,由于对物质的微观结构所做的只是简化假设,因此,所得的结论也就往往是近似的。

尽管热力学与统计物理学的研究方法不同,但对于宏观的、含有大量粒子的系统,二者给出相同的结果,即它们之间存在着相辅相成的密切关系。高度可靠的热力学为统计物理学做严格的检验,统计物理学赋予热力学以更深刻的含义。

热力学与统计物理学是一门基本科学。它是固体、液体、气体、等离子体理论和激光理论的基础之一。它的概念和方法在原子核和基本粒子理论中也有许多应用,而且日益广泛地渗透到化学、生物学等学科中。可以预言,随着科学技术的迅速发展,热力学与统计物理学这门学科将更加生气勃勃。

学习热力学与统计物理学的主要目的:

(1)掌握热现象与热运动的规律及其对物质的宏观性质的影响;

(2)掌握热力学与统计物理学处理问题的方法,提高分析问题与解决问题的能力,为以后解决实际问题打下基础;

(3)通过对热运动规律的学习,加深对物质热性质的理解,进一步培养辩证唯物主义世界观。

　　对初学者的一点建议:学习热力学与统计物理学,只学一遍基本原理是不够的,必须进行大量的独立思考。例如,这个问题是怎样提出的? 又是怎样解决的? 为什么这样而不那样? 又如,这一方法是特殊的,还是普遍的? 以前是否遇到过? 是怎样解决这一问题的? 等等。此外。做习题是帮助你独立思考的有效途径之一。索末菲曾写信给他的学生海森堡,告诫他:"要勤奋地去做习题,只有这样,你才会发现,哪些你理解了,哪些你还没有理解。"要注意,运算前不要看答案,但得出答案后不应忘记再仔细考虑一下,看一下是否能了解其中所包含的物理意义。除了做必要的练习外,还建议读者适当重复书中的推导和计算。最好是在了解思路之后,脱离书本去自行推算。要是能发现不同于书中所写的、独立的解法和不论大小的新见解、新结果(当然不能是错误的),那就更好了。

热力学的基本定律

第1章

    热力学基本定律是整个热力学的基础,部分内容在普通物理热学中已有陈述。为保证理论体系的严格性与系统性,本章将在热学的基础上,对热力学的基本概念、基本规律做复习性简述。

1.1 基本概念

1.1.1 系统与外界

    热力学的研究对象称为热力学系统,简称系统。与系统有关的其他物质或空间称为外界。

几点说明。

    (1)作为热力学研究对象的系统,其是时空广延范围均为正常量度过程可及的宏观实体。它可由大量微观粒子(例如分子、原子、电子等)组成,也可由场(例如电磁场)组成。在上述两种情况下,它们都必须是含有极大数目自由度的动力学系统,只有极少数目自由度的系统不是热力学的研究对象。

    (2)通常可以把系统的外界概括为加在所研究系统上的一定的外界条件(例如恒定压强、恒定温度、恒定磁场等)。例如在磁场中的磁介质或电场中的电介质,磁介质或电介质是热力学系统,外加磁场或电场便为系统的外界。

    (3)根据系统与外界的关系可把系统分为①孤立系:与外界没有任何相互作用的系统;②封闭系:与外界仅有能量交换,而没有物质交换的系统;③开放系:与外界既可有能量交换,也可有物质交换的系统。严格地讲,自然界并不真正存在孤立系,但当系统与外界的相互作用小到可以忽略时,即可近似看成孤立系。

    (4)根据系统物理和化学性质还可把系统分为①单元系:系统只含一种独立的化学成分;②多元系:系统含有两种或两种以上化学成分;③单相系:系统内物理性质均匀一致;④复相系:系统内物理性质不均匀。通常还把物理性质、化学性质都均匀一致的系统称为均匀系,反之就是非均匀系。

1.1.2 平衡态

    经验表明:一个孤立系统经过足够长的时间,将会达到这样一种状态,系统的各种宏观性质在长时间内不再发生任何变化,这种状态称为热力学平衡态。不符合以上条件的状态称为非平衡态。

几点说明。

(1)系统的宏观性质在平衡态下虽然不随时间改变,但组成系统的大量粒子仍然永不停息地运动着,只是这些微观粒子运动的平均效果不变而已。所以,热力学平衡态是一种动态平衡,常称为热动平衡。

(2)在平衡态下,系统宏观量的数值仍会发生涨落,不过,对于宏观物质系统,在一般情况下涨落是极其微小的,是可以忽略的。

(3)对于封闭系或开放系,在不变的外界条件下,经过一定时间后,系统也必将达到一个宏观上看来不随时间变化的状态,以后系统将长久地保持这样的状态。这时,如果系统内部出现某些"流"(如粒子流、热流等),则这样的状态称为稳定态。如果不出现某些"流",则称为平衡态。当改变系统的外界条件时,系统的平衡态遭到破坏,但经过一定时间后,系统又将在新的条件下达到新的平衡态。一定的外界条件对应一个确定的平衡态。

(4)系统处于平衡态时,其各种宏观性质不再随时间改变,所以可用一组具有确定值的宏观物理量来表征系统平衡态的特征。经验表明,通常只需要用一组最少(较非平衡态而言)的必要而又充分的独立的状态参量就可完全确定平衡态的性质。

1.1.3 状态参量

被选作用以确定系统的平衡态的独立的宏观物理量,称为状态参量。通常可测量的物理量都可以选为状态参量,如压强 p、体积 V、温度 T、磁场强度 H、磁化强度 M 等。

几点说明。

(1)一个系统究竟需要几个独立的状态参量才能完全确定其状态,要根据系统的性质和外界条件决定。经验表明,对于一定质量的气体、液体或各向同性固体等均匀系,在没有外场时,独立的状态参量数为2,通常取 p 和 V。当研究固体的压电效应或磁致伸缩效应时,还必须引入极化强度或磁化强度为状态参量。若研究的是水、气二相系统,每相的状态参量除 p、V 外还要引入粒子数。对于可发生化学反应的多元系则必须给定各组元的浓度。当描写该平衡态的一组独立的状态参量确定后,其他一切热力学量(如内能、熵等)都可表示为这一组状态参量的函数,并且在给定的状态下由这一组独立的状态参量单值地确定,这种函数叫态函数。

(2)状态参量可分为内参量和外参量两种。内参量表示系统内部的状态,如气体的压强、温度、电介质的极化强度等。就其本质来说,它来源于系统内部粒子的热运动和粒子间的相互作用,并取决于空间各处的粒子数密度。外参量表示系统周围环境的状况,或者说表示加于系统的外界条件,如体积、电场强度、磁场强度等。应当指出:① 在系统达到平衡后,内参量依赖于外参量,例如气体的压强和体积有关。② 由于系统和外界的划分是人为的,所以内参量和外参量的区分也不是绝对的。

(3)热力学量可分为强度量和广延量。强度量与系统的质量无关,如压强、温度、粒子数密度、磁化强度等。广延量则与系统的质量成正比,如体积、粒子数、内能、熵、总磁矩等。一个处于热力学平衡态的系统,在保持其平衡不受破坏的情况下分隔成若干个宏观部分,则每一部分的强度量仍等于分隔前的强度量值,每一部分的广延量值只是分隔前的广延量值的一部分,分隔前的广延量值是分隔后各部分的广延量值之和。以后将会看到,广延量与质量之比是强度量,广延量与强度量的乘积仍是广延量,广延量的代数和仍是广延量。

1.1.4 状态方程

1. 状态方程的定义

经验表明:任何一个热力学系统的平衡状态都可用几何参量(例如体积、面积、长度等)、力学参量(例如压强、张力等)、电磁参量(例如电场强度、磁场强度、电矩、磁矩等)及化学参量(例如各组分的浓度)来描写,这 4 类参量可完全确定该系统的平衡状态。然而,在一定的平衡态中,热力学系统还具有确定的温度。由此可知,上述四类参量与温度之间必然存在着一定的联系,表示这一联系的数学关系式便称为系统状态方程,也称为物态方程,简称态式。对于气体、液体和各向同性固体等简单系统来说,其状态方程为

$$f(p, V, T) = 0 \qquad (1.1.1)$$

若某热力学系统有 n 个自由度,它的平衡态要用 n 个独立参量 $x_1, x_2, x_3, \cdots, x_n$ 来描写,则它的状态方程为

$$f(x_1, x_2, \cdots, x_n, T) = 0 \qquad (1.1.2)$$

两点说明。

(1) 只有均匀系才有状态方程。一个非均匀系可分成几个均匀部分,每一部分有一个状态方程,但对整个非均匀系而言没有一个统一的状态方程。

(2) 在应用热力学理论研究实际问题时,往往需要用到状态方程,因此状态方程在热力学中是一个很重要的方程。然而,根据热力学理论不能得到状态方程的具体形式,在热力学中,状态方程完全依靠实验来确定。根据物质的微观结构,应用统计物理学的理论,原则上可以导出状态方程,这一点将在统计物理学中讲述。

2. 几种物质的状态方程

(1) 气体(1 mol)

理想气体状态方程

$$pv = RT \qquad (1.1.3)$$

对于稀薄到粒子间相互作用可以忽略的气体,该方程给出一个很好的描述。

范德瓦尔斯状态方程

$$(p + a/v^2)(v - b) = RT \qquad (1.1.4)$$

范德瓦尔斯状态方程是考虑到分子有一定大小及分子间有相互吸引力的作用,对理想气体状态方程进行修正而得到的。范德瓦尔斯状态方程在历史上占有极其重要的地位。首先,它是第一个既能应用到气相又能应用到液相,并显示出相变的方程。其次,它包含了气相和液相大部分重要的定性性质,范德瓦尔斯状态方程比理想气体状态方程能更好地反映气体的实际行为。

昂内斯状态方程

$$pv = A + Bp + Cp^2 + Dp^3 + \cdots \qquad (1.1.5a)$$

或

$$pv = A' + B'v^{-1} + C'v^{-2} + D'v^{-3} + \cdots \qquad (1.1.5b)$$

式中，A、B、C、D…… 或 A'、B'、C'、D'……，分别称为第一、第二、第三、第四…… 位力系数。在压强趋于零（或体积趋于无穷大时），式（1.1.5）应过渡到理想气体状态方程式（1.1.3），因此第一位力系数 $A = RT$，其他的位力系数可由实验测定。这些位力系数是温度的函数，与气体的性质无关。式（1.1.5）作为更加准确的实际气体的状态方程有着广泛的应用。

（2）拉紧的弦

一根在弹性限度内拉紧的弦，遵循胡克定律，其状态方程为

$$f = k(t)(L - L_0) \qquad (1.1.6)$$

式中，f 为张力；L 为长度；L_0 为 $f = 0$ 时的长度；$k(t)$ 为与温度有关的弹性系数。

（3）表面膜

表面膜是指气、液两相交界处的一个薄层，通常将其理想化为一几何面。表面膜的研究是固体物理和化学物理中的重要方面。表面膜的状态方程为

$$\sigma = \sigma_0 (1 - t/t')^n \qquad (1.1.7)$$

式中，σ 为表面张力；t 为摄氏温度；σ_0 是 $t = 0℃$ 时的表面张力；t' 和 n 均为实验常数，t' 的值在临界温度附近几摄氏度之内，n 的值为 $1 \sim 2$。

（4）简单固体和液体

简单（均匀各向同性）固体和液体的状态方程为

$$V = V_0[1 + \alpha(T - T_0) - \kappa p] \qquad (1.1.8)$$

式中，V、p、T 分别为体积、压强和温度，V_0 为压强 $p = 0$ 时的体积，T_0 为常数。α 与压强近似无关，只是温度的函数。在常温下，固体和液体的 α 的数量级分别为 $10^{-5} \sim 10^{-4} K^{-1}$ 和 $10^{-4} \sim 10^{-3} K^{-1}$，$\alpha$ 的大小因不同物质而异。κ 与压强近似无关，对温度有微弱的依赖关系。固体和液体的 κ 数量级分别是 $\frac{1}{10} Pa^{-1}$ 和 $1 Pa^{-1}$，κ 的大小也因不同物质而异。α 和 κ 的数值都很小，在一定的温度范围内可以近似地将它们看作常数。

（5）电介质固体

均匀电介质被置于电场中便发生极化，在极化过程中，电介质的体积变化很小。当温度不太低时，均匀电介质的状态方程为

$$\boldsymbol{P} = (a + b/T)\boldsymbol{E} \qquad (1.1.9)$$

式中，$\boldsymbol{P}$ 为电极化强度；$\boldsymbol{E}$ 为电场强度；T 为绝对温度；a、b 均为常数。

（6）顺磁固体

顺磁固体（例如硫酸铵铁、硝酸铈镁等）置于磁场中时，便发生磁化。在通常的实验中，磁化过程是在大气下进行的，所以压强为常数，且只有很小的体积变化。在高温弱磁场时，顺磁固体的状态方程为

$$\boldsymbol{m} = a\boldsymbol{H}/T \qquad (1.1.10)$$

式中,m 是磁化强度;H 是磁场强度;T 是绝对温度;a 是与物质有关的常数。式(1.1.10)又称为居里方程。

以上各状态方程都是由实验确定的。在热力学中,还可以通过实验测定定压膨胀系数、定容压强系数和等温压缩系数等三个系数中的两个,根据二元函数微分学知识,利用由两个偏导数求原函数的方法即可以找到状态方程。

3. 三个系数与状态方程

定压膨胀系数

$$\alpha = \frac{1}{V}\left(\frac{\partial V}{\partial T}\right)_p \tag{1.1.11}$$

它给出在压强保持不变的条件下,温度升高 1 K 所引起的物体体积的相对变化。

定容压强系数

$$\beta = \frac{1}{p}\left(\frac{\partial p}{\partial T}\right)_V \tag{1.1.12}$$

它给出在体积保持不变的条件下,温度升高 1 K 所引起的物体压强的相对变化。

等温压缩系数

$$\kappa = -\frac{1}{V}\left(\frac{\partial V}{\partial p}\right)_T \tag{1.1.13}$$

它给出在温度保持不变的条件下,增加单位压强所引起的物体体积的相对变化。

由于 V、p、T 三个参量满足状态方程式(1.1.1),可以证明(见附录 1 式(5))

$$\left(\frac{\partial V}{\partial p}\right)_T\left(\frac{\partial p}{\partial T}\right)_V\left(\frac{\partial T}{\partial V}\right)_p = -1 \tag{1.1.14}$$

由此得到

$$\alpha = \kappa\beta p \tag{1.1.15}$$

如果已知状态方程,由式(1.1.11)和式(1.1.13)可以求得 α 和 κ;反之,通过实验测得 α 和 κ,也可求得状态方程。对于固体和液体,升高温度时要维持体积不变相当困难,可通过测量 α 和 κ 并利用式(1.1.15)求得 β。

【例1】实验测得某一气体系统的定压膨胀系数和等温压缩系数分别为

$$\alpha = \frac{1}{T}\left(1 + \frac{3a}{VT^2}\right)$$

$$\kappa = \frac{1}{p}\left(1 + \frac{a}{VT^2}\right)$$

其中 a 是常数,试求气体的状态方程。

解: 取 T、p 为自变量,则 $V = V(T,p)$,所以

$$dV = \left(\frac{\partial V}{\partial T}\right)_p dT + \left(\frac{\partial V}{\partial p}\right)_T dp = \alpha V dT - \kappa V dp$$

将 α 和 κ 的表达式代入得

$$dV = \frac{V}{T}\left(1 + \frac{3a}{VT^2}\right)dT - \frac{V}{p}\left(1 + \frac{a}{VT^2}\right)dp$$

即

$$\frac{\mathrm{d}p}{p} = \frac{1}{T} \frac{1 + \frac{3a}{VT^2}}{1 + \frac{a}{VT^2}} \mathrm{d}T - \frac{\mathrm{d}V}{V(1 + \frac{a}{VT^2})}$$

T 保持不变时，积分上式得

$$\ln p = -\ln(V + \frac{a}{T^2}) + f(T)$$

为确定 $f(T)$，将上式微分得

$$\frac{\mathrm{d}p}{p} = -\frac{1}{V + \frac{a}{T^2}} \Big(\mathrm{d}V - \frac{2a}{T^3} \mathrm{d}T \Big) + \frac{\mathrm{d}f(T)}{\mathrm{d}T} \mathrm{d}T$$

$$= -\frac{\mathrm{d}V}{V\Big(1 + \frac{a}{VT^2}\Big)} + \left[\frac{\frac{2a}{VT^3}}{1 + \frac{a}{VT^2}} + \frac{\mathrm{d}f(T)}{\mathrm{d}T} \right] \mathrm{d}T$$

和 $\mathrm{d}p/p$ 原来的表达式比较，得

$$\frac{\frac{2a}{VT^3}}{1 + \frac{a}{VT^2}} + \frac{\mathrm{d}f(T)}{\mathrm{d}T} = \frac{1}{T} \frac{1 + \frac{3a}{VT^2}}{1 + \frac{a}{VT^2}}$$

所以

$$\frac{\mathrm{d}f(T)}{\mathrm{d}T} = \frac{1}{T}$$

积分得

$$f(T) = \ln(CT)$$

式中 C 为积分常数。

因此

$$\ln p = -\ln\Big(V + \frac{a}{T^2}\Big) + \ln(CT)$$

即

$$p\Big(V + \frac{a}{T^2}\Big) = CT$$

或

$$pV = CT - \frac{ap}{T^2}$$

利用 $T \to \infty$ 时，一切气体趋于理想气体的性质可有

$$\lim_{T \to \infty}(pV) = CT$$

与 ν 摩尔的理想气体状态方程 $pV = \nu RT$ 进行比较可得 $C = \nu R$。所以该气体的状态方程为

$$pV = \nu RT - \frac{ap}{T^2}$$

1.1.5　热力学过程

一个热力学系统,其状态随时间的变化经过称为热力学过程,简称过程。

1. 准静态过程和非静态过程

过程进行得足够缓慢,致使系统在过程中所经历的每一个状态都可以看作平衡状态,这样的过程称为准静态过程。反之,若是过程进行中系统平衡态被破坏的程度大到不可忽略时,这样的过程称为非静态过程。准静态过程也叫平衡过程,非静态过程又叫非平衡过程。

几点讨论。

(1) 实际上,真正的准静态过程是不存在的。因为随着过程的进行,意味着原状态的破坏,只有平衡态不能构成过程。只有在过程进行得无限缓慢,以致系统有足够的时间恢复平衡时,准静态过程才能实现。因此,准静态过程是一个理想化的概念。

(2) 当弛豫时间 τ(系统从非平衡态到达平衡态所需的时间)远比外参量改变微量(宏观上)所需的时间 Δt 小时,即满足条件

$$\tau \ll \Delta t \tag{1.1.16}$$

就可以认为该过程足够缓慢,而近似当作准静态过程处理。

(3) 许多实际过程可相当好地近似为准静态过程。例如气体压强均匀化的速度大约为每秒几百米(分子热运动的平均速度),而气缸中的活塞运动速度不超过每秒几米。因此,气缸中的气体经历的是准静态过程。极化(或磁化)过程的弛豫时间也很短,所以在不涉及变化极快的过程(如高频交变场中的响应)时,总可以把极化过程看成是准静态的。

(4) 如果没有摩擦阻力,外界在准静态过程中对系统的作用力,可以用描写系统平衡状态的参量表达出来。例如,当气体做无摩擦的准静态膨胀或压缩时,为了维持气体在平衡状态,外界的压强必须等于气体的压强。如果气体的压强在过程中发生变化,外界的压强也必须相应地改变,才能在整个过程中始终维持系统和外界压强的平衡,以保证过程的准静态性质。因而,外界的压强可以用系统的压强来代替。正因为如此,外界对系统所做的功才能用系统的状态参量表示出来,这也正是引入准静态过程这个理想化概念的意义所在。在有摩擦阻力的情形下,即使过程进行得非常缓慢,系统经历的每一个状态都可以看作平衡态,外界的作用力也不能用系统的参量表达。

2. 可逆过程和不可逆过程

设一系统从状态 A 经某一过程 P 变化到状态 B,如果我们能找到另外的过程 R,它可以使一切恢复状态(系统和外界都恢复原状),则过程 P 称为可逆过程;反之,如果无法找到满足上述条件的过程 R,则过程 P 就称为不可逆过程。

几点说明。

(1) 自然界中与热现象有关的实际过程都是不可逆过程。例如摩擦生热、热传导、气体的自由膨胀、扩散、各种爆炸过程等。这些过程都具有方向性,而且过程一经发生,所产生的后果就不能完全消除。

（2）一切不可逆过程彼此等价，即从一个过程的不可逆性可推断出另一个过程的不可逆性。例如，由开尔文表述不成立可证克劳修斯表述不成立。

（3）纯力学过程或纯电磁过程是可逆的。

（4）无摩擦的准静态过程是可逆的。只要让过程直接反向进行，当系统回到初始状态时，外界也就同时恢复原状。由于实际上既不可能使过程进行得无限缓慢，也不可能完全避免摩擦之类的耗损效应（如磁滞、黏滞等），所以可逆过程也是一个理想化概念。

1.2　热力学第一定律

当系统处于平衡态时，只有在外界对系统施加作用与影响的情况下才能发生状态的改变。系统与外界之间的相互作用可分为 3 类：第 1 类是机械的（力学的）或电磁的相互作用，表现为系统对外界、或外界对系统以机械力或电磁力做宏观功，通过宏观功来改变系统的能量从而达到改变系统状态的效果。第 2 类是热相互作用，表现为系统与外界之间相互传递热量，通过传递热量来改变系统的能量从而达到改变系统状态的效果。第 3 类是系统与外界之间发生物质的交换，称为物质转移的相互作用。对于封闭系统只有前两类相互作用，对于开放系统三类相互作用均存在。本章主要以封闭系统为讨论对象，所得结果不难推广到开放系统。

1.2.1　功

系统与外界相互作用产生宏观位移（或可归结为宏观广义位移）而传递能量的过程称为做功，在做功过程中，系统与外界之间所转移的能量的量度称为功。以下通过几个实例讨论不同系统的准静态过程中功的表达式。

1. 系统体积的变化

如图 1-1 所示，当增加活塞上的压力，气体将被压缩，设气体体积缩小 $\mathrm{d}V$，外界的体积则增加了 $\mathrm{d}V_{外} = -\mathrm{d}V$。外界对系统所做的功为

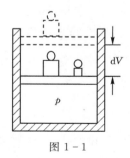

图 1-1

$$\mathrm{d}W = p_{外}\mathrm{d}V_{外} = -p_{外}\mathrm{d}V$$

这里 $p_{外}$ 是外界或媒介的压强，一般说来，$p_{外}$ 不等于气体内部的压强。如果过程是准静态的，活塞的摩擦阻力又可略去，则 $p_{外} = p$，于是

$$\mathrm{d}W = -p\mathrm{d}V \qquad\qquad (1.2.1)$$

2. 液体表面膜面积的变化

如图 1-2 所示,液体表面薄膜张于金属框上。长为 l 的金属丝 AA' 可以自由移动,液体膜的表面张力系数为 σ,所以作用在 AA' 上的外力等于 $2\sigma l$。当 AA' 准静态地移动 $\mathrm{d}x$ 时,外界对液体表面膜所做的功为

$$\mathrm{d}W = 2\sigma l\,\mathrm{d}x = \sigma\mathrm{d}A \qquad\qquad (1.2.2)$$

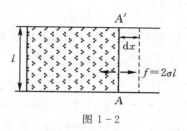

图 1-2

3. 磁介质的磁化

如图 1-3 所示,长为 l,截面积为 A 的磁介质上绕有 N 匝线圈。设磁介质的长度比直径大得多,可近似认为介质中磁场和磁化强度都是均匀的;并假设线圈的电阻很小,可忽略不计。

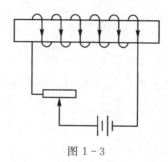

图 1-3

当改变电流 I 的大小以改变磁介质中的磁场时,线圈中将产生反向电动势 ε,为了维持电流,外界电源必须克服此反向电动势做功。在 $\mathrm{d}t$ 时间内,电源所做的功为

$$\mathrm{d}W = \varepsilon I\,\mathrm{d}t$$

将电磁感应定律

$$\varepsilon = N\frac{\mathrm{d}\Phi}{\mathrm{d}t} = N\frac{\mathrm{d}}{\mathrm{d}t}(AB)$$

和安培环路定理

$$I = \boldsymbol{H}l/N$$

代入 $\mathrm{d}W = \varepsilon I\,\mathrm{d}t$,得

$$\mathrm{d}W = V\boldsymbol{H}\mathrm{d}B$$

又因为

$$B = \mu_0(\boldsymbol{H} + m)$$

所以

$$dW = V d\left(\frac{\mu_0 \boldsymbol{H}^2}{2}\right) + \mu_0 \boldsymbol{H} dM$$

式中，$M = mV$ 是磁介质的磁矩（其中 m 是磁化强度）。第一项是使磁场强度从 $\boldsymbol{H}$ 变到 $\boldsymbol{H} + d\boldsymbol{H}$ 所做的功，第二项是使磁介质的磁矩从 M 变到 $M + dM$ 所做的功。若仅以磁介质为系统，则外界对系统所做磁化功为

$$dW = \mu_0 \boldsymbol{H} dM \tag{1.2.3}$$

若介质在磁化过程中体积也发生了变化，则外界对系统所做的功为

$$dW = -p dV + \mu_0 \boldsymbol{H} dM \tag{1.2.4}$$

4. 电介质的极化

如图 1-4 所示，两个平行板组成的电容器内充满电介质，平行板面积为 A，两板间距离为 l，两板间电位差为 U。当将极板上增加电荷 dq 时，外界电源做的功为

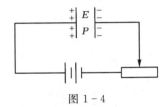

图 1-4

$$dW = U dq = \boldsymbol{E} l \, dq$$

在电容器极板附近（包围极板）做一封闭面，由高斯定理

$$q = \oiint \boldsymbol{D} \cdot dA = \boldsymbol{D} A$$

得

$$dq = A d\boldsymbol{D}$$

其中 $\boldsymbol{D}$ 是电位移矢量。所以

$$dW = V \boldsymbol{E} d\boldsymbol{D}$$

而 $\boldsymbol{D} = \varepsilon_0 \boldsymbol{E} + \mu$，所以

$$dW = V d\left(\frac{\varepsilon_0 \boldsymbol{E}^2}{2}\right) + \boldsymbol{E} dP$$

式中，$P = \mu V$ 是电介质的电矩（其中 μ 是极化强度）。第一项是使电场强度从 $\boldsymbol{E}$ 变到 $\boldsymbol{E} + d\boldsymbol{E}$ 所做的功，第二项是使电介质的电矩从 P 变到 $P + dP$ 所做的功。若仅以电介质为系统，则外界对系统所做的极化功为

$$dW = \boldsymbol{E} dP \tag{1.2.5}$$

综上所述，在准静态过程中外界对系统所做的功可表示为

$$dW = \sum Y_i dy_i \tag{1.2.6}$$

其中，y_i 称为决定系统状态的广义坐标（如体积 V、面积 A、磁矩 M、电矩 P 等），Y_i 称为与 y_i 相应的广义力（如压强 p，磁场强度 $\boldsymbol{H}$，电场强度 $\boldsymbol{E}$ 等）。

两点说明。

（1）在热力学中,系统一经选定,就把此系统作为一个整体,因此只考虑系统与外界之间相互作用的功,称为外功（包括系统对外界所做的功和外界对系统所做的功）。若系统内一部分对另一部分作用产生宏观位移,相应的功称为内功。热力学一般不考虑内功。

（2）我们约定:外界对系统做功为正,系统对外界做功为负。

1.2.2　热量

系统与外界不做任何宏观功而传递能量的过程称为热交换。在热交换过程中系统与外界之间所转移的能量的量度称为热量。

设物体温度升高 ΔT 时吸收的热量为 ΔQ,可定义物体的热容量（简称热容）为

$$C = \lim_{\Delta T \to 0} \frac{\Delta Q}{\Delta T} = \frac{\mathrm{d}Q}{\mathrm{d}T} \tag{1.2.7}$$

对于一定的物质而言,热容量与质量成正比,故把单位质量的热容量叫做该物质的比热容。定义为

$$c' = \frac{1}{m}\frac{\mathrm{d}Q}{\mathrm{d}T} = \frac{1}{m}C$$

常用到摩尔热容,1 mol 物质温度升高（或降低)1℃ 所吸收（或放出）的热量叫做摩尔热容,用 c 表示。物质热容 C 与摩尔热容 c 的关系为

$$C = \nu c$$

其中,ν 是物质的摩尔数。

实验证明,在不同的过程中使系统升高同样的温度所需的热量不同,故热容的测定是在特定条件下进行的。常用的是定压热容和定容热容,定义为

定容热容

$$C_V = \left(\frac{\mathrm{d}Q}{\mathrm{d}T}\right)_V = \nu c_V \tag{1.2.8}$$

定压热容

$$C_p = \left(\frac{\mathrm{d}Q}{\mathrm{d}T}\right)_p = \nu c_p \tag{1.2.9}$$

由以上诸式可得出热量的计算公式:

$$\begin{cases} \mathrm{d}Q = C\mathrm{d}T \\ (\mathrm{d}Q)_V = C_V\mathrm{d}T \\ (\mathrm{d}Q)_p = C_p\mathrm{d}T \end{cases} \tag{1.2.10}$$

两点说明。

（1）计算热量时,必须规定传热过程的性质;测定热容;确定热容与温度的依赖关系。

（2）我们约定:系统吸入热量取正值,放出热量取负值。

1.2.3　热力学第一定律　内能

热力学第一定律就是普遍的能量守恒定律在涉及热现象领域中的具体表现,是人们长

期进行生产实践和科学实验的科学总结。在历史上,很多科学家都为它的建立做出了贡献,特别值得提及的是迈尔·亥姆霍兹和焦耳。

大量的实验事实表明:对任一热力学系统,无论以何种方式实施某一过程,只要初末状态确定,外界对系统所做的功和外界向系统传递的热量的总和就是一个与过程性质无关的恒量。回忆重力场和静电场的性质,在重力场中重力对物体所做的功与路径无关,只由初末状态的位置确定;在静电场中库仑力对电荷所做的功也与路径无关,只由初末位置确定;因而断定存在重力势能或电势能,它们都是态函数。与此类同,也可断言任何热力学系统在任一平衡态都存在一个态函数 U,即内能。用 ΔW 表示外界对系统所做的功,ΔQ 表示系统吸收的热量,ΔU 表示系统内能的增量,则

$$\Delta U = \Delta W + \Delta Q \tag{1.2.11}$$

对无限小的过程

$$dU = dW + dQ \tag{1.2.12}$$

式(1.2.11)和式(1.2.12)就是热力学第一定律在闭系的表达式。

对准静态过程

$$dU = dQ + \sum_i Y_i dy_i \tag{1.2.13}$$

两点说明。

(1) 由于内能是态函数,只要两个状态给定,内能的改变就是确定的,与通过什么过程来完成这两个状态间的过渡无关,所以 dU 是全微分。由于功和热量都与过程有关,所以 dW 和 dQ 都不是全微分。

(2) 当系统经一循环过程后,$\Delta U = 0$,$\Delta Q = -\Delta W$。这表明系统经循环过程对外做的功等于它吸入的热量。如果外界不供给能量,该系统不能对外做功,即第一类永动机是不可能实现的。

1.2.4 简单的应用

1. 均匀物质在各种过程中的热容量

对于均匀系统,其状态由外参量 y 和温度 T 完全确定。设 $U = U(T, y)$,则

$$dU = \left(\frac{\partial U}{\partial T}\right)_y dT + \left(\frac{\partial U}{\partial y}\right)_T dy$$

代入热力学第一定律 $dQ = dU - Ydy$,得

$$dQ = \left(\frac{\partial U}{\partial T}\right)_y dT + \left[\left(\frac{\partial U}{\partial y}\right)_T - Y\right]dy \tag{1.2.14}$$

在 x(表示除温度外的状态参量)恒定的过程中,物质的热容为

$$C_x = \left(\frac{dQ}{dT}\right)_x = \left(\frac{\partial U}{\partial T}\right)_y + \left[\left(\frac{\partial U}{\partial y}\right)_T - Y\right]\left(\frac{\partial y}{\partial T}\right)_x \tag{1.2.15}$$

若 $x = y$,则

$$C_y = \left(\frac{\partial U}{\partial T}\right)_y \tag{1.2.16}$$

式中,y 是广义坐标(如体积 V、磁矩 M、电矩 P 等),式(1.2.16)可作为 C_y 的定义式。

若 $x = Y$，则

$$C_Y = \left(\frac{\partial U}{\partial T}\right)_y + \left[\left(\frac{\partial U}{\partial y}\right)_T - Y\right]\left(\frac{\partial y}{\partial T}\right)_Y \tag{1.2.17}$$

式中，Y 是广义力（如压强 p、磁场强度 $\boldsymbol{H}$、电场强度 $\boldsymbol{E}$ 等）。

若 $Y = -p$，$y = V$，则由式(1.2.17)有

$$C_p - C_V = \left[\left(\frac{\partial U}{\partial V}\right)_T + p\right]\left(\frac{\partial V}{\partial T}\right)_p \tag{1.2.18}$$

上式给出了均匀物质的 C_p 和 C_V 的关系。上式右端可通过状态方程求出（通过状态方程求 $(\partial U/\partial V)_T$，见第 2 章 2.1 节）。

可见 C_p 和 C_V 只要测出其中一个便可求得另一个。因为在实验中测量固定压强比测量固定体积容易，所以，一般是先测定 C_p，然后计算 C_V。

对于理想气体，因为其内能只是温度的函数，所以 $(\partial U/\partial y)_T = 0$。由式(1.2.15)和式(1.2.16)有

$$C_x = C_y - Y\left(\frac{\partial y}{\partial T}\right)_x \tag{1.2.19}$$

由式(1.2.18)有

$$C_P - C_V = p\left(\frac{\partial V}{\partial T}\right)_p$$

再利用状态方程可得

$$C_P - C_V = \nu R \tag{1.2.20}$$

2. 理想气体的多方过程

对理想气体系统，经历某一过程，设其热容为 C，由热力学第一定律有

$$C\mathrm{d}T = C_V \mathrm{d}T + p\mathrm{d}V$$

再对理想气体状态方程微分，得 $p\mathrm{d}V + V\mathrm{d}p = \nu R \mathrm{d}T$。从以上两式中消去 $\mathrm{d}T$，有

$$p\mathrm{d}V + V\mathrm{d}p = \frac{C_p - C_V}{C - C_V}p\mathrm{d}V$$

化简得

$$V\mathrm{d}p = \frac{C_p - C}{C - C_V}p\mathrm{d}V$$

令

$$Z = \frac{C - C_p}{C - C_V} \tag{1.2.21}$$

则有

$$\frac{\mathrm{d}p}{p} + Z\frac{\mathrm{d}V}{V} = 0$$

若 Z 为常数，积分上式得

$$pV^Z = 常数 \tag{1.2.22}$$

此式称为多方过程方程，Z 称为多方指数，Z 取不同值可得到各种特殊过程：

$Z = 0, p = $ 常数, 是等压过程;

$Z = 1, pV = $ 常数, 是等温过程;

$Z = \gamma, pV^\gamma = $ 常数, 是绝热过程;

$Z = \infty, V = $ 常数, 是等容过程。

3. 理想气体准静态卡诺循环的效率

1824 年, 法国人卡诺为了提高热机效率, 在理论上提出了一种重要的循环, 叫做卡诺循环。该循环过程中工作物质只与两个恒温热源(恒定温度的高、低温热源)交换能量, 略去一切耗散(散热、漏气等)因素, 即该循环过程由两个等温过程和两个绝热过程组成, 如图 1-5 所示。

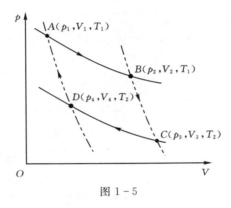

图 1-5

下面利用热力学第一定律导出理想气体准静态卡诺循环的效率。

理想气体在等温过程 $A \to B$ 中吸收的热量为

$$Q_1 = \nu R T_1 \ln \frac{V_2}{V_1}$$

在等温过程 $C \to D$ 中放出的热量为

$$Q_2 = \nu R T_2 \ln \frac{V_3}{V_4}$$

因为 $B \to C$、$D \to A$ 是绝热过程, 故有

$$T_1 V_2^{\gamma-1} = T_2 V_3^{\gamma-1}$$
$$T_1 V_1^{\gamma-1} = T_2 V_4^{\gamma-1}$$

所以,

$$V_2/V_1 = V_3/V_4$$

于是, 理想气体准静态卡诺循环的热效率为

$$\eta = 1 - \frac{Q_2}{Q_1} = 1 - \frac{T_2}{T_1} \qquad (1.2.23)$$

它仅由高、低温热源的温度决定。后面将会看到, 与任何其他在相同的高、低温热源进行的过程相比较, 该循环过程的效率最高。

1.3　热力学第二定律

　　热力学第一定律指出热力学过程必须遵从能量守恒定律,但满足能量守恒定律的过程却不一定能实现。如气体可以向真空自由膨胀,却不能自发收缩;热量可以从高温物体传到低温物体,却不能自发从低温物体传到高温物体;这一切都说明,与热现象有关的实际过程自发进行时有一定的方向性。这类问题单靠热力学第一定律是不能解决的,还必须求助于热力学第二定律。

1.3.1　热力学第二定律的两种表述

　　开尔文表述:不可能从单一热源吸取热量,使之完全变为有用的功而不引起其他变化。

　　克劳修斯表述:热量不可能自动地从低温物体传到高温物体而不引起其他变化。

　　几点说明。

　　(1)热力学第二定律的另一表述:第二类永动机是不能制造成功的。第二类永动机 —— 能够从单一热源吸热,使之完全变成有用的功而不产生其他影响的机器。这种永动机并不违背第一定律,因为它所做的是功由热量转化而来的。这种永动机可以利用大气或海洋作为单一热源,从那里几乎可以取之不尽地不断吸取热量而做功,但这种永动机是无法制造的。

　　(2)自然界中的一切不可逆过程在其不可逆这一特征上都是完全等效的,由一个过程的不可逆性必然可以导致另一个过程的不可逆性。因此,热力学第二定律可以有各种不同的表述。但不论具体表述如何,热力学第二定律的实质是指出:一切与热现象有关的实际宏观过程都是不可逆的。

　　(3)根据热力学第一和第二定律可以证明在热力学中占有重要地位的卡诺定理:

　　(a)所有工作于两个一定的温度之间的热机,以可逆热机的效率为最大($\eta_R \geqslant \eta_I$,其中η_R、η_I分别为可逆热机与不可逆热机的效率);

　　(b)所有工作于两个一定的温度之间的可逆热机,其效率都相等,即

$$\eta_R = \eta_R' = 1 - \frac{|Q_2|}{|Q_1|} = 1 - \frac{T_2}{T_1}$$

　　(4)请同学们自证开尔文表述等价于克劳修斯表述。

1.3.2　热力学第二定律的数学表述

　　1. 克劳修斯不等式

　　根据卡诺定理,工作于两个热源之间的任何热机的效率为

$$\eta = 1 - \frac{|Q_2|}{|Q_1|} \leqslant 1 - \frac{T_2}{T_1}$$

式中,等号适用于可逆热机,不等号适用于不可逆热机。因为$T_1,T_2,|Q_1|,|Q_2|$都是正值,所以有

$$\frac{|Q_1|}{T_1} - \frac{|Q_2|}{T_2} \leqslant 0$$

式中,$|Q_1|$ 是从热源 T_1 吸取的热量;$|Q_2|$ 是对热源 T_2 放出的热量。如果规定热机吸热为正,放热为负,则可用($-Q_2$)代替上式中的 $|Q_2|$。去掉绝对值符号,有

$$\frac{Q_1}{T_1} + \frac{Q_2}{T_2} \leqslant 0 \qquad (1.3.1)$$

上式称为卡诺不等式。它表明对于任意卡诺循环,在不可逆情况下系统从每个热源吸取的热量和该热源温度之比的代数和总是小于零,在可逆情况下等于零。更重要的是这个结论中只涉及热源的温度和从热源吸取的热量,而与系统本身的性质以及整个循环过程的细节无关。由此可以推想,在任意一个循环过程中,如果让系统先后分别和 n 个热源接触,它从每个热源吸取的热量 Q_i 和这个热源的温度 $T_i (i = 1, 2, \cdots, n)$ 之比的代数和也满足

$$\sum_{i=1}^{n} \frac{Q_i}{T_i} \leqslant 0 \qquad (1.3.2)$$

式中,等号对可逆过程成立,上式称为克劳修斯不等式。

下面对式(1.3.2)的正确性加以证明。

设主系统做任意卡诺循环,从一系列温度不同的热源吸取热量:在 T_1 处吸热 Q_1,T_2 处吸热 Q_2,……。现在引入一个温度为 T_0 的辅助热源和 n 个可逆卡诺热机。第 i 个卡诺热机工作于热源 T_0 和 T_i 之间,如图 1-6(a)所示。我们要求它从热源 T_i 中吸取的热量为($-Q_i$),恰好和主系统从 T_i 热源中吸取的热量 Q_i 相抵消。相应地,从温度为 T_0 的热源中吸取热量 Q_{0i},由卡诺定理有

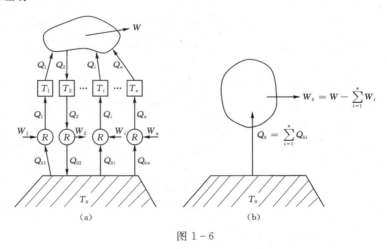

图 1-6

$$Q_{0i} = \frac{T_0}{T_i} Q_i$$

对 i 求和,得到

$$Q_0 = \sum_{i=1}^{n} Q_{0i} = T_0 \sum_{i=1}^{n} \frac{Q_i}{T_i} \qquad (1.3.3)$$

Q_0 是全部辅助可逆卡诺热机从 T_0 吸取的热量。如果把主系统和 n 个可逆卡诺热机联合起来考虑,则经过循环后,n 个热源已恢复原状,主系统和一系列卡诺热机也恢复原状,所留下的后果是从热源 T_0 中吸取了热量 Q_0,如图 1-6(b)所示。并且,n 个卡诺热机和系统共同

对外做了净功 W_0。根据热力学第一定律，$W_0 = Q_0$；再根据热力学第二定律的开尔文表述可判定 $Q_0 \leqslant 0$；又因为 $T_0 > 0$，由式(1.3.3) 得

$$\sum_{i=1}^{n} \frac{Q_i}{T_i} \leqslant 0$$

故式(1.3.2) 得证。

如果过程是可逆的，则可令它反向进行，所有 Q_i 变为 $(-Q_i)$，于是上面不等式变为

$$\sum_{i=1}^{n} \frac{(-Q_i)}{T_i} \leqslant 0$$

即

$$\sum_{i=1}^{n} \frac{Q_i}{T_i} \geqslant 0$$

要使以上两个不等式同时成立，只有

$$\sum_{i=1}^{n} \frac{Q_i}{T_i} = 0$$

因此式(1.3.2) 中不等号适用于不可逆过程，等号适用于可逆过程。

如果循环过程中系统先后分别与许多温度相近而递增的热源接触，则温度可看作是连续变化的，并且从每个热源中吸取的热量也是微量，则式(1.3.2) 可以过渡为积分形式

$$\oint \frac{\mathrm{d}Q}{T} \leqslant 0 \tag{1.3.4}$$

2. 熵、热力学第二定律的数学表达式

设系统从初态 A 经可逆过程 R 到达终态 B 后，又经可逆过程 R' 回到初态 A，构成一个循环过程，如图 1-7 所示。根据式(1.3.4) 取等号的情形有

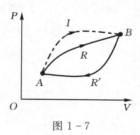

图 1-7

$$\int_{A}^{B} \frac{\mathrm{d}Q_R}{T} + \int_{B}^{A} \frac{\mathrm{d}Q_{R'}}{T} = 0$$

或

$$\int_{A}^{B} \frac{\mathrm{d}Q_R}{T} = \int_{A}^{B} \frac{\mathrm{d}Q_{R'}}{T} \tag{1.3.5}$$

因为过程 R 和 R' 是两个任意的可逆过程，所以式(1.3.5) 表明，积分 $\int_{A}^{B} \mathrm{d}Q/T$ 的值和 A、B 之间所取的过程无关，完全由初态 A 和终态 B 所决定。因此，被积函数 $\mathrm{d}Q/T$ 应是一个状态函数的全微分，用 S 表示这个状态函数，则

$$dS = \frac{dQ}{T} \qquad\qquad (1.3.6)$$

或

$$S_B - S_A = \int_A^B \frac{dQ}{T} \qquad\qquad (1.3.7)$$

态函数 S 称为系统的熵,在可逆的微变化过程中,熵的变化等于系统从热源吸取的热量与热源温度的比值。

几点说明。

(1) 对于可逆过程,热源的温度与系统的温度相同,所以在式(1.3.6)、式(1.3.7)中的 T 既是热源的温度也是系统的温度。

(2)($1/T$)是 dQ 的积分因子,虽然 dQ 不是全微分,但乘上因子 $1/T$ 后,就变成一个态函数的全微分。

(3) dQ 有积分因子存在或态函数熵的存在,不是纯数学的结果,而是热力学第二定律内容的反映。

(4) 熵和内能一样是态函数,在每个平衡态都有唯一确定的值,可表为状态参量的函数。当初末态确定后,熵差就唯一确定,而与连接初末态的过程无关。任意选择一个连接所研究的两个状态的可逆过程,利用热温比进行积分,就可以得到这两个状态的熵差。

(5) 式(1.3.7)只是定义了熵差,熵的绝对值只有根据热力学第三定律才能求得。

(6) 因为 T 是强度量,dQ 与系统的质量成正比,而熵差可以用可逆过程中 dQ/T 的积分来计算,所以熵是广延量,具有可加性。当一个系统由若干部分组成时,整个系统的熵等于各部分熵之和。

再讨论系统从 A 经不可逆过程 I 到达 B(图1-7中的虚线),然后从 B 经一可逆过程 R' 回到 A 的情况。这时系统完成了一个不可逆的循环过程,应用式(1.3.4)的不等号有

$$\int_A^B \frac{dQ_I}{T} + \int_B^A \frac{dQ_{R'}}{T} < 0$$

利用式(1.3.7)将上式改写为

$$S_B - S_A > \int_A^B \frac{dQ_I}{T} \qquad\qquad (1.3.8)$$

对于不可逆的微变化过程有

$$dS > \frac{dQ_I}{T} \qquad\qquad (1.3.9)$$

将式(1.3.6)和式(1.3.9),式(1.3.7)和式(1.3.8)分别结合起来,得到

$$dS \geqslant \frac{dQ}{T} \qquad\qquad (1.3.10)$$

$$S_B - S_A \geqslant \int_A^B \frac{dQ}{T} \qquad\qquad (1.3.11)$$

式(1.3.10)和式(1.3.11)就是热力学第二定律的数学表达式。等号对应于可逆过程,T 既是热源的温度,也是系统的温度;不等号对应于不可逆过程,T 只是热源的温度。

1.3.3　熵增加原理

令 $dQ = 0$，从式(1.3.10)得

$$dS \geqslant 0 \qquad (1.3.12)$$

上式表明，在绝热过程中，系统的熵绝不可能减少。在可逆绝热过程中熵不变；在不可逆绝热过程中熵增加。这个结果又称为熵增加原理。

几点讨论。

(1) 由于任何不可逆绝热过程总是向着熵增加的方向进行，于是态函数熵给出了判断不可逆过程进行方向的准则 —— 熵增加方向的准则。

(2) 孤立系是与外界没有任何相互作用的系统。因此，孤立系中所发生的过程必然是绝热的、自发的，具有不可逆性。所以，孤立系统的熵永不减少，孤立系中所发生的不可逆过程总是朝着熵增加的方向进行的。

(3) 由于任何自发的不可逆过程都是由非平衡态趋于平衡态，到达平衡态后就不再发生宏观变化。因此，系统处在平衡态时，熵函数达到最大值。所以，自发不可逆过程进行的限度是以熵函数达到最大值为准则。

(4) 虽然对于非孤立系(或非绝热系)熵增加原理不成立，但只要把系统和外界看成一个大孤立系，则熵增加原理仍然成立。

(5) 熵增加原理可作为绝热过程是否可逆的判据。若 S 不变，则该绝热过程是可逆的；若 S 增加，则该绝热过程是不可逆的。

(6) 热力学第二定律是在时间与空间都有限的宏观系统中，由大量的实验事实总结出来的，所以不能把第二定律任意推广到无限的系统中去，对于由少数分子或原子组成的系统，第二定律也不适用。熵增加原理也仅对有限宏观物质系统成立。

1.3.4　热力学基本方程

已知对封闭系中发生的任一微过程，热力学第一定律为

$$dU = dQ + dW$$

或

$$dQ = dU - dW$$

热力学第二定律为

$$TdS \geqslant dQ$$

将上列两式结合，得到

$$TdS \geqslant dU - dW$$

或

$$dU \leqslant TdS + dW \qquad (1.3.13)$$

上式称为封闭系热力学基本方程。式中等号对应于可逆过程，不等号对应于不可逆过程。考虑可逆过程时，式(1.3.13)取等号，且

$$dW = \sum_i Y_i dy_i$$

则有

$$dU = TdS + \sum_i Y_i dy_i \tag{1.3.14}$$

对于仅有单项体积功的情况,上式简化为

$$dU = TdS - pdV \tag{1.3.15}$$

1.3.5 简单应用

【例1】试求理想气体的熵。

解:对于理想气体,当无外力场时

$$dW = -pdV$$

且

$$dU = \varkappa_V dT.$$
$$pV = \nu RT$$

将它们代入热力学基本方程式(1.3.15),得到

$$dS = \varkappa_V \frac{dT}{T} + \nu R \frac{dV}{V} \tag{1.3.16}$$

选取(T_0,V_0)为参考态,令其熵为$S_0^*(T_0,V_0)$。当温区(T_0,T)不大时,c_V可(近似)看作是常数,积分上式,可得

$$S(T,V) = \int_{T_0}^T \varkappa_V \frac{dT}{T} + \int_{V_0}^V \nu R \frac{dV}{V} + S_0^*(T_0,V_0)$$
$$= \varkappa_V \ln T + \nu R \ln V + S_0, \tag{1.3.17}$$

式中

$$S_0 = S_0^*(T_0,V_0) - \varkappa_V \ln T_0 - \nu R \ln V_0$$

根据理想气体状态方程可得

$$dV/V = dT/T - dp/p$$

代入式(1.3.16)并利用

$$c_p = c_V + R$$

得

$$dS = \varkappa_p \frac{dT}{T} - \nu R \frac{dp}{p} \tag{1.3.18}$$

选取(T_0,p_0)为参考态,视c_p(近似)为常数,积分上式得到

$$S(T,p) = \varkappa_p \ln T - \nu R \ln p + S_0' \tag{1.3.19}$$

式中

$$S_0' = -\varkappa_p \ln T_0 + \nu R \ln p_0 + S_0^*(T_0,p_0)$$

同理可得

$$S(p,V) = \varkappa_p \ln V + \varkappa_v \ln p + S_0'' \tag{1.3.20}$$

式中

$$S_0'' = -\varkappa_p \ln V_0 - \varkappa_v \ln p_0 + S_0^*(p_0,V_0)$$

式(1.3.17)、式(1.3.19)和式(1.3.20)分别是以(T,V)、(T,p)和(p,V)为状态参量时

理想气体的熵函数的表达式。

【例 2】 有 ν 摩尔的某种理想气体,从状态 A 经过下列两种路径到达状态 C,如图 1-8 所示。试求其熵差:(1) 由 A 经等温过程到达 C;(2) 由 A 经等容过程到达 B,再经等压过程到达 C。

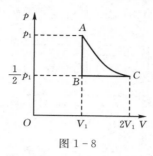

图 1-8

解:方法 1:利用熵的定义式求解。

(1) 对 $A \xrightarrow{\text{等温}} C$ 有

$$S_C - S_A = \int_A^C \left(\frac{\mathrm{d}Q}{T}\right)_T$$

对理想气体的等温过程

$$\mathrm{d}Q = \mathrm{d}U + p\mathrm{d}V = p\mathrm{d}V$$

结合两式再利用状态方程进行化简,有

$$S_C - S_A = \int_A^C \frac{p}{T}\mathrm{d}V = \int_A^C \nu R\,\frac{\mathrm{d}V}{V}$$

$$= \nu R \ln \frac{V_C}{V_A} = \nu R \ln 2.$$

(2) 对 $A \xrightarrow{\text{等容}} B \xrightarrow{\text{等压}} C$ 有

$$S_C - S_A = \int_A^B \left(\frac{\mathrm{d}Q}{T}\right)_V + \int_B^C \left(\frac{\mathrm{d}Q}{T}\right)_p$$

$$= \int_A^B \nu c_V \frac{\mathrm{d}T}{T} + \int_B^C \nu c_p \frac{\mathrm{d}T}{T}$$

$$= \nu c_V \ln \frac{T_B}{T_A} + \nu c_p \ln \frac{T_C}{T_B}$$

$$= \nu c_V \ln \frac{p}{2p} + \nu c_p \ln \frac{2V}{V}$$

$$= \nu(c_p - c_V) \ln 2$$

$$= \nu R \ln 2$$

方法 2:利用理想气体熵函数的表达式求解。由式(1.3.20)得

$$S_C = \nu c_p \ln 2V_1 + \nu c_V \ln(p_1/2) + S_0''$$

$$S_A = \nu c_p \ln V_1 + \nu c_V \ln p_1 + S_0''$$

两式相减,得

$$S_C - S_A = \nu(c_p - c_V) \ln 2$$

$$= \nu R \ln 2$$

由计算结果可见,只要两个状态确定,不论怎样选择可逆路径,其熵差都是一样的。

【例3】如图1-9所示,容器被分隔为 A、B 两部分。开始时 A 中充满理想气体,B 中为真空,整个容器与外界隔绝。当抽去隔板的瞬时,在 A 中的理想气体处于平衡态,但整体(A、B 两部分是非平衡态)。由于气体的自由膨胀,最后达到平衡态。试求熵变($S_2 - S_1$)。

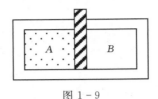

图 1-9

解:该过程是一不可逆过程,为了计算其熵变,我们应设计一可逆过程连接初末态。但设计什么样的可逆过程最方便呢?因自由膨胀中 $dW = 0$,又由于与外界隔绝 $dQ = 0$,所以 $dU = 0$。而理想气体的内能又只是温度的函数,因此,自由膨胀中理想气体的温度保持不变。显然,选择一个可逆的等温膨胀过程是最方便的。于是

$$S_2 - S_1 = \int_1^2 \frac{dQ}{T}$$
$$= \int_1^2 \frac{dU + p\,dV}{T}$$
$$= \int_{V_A}^{V_A+V_B} \nu R\,\frac{dV}{V}$$
$$= \nu R \ln \frac{V_A + V_B}{V_A} > 0.$$

这个结果符合熵增加原理。

【例4】 有温度不同的两物体 A 与 B,用一细金属杆连接,它们的温度分别为 T_A 和 T_B,且 $T_A > T_B$,如图1-10所示。A 与 B 之间通过金属杆可以相互传递热量。试证明热量 dQ 通过金属杆由 A 传到 B 的过程为不可逆过程。

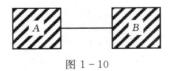

图 1-10

证明:将 A、B 看作一个与外界隔开的整体(构成孤立系),由于杆很细,质量很小,其熵变可忽略,孤立系的熵等于 A、B 两物体的熵之和,即

初态
$$S_1 = S_{A1} + S_{B1} \qquad (\text{传热前})$$

末态
$$S_2 = S_{A2} + S_{B2} \qquad (\text{传热后})$$

所以当有热量 dQ 由 A 传到 B 时,引起熵的变化为
$$S_2 - S_1 = (S_{A2} - S_{A1}) + (S_{B2} - S_{B1})$$

$$= -\frac{|\mathrm{d}Q|}{T_A} + \frac{|\mathrm{d}Q|}{T_B}$$

$$= |\mathrm{d}Q|\left(\frac{1}{T_B} - \frac{1}{T_A}\right) > 0.$$

由熵增加原理可知,该热传导过程是不可逆的。

【例 5】设有一温度为 T 的热源,一台热机循环工作时,只从该热源吸收热量 ΔQ,试用熵增加原理证明其不可能。

证明:将热源、热机看作一大孤立系。热机中的工质经历循环过程,恢复原状,故熵不变,$\Delta S_1 = 0$,热源的熵变为

$$\Delta S_2 = \int \frac{\mathrm{d}Q}{T} = -\frac{|\Delta Q|}{T}$$

大孤立系的熵变为

$$\Delta S = \Delta S_1 + \Delta S_2 = -\frac{|\Delta Q|}{T} < 0$$

上述结果违背熵增加原理,因而是不可能的。即从单一热源吸热,全部用来做功而不产生其他影响是不可能的。

由例 4、例 5 可见,熵增加原理既包括了热力学第二定律的克劳修斯表述,又包括了它的开尔文表述,因而完整、简洁地表达了热力学第二定律的全部内容,为判断孤立系或绝热系中一切不可逆过程进行的方向和限度提供了一个虽然比较抽象,但却普适性最好的判据。

思考题及习题

1. 试求理想气体的定压膨胀系数 α、定容压强系数 β 和等温压缩系数 κ。

[答案:$\alpha = \beta = 1/T, \kappa = 1/p$]

2. 假设压强不太高,1 mol 实际气体的状态方程可表示为

$$pv = RT(1 + Bp)$$

式中,B 只是温度的函数。求 α、β 和 κ,并给出在 $p \to 0$ 时的极限值。

[答案:$\alpha = \frac{1}{T} + \frac{p}{(1+Bp)}\frac{\mathrm{d}B}{\mathrm{d}T}, \beta = \frac{1}{T}\left[1 + p\left(B + T\frac{\mathrm{d}B}{\mathrm{d}T}\right)\right], \kappa = \frac{1}{p}\frac{1}{(1+Bp)}$。当 $p \to 0$ 时,$\alpha = \beta = 1/T, \kappa = 1/p$]

3. 设一理想弹性棒,其状态方程是

$$F = kT\left(\frac{L}{L_0} - \frac{L_0^2}{L^2}\right)$$

式中,k 是常数,L_0 是张力 F 为零时棒的长度,它只是温度 T 的函数。试证明:

(1)杨氏弹性模量

$$Y = \frac{L}{A}\left(\frac{\partial F}{\partial L}\right)_T = \frac{F}{A} + \frac{3kTL_0^2}{AL^2};$$

(2)线膨胀系数

$$\alpha = \frac{1}{L}\left(\frac{\partial L}{\partial T}\right)_F = \alpha_0 - \frac{F}{AYT}$$

其中

$$\alpha_0 = \frac{1}{L_0}\left(\frac{\partial L_0}{\partial T}\right)_F$$

A 为弹性棒的横截面积。

4. 某固体的 α 和 κ 为

$$\alpha = \frac{2CT - Bp}{V},\kappa = \frac{BT}{V}$$

其中 B、C 为常数,试用三种方法求其状态方程。

[答案:$V = cT^2 - BpT + D$,D 为积分常数]

5. 某种气体的 α 及 κ 分别为

$$\alpha = \frac{\nu R}{pV},\kappa = \frac{1}{p} + \frac{a}{V}$$

其中 ν、R、a 都是常数。求此气体的状态方程。

[答案:$pV = \nu RT - \frac{1}{2}ap^2$]

6. 某种气体的 α 及 κ 分别为 $\alpha = \frac{3}{aVT^4} + \frac{1}{V}f(p)$,$\kappa = \frac{RT}{Vp^2}$。其中 a 是常数。试证明:

(1) $f(p) = R/p$;

(2) 该气体的状态方程为:$pV = RT - p/aT^3$。

7. 简单固体和液体的定压膨胀系数 α 和等温压缩系数 κ 的值都很小,在一定的温度范围内可以近似视为常数。试证明其状态方程可表为

$$V(T,p) = V_0(T_0,0)[1 + \alpha(T - T_0) - \kappa p]。$$

8. 磁体的磁化强度 m 是外磁场强度 $\boldsymbol{H}$ 和温度 T 的函数。对于理想磁体,从实验上测得

$$\left(\frac{\partial m}{\partial \boldsymbol{H}}\right)_T = \frac{C}{T},\left(\frac{\partial m}{\partial T}\right)_{\boldsymbol{H}} = -\frac{C\boldsymbol{H}}{T^2}$$

其中 C 是居里常数。试证明其状态方程为 $m = C\boldsymbol{H}/T$。

9. 求下列气态方程的第二、第三位力系数:

(1) 范德瓦尔斯方程

$$\left(p + \frac{a}{v^2}\right)(v - b) = RT;$$

(2) 克劳修斯方程

$$p = \frac{RT}{v - b} - \frac{a}{T(v + c)^2}。$$

[答案:(1)$B = RTb - a$,$C = RTb^2$;(2)$B = RT\left(b - \frac{a}{RT^2}\right)$,$C = RTb^2 + \frac{2ac}{T}$]

10. 1 mol 范德瓦尔斯气体,在准静态等温过程中体积由 v_1 膨胀到 v_2,求气体所做的功。

[答案:$RT\ln\frac{v_2 - b}{v_1 - b} + a\left(\frac{1}{v_2} - \frac{1}{v_1}\right)$]

11. 某种磁性材料,总磁矩 M 与磁场强度 $\boldsymbol{H}$ 的关系是 $M/V = \chi\boldsymbol{H}$,其中 V 是材料的体积,χ 为磁化率。在弱磁场中某一温度区域内 $\chi = C/T$,C 为常数。现保持体积恒定,通过下列两

个过程使 M 增加为 $2M$:

(1) 等温准静态情况下,使 H 增加为 $2H$;

(2) 保持 H 恒定,使温度由 T 变为 $T/2$。

试在 H-M 图上画出过程曲线,并确定环境所做的功。

[答案: $\dfrac{3}{2}\mu_0 HM$, $\mu_0 HM$]

12. 理想气体经由图中所示两条路径,①ABC;②ADC 准静态地由初态 $A(p_1,V_1,T_1)$ 变化到末态 $c(p_2,V_2,T_2)$,试证明:

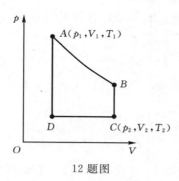

12 题图

(1) 内能 U 是状态的函数,与路径无关;

(2) 功和热量与过程有关。

13. 小振幅纵波在理想气体中的传播速度为 $v = \sqrt{\mathrm{d}p/\mathrm{d}\rho}$,其中 p 为周围气压,ρ 为相应气体的密度。试导出:

(1) 等温压缩及膨胀时气体中的声速;

(2) 绝热压缩及膨胀时气体中的声速。

[答案: (1) $\sqrt{\dfrac{RT}{M}}$; (2) $\sqrt{\dfrac{\gamma RT}{M}}$]

14. 设理想气体的 $\gamma = C_p/C_V$ 是温度的函数,试求在准静态绝热过程中 T 和 V 关系。在这个关系中用到一个函数 $F(T)$,其表达式为 $\ln F(T) = \displaystyle\int \dfrac{\mathrm{d}T}{(\gamma-1)T}$。

[答案: $VF(T) = $ 恒量]

15. 一固体的状态方程为 $V = V_0 - Ap + BT$,内能为 $U = BTV/A + CT$,其中 A,B,C,V_0 都是常数,试计算 C_V 和 C_p。

[答案: $C_V = C + BV/A$, $C_p = C + B(V_0 + 2BT)/A$]

16. 热容量为 C(常数)、温度为 T_1 的物体作为可逆机的热源,由于热机吸热做功而使物体的温度降低。设冷源的温度为 T_0,试求出当物体的温度由 T_1 下降到 T_0 的过程中所放出的热量有多少转换成机械功?不能做功的热量有多少?

[答案: $C(T_1 - T_0) - CT_0 \ln \dfrac{T_1}{T_0}$, $CT_0 \ln \dfrac{T_1}{T_0}$]

17. 有一建筑物,其内温度为 T,现用理想热泵从温度为 T_0 的河水中吸取热量给建筑物供暖,如果热泵的功率(即转换系数)为 W,建筑物的散热率为 $\alpha(T - T_0)$,α 为常数。

(1)求建筑物的平衡温度;

(2)如果把热泵换为一个功率为 W 的加热器直接对建筑物加热,说明为什么不如用热泵合算。

$$\left[答案:(1)\ T = T_0 + \frac{W}{2\alpha} \left[1 + \left(1 + \frac{4\alpha T_0}{W} \right)^{1/2} \right] \right]$$

*18. 讨论以热辐射为工作物质的卡诺循环。辐射场的内能密度由斯特潘-玻尔兹曼定律 $u = \sigma T^4$ 给出,式中 T 为绝对温度,σ 为常数,辐射压强 p 由状态方程 $p = u/3$ 给出。

[提示:先求出该系统准静态的等温过程和绝热过程方程;然后讨论循环中各过程的 $Q, W, \Delta u$;最后给出其效率]

19. 从同样的 A 态到 B 态,若是可逆过程,则

$$S_B - S_A = \int_A^B \mathrm{d}Q/T$$

若是不可逆过程,则

$$S_B - S_A > \int_A^B \mathrm{d}Q/T 。$$

有人认为以上两式右端一样,但一个是等式,另一个是不等式,可见熵与过程有关,或者说,仅在可逆过程中,熵是态函数。特别是

$$\oint \mathrm{d}Q/T = 0$$

仅对可逆过程成立,所以熵不是态函数。这种认识对吗?为什么?

20. 已知态 B 的熵 S_B 小于态 A 的熵 S_A,由熵增加原理,这是否意味着由态 A 不可能通过一个不可逆过程到达态 B?

21. 如 21 题图所示的循环过程,热机吸收热量多少?做功多少?效率多少?

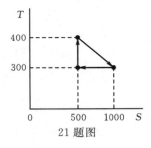

21 题图

22. 在宇宙大爆炸理论中,初始局限于小区域内的辐射能量以球对称方式绝热膨胀,随着膨胀,辐射冷却。已知黑体辐射能密度

$$u = \frac{U}{V} = aT^4$$

辐射压强

$$p = \frac{1}{3} \frac{U}{V}$$

其中 a 为常数。设 $T = 0$ K 时熵变为零,求熵的表达式以及温度 T 与辐射球半径 R 的关系。

[答案：$S = 4aT^3V/3, RT =$ 常数]

23. 有 A 和 B 两个容器，每个容器内都包含有 N 个相同的单原子分子理想气体，起初这两个容器彼此绝热，两容器内气体的压强均为 p，温度分别为 T_A 和 T_B。现将两个容器进行热接触，但各自的压强仍保持在 p 值不变，试求二者热平衡后整个系统的熵变量。

    [答案：$\Delta S = \dfrac{5}{2} Nk \ln \dfrac{(T_A + T_B)^2}{4 T_A T_B}$]

24. 两部分完全相同的经典理想气体，具有相同的压强 p 和粒子数 N，但它们分别装在体积为 V_1 和 V_2 容器中，温度分别为 T_1 和 T_2。现将两容器接通，试求其熵的改变量。

    [答案：$\Delta S = \dfrac{N}{N_A} C_p \ln \dfrac{(T_1 + T_2)^2}{4 T_1 T_2}$，$N_A$ 为阿伏伽德罗常数]

25. 两相同的理想气体，开始分别处于两个大小不同的容器中，它们具有相同的温度 T 和相同的粒子数 N，但具有不同的压强 p_1 和 p_2。现将两个容器连通，使两个容器内的气体通过扩散达到平衡，在此过程中系统与外界无热量交换也未做功，求其熵的改变量。

    [答案：$\Delta S = Nk \ln \dfrac{(p_1 + p_2)^2}{4 p_1 p_2}$]

26. 已知水的比热为 4.18 J/g·K。(1) 有 1 kg 0 ℃ 的水与 100 ℃ 的大热源接触，当水温达到 100 ℃ 后，水的熵改变了多少？热源的熵改变了多少？水与热源的总熵改变了多少？(2) 若 0 ℃ 的水先与 50 ℃ 热源接触达到平衡，再与 100 ℃ 的热源接触达到平衡，则整个系统的熵改变了多少？(3) 若使整个系统的熵不变，水应如何从 0 ℃ 变至 100 ℃？

    [答案：(1) $\Delta S_{水} = 1304.6$ J/K，$\Delta S_{源} = -1120.6$ J/K，$\Delta S = 184$ J/K；

    (2) $\Delta S = 97.2$ J/K；

    (3) 在 0 ℃ 与 100 ℃ 之间取无穷多个温度微量递增的热源，令水依次与温度递增的热源接触]

27. 在 1 atm 和略低于 0 ℃ 的条件下，水的比热为 $c_p = 4222 - 22.6t$ J/(kg·k)，冰的比热为 $c_p' = 2112 + 7.5t$ J/(kg·k)，t 为摄氏温度，冰的溶解热为 3.34×10^5 J。试计算温度为 -10 ℃ 的 1 kg 过冷水变为 -10 ℃ 的冰后熵的改变量，并判定此过程能否自动进行。

    [答案：$\Delta S_{系统} = -1.14 \times 10^3$ J/K，$\Delta S_{环境} = 1.18 \times 10^3$ J/K]

28. 有两个相同的物体，其热容量为常数，初始温度为 T_1。今让一致冷机在此两物体之间工作，使其中一个物体的温度降低到 T_2 为止。假设物体维持在定压下并且不发生相变，证明此过程所需的最小功为

    $$W_{min} = C_p [(T_1^2 / T_2) + T_2 - 2T_1].$$

29. 有两个相同物体，初温各为 T_1 和 T_2，有一热机工作于此两物体之间，使两者温度变成相等，证明热机所能做的最大功为

    $$W_{max} = C_p [T_1 + T_2 - 2\sqrt{T_1 T_2}].$$

均匀闭系的热力学关系及其应用

第2章

上一章中,我们讨论了状态方程、内能和熵的物理意义及其特性,建立了热力学的基本方程。掌握了这些,原则上可以解决全部平衡态的热力学问题。但是就实际应用而言,这样做并不总是方便的。例如,计算系统对外做功是热力学的重要问题之一,除绝热过程中系统做的功可用系统内能这个态函数的变化计算外,其余均需考虑具体过程,计算往往十分复杂。对热量的计算也有类似的情况。热力学中另一个重要问题是判断不可逆过程进行的方向及系统是否达到平衡,使用熵增加原理必须人为地构造一个孤立系或绝热系,这样做也不方便。因此,人们希望在各种过程中(或条件下)都能找到像内能、熵这样的态函数,把功和热量的计算简单归结为求这些态函数在初态和末态的差,从而摆脱对过程细节的考虑,以方便地判断不可逆过程进行的方向。

在本章中,我们将引入焓 H、自由能 F 和吉布斯函数 G 三个态函数,并根据热力学基本方程,利用微分学原理导出一套均匀闭系普遍适用的热力学关系;作为应用,我们将依次讨论气体、辐射场、磁介质等系统的热力学性质以及气体节流膨胀和绝热膨胀的降温原理;最后介绍热力学第三定律。

为了简单起见,在定义新的态函数和导出普遍热力学关系时,我们都以 p、V、T 系统为例进行。只要把 p、V 换成其他广义力和共轭广义坐标,全部定义和关系均可立即推广到有其他单项功和多项功的系统。

2.1 均匀闭系的热力学关系

2.1.1 焓、自由能、吉布斯函数

已知热力学基本等式和不等式

$$dU \leqslant TdS - pdV + dW' \tag{2.1.1}$$

式中,等号对应可逆过程,不等号对应不可逆过程,dW' 表示外界对系统做的非膨胀功,如电功、磁功等。下面将在式(2.1.1)的基础上引入新的态函数。

1. 焓

将

$$pdV = d(pV) - Vdp$$

代入式(2.1.1)得

$$dU + d(pV) = d(U + pV) \leqslant TdS + Vdp + dW'$$

定义一个新的态函数

$$H \equiv U + pV \tag{2.1.2}$$

叫做焓,则有

$$dH \leqslant TdS + Vdp + dW' \tag{2.1.3}$$

下面讨论 H 性质:

(1)因为 U、p、V 都是态函数,所以 H 也是态函数;又因为 U、p、V 是广延量,所以 H 也是广延量。

(2)如图 2-1 所示,一横截面积为 A 的圆筒,一重物置于自重可以忽略的活塞上。重物产生的外压强 p_e 等于圆筒内气体的压强 p。若 g 为重力加速度,M 为重物的质量,则 $p = p_e = Mg/A$,活塞上重物的势能为 mgz。若气体的内能为 U,则整个系统(气体加重物)的总能量为 $U + Mgz = U + pV$。可见,pV 是由于系统(气体)与外界力学耦合引起的附加能量(可以更直观地视为系统在"压力场"中所具有的势能),焓就是系统的内能以及系统与外界相互作用的势能之和。

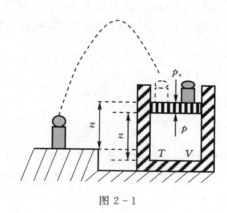

图 2-1

(3)考虑可逆过程,当 $dW' = 0$,$dp = 0$ 时,由式(2.1.3)得

$$(dH)_p = (TdS)_p = (dQ)_p$$

这就是说,在无非膨胀功的可逆等压过程中系统吸收的热量等于焓的增量。按热容量的定义,显然有

$$C_p = \left(\frac{dQ}{dT}\right)_p = \left(\frac{\partial H}{\partial T}\right)_p \tag{2.1.4}$$

注意到

$$C_V = \left(\frac{\partial U}{\partial T}\right)_V$$

可见在等压过程中的态函数 H 与等容过程中的态函数 U 的地位相当。

(4)若 $dS = 0$,$dp = 0$,$dW' = 0$,由式(2.1.3)得

$$dH \leqslant 0 \tag{2.1.5}$$

即该过程中焓 H 绝不会增加,当 H 达到最小值时系统到达平衡态,平衡态是焓取最小值的态。

2. 自由能

将

$$T\mathrm{d}S = \mathrm{d}(TS) - S\mathrm{d}T$$

代入式(2.1.1)得

$$\mathrm{d}(U - TS) \leqslant - S\mathrm{d}T - p\mathrm{d}V + \mathrm{d}W'$$

定义一个新的态函数

$$F \equiv U - TS \tag{2.1.6}$$

叫做自由能,则有

$$\mathrm{d}F \leqslant - S\mathrm{d}T - p\mathrm{d}V + \mathrm{d}W' = - S\mathrm{d}T + \mathrm{d}W \tag{2.1.7}$$

讨论 F 的性质:

(1)F 是态函数,也是广延量。

(2)与 pV 意义相似,TS 是系统与外界由于热耦合而引起的附加能量,也可将 TS 视为系统在"温度场"中具有的附加能量。这样,自由能 F 就是从内能 U 中扣除附加能量 TS 后的那部分能量。下面将看到,F 就是可以用来做功的能量,故叫做自由能;TS 则是不可利用的能量,故叫做束缚能。

(3)若 $\mathrm{d}T = 0$,由式(2.1.7)得

$$\mathrm{d}F \leqslant \mathrm{d}W$$

或

$$- \mathrm{d}F \geqslant - \mathrm{d}W$$

这表明在可逆等温过程中,系统做的功等于其自由能的减少;在不可逆等温过程中,系统做的功小于其自由能的减少。可见,可逆等温过程系统所做的功最大,这叫做最大功定理。

(4)若 $\mathrm{d}T = 0, \mathrm{d}V = 0, \mathrm{d}W' = 0$,由式(2.1.7)得

$$\mathrm{d}F \leqslant 0 \tag{2.1.8}$$

即该过程中自由能 F 绝不会增加,当 F 达到最小值时系统到达平衡态,平衡态是自由能取最小值的态。

3. 吉布斯函数(自由焓)

将

$$p\mathrm{d}V = \mathrm{d}(pV) - V\mathrm{d}p$$

及

$$T\mathrm{d}S = \mathrm{d}(TS) - S\mathrm{d}T$$

代入式(2.1.1)得

$$\mathrm{d}(U + pV - TS) \leqslant - S\mathrm{d}T + V\mathrm{d}p + \mathrm{d}W'$$

定义新的态函数

$$G \equiv U + pV - TS \qquad (2.1.9)$$

叫做吉布斯函数或自由焓，则有

$$dG \leqslant - SdT + Vdp + dW' \qquad (2.1.10)$$

讨论 G 的性质：

（1）G 是态函数，也是广延量。

（2）自由焓就是从焓 H（或总能量）中扣除附加能量 TS 后的那部分能量，自由焓也就是能够释放出来并转化为功的能量。

（3）若 $dT = 0, dp = 0$，由式（2.1.10）得

$$dG \leqslant dW'$$

或

$$- dG \geqslant - dW'$$

这表明在可逆的等温等压过程中，系统做的非膨胀功等于其自由焓的减少；在不可逆等温等压过程中，系统做的非膨胀功小于其自由焓的减少。因此，在可逆的等温等压过程中系统所做的功最大，这也叫最大功定理。

（4）若 $dT = 0, dp = 0, dW' = 0$，由式（2.1.10）得

$$dG \leqslant 0 \qquad (2.1.11)$$

即该过程中自由焓 G 绝不会增加，当 G 达到最小值时，系统到达平衡态，平衡态是自由焓取最小值的态。

2.1.2　热力学微分关系

1. 热力学基本方程

为了方便起见，这里讨论只由两个独立参量 (p, V) 或 (T, V) 描述的均匀物质系统，而且非膨胀功 $dW' = 0$。由式（2.1.1）、式（2.1.3）、式（2.1.7）和式（2.1.10）得

$$dU = TdS - pdV \qquad (2.1.12)$$
$$dH = TdS + Vdp \qquad (2.1.13)$$
$$dF = - SdT - pdV \qquad (2.1.14)$$
$$dG = - SdT + Vdp \qquad (2.1.15)$$

式（2.1.12）至式（2.1.15）都称为热力学基本方程，它们是等价的，因为从其中的任何一式都可以推导出其他三式。

2. 8 个热力学偏导数

在式（2.1.12）中，U 是自变量 S 和 V 函数，即 $U(S, V)$，其全微分可表为

$$dU = \left(\frac{\partial U}{\partial S}\right)_V dS + \left(\frac{\partial U}{\partial V}\right)_S dV$$

与式（2.1.12）比较可得

$$T = \left(\frac{\partial U}{\partial S}\right)_V \qquad (2.1.16a)$$

$$p = - \left(\frac{\partial U}{\partial V}\right)_S \qquad (2.1.16b)$$

类似地,因为 $H = H(S,p)$,$F = F(T,V)$,$G = G(T,p)$,所以其全微分可分别表为

$$dH = \left(\frac{\partial H}{\partial S}\right)_p dS + \left(\frac{\partial H}{\partial p}\right)_S dp,$$

$$dF = \left(\frac{\partial F}{\partial T}\right)_V dT + \left(\frac{\partial F}{\partial V}\right)_T dV,$$

$$dG = \left(\frac{\partial G}{\partial T}\right)_p dT + \left(\frac{\partial G}{\partial p}\right)_T dp$$

将其分别与式(2.1.13)、式(2.1.14)、式(2.1.15)比较得到

$$T = \left(\frac{\partial H}{\partial S}\right)_p \tag{2.1.17a}$$

$$V = \left(\frac{\partial H}{\partial p}\right)_S \tag{2.1.17b}$$

$$S = -\left(\frac{\partial F}{\partial T}\right)_V \tag{2.1.18a}$$

$$p = -\left(\frac{\partial F}{\partial V}\right)_T \tag{2.1.18b}$$

$$S = -\left(\frac{\partial G}{\partial T}\right)_p \tag{2.1.19a}$$

$$V = \left(\frac{\partial G}{\partial p}\right)_T \tag{2.1.19b}$$

式(2.1.16)至式(2.1.19)中共有 8 个热力学偏导数,下面讨论它们之间的相互关系。

3. 麦克斯韦关系

根据数学中已知的函数全微分的性质有

$$\left[\frac{\partial}{\partial V}\left(\frac{\partial U}{\partial S}\right)_V\right]_S = \left[\frac{\partial}{\partial S}\left(\frac{\partial U}{\partial V}\right)_S\right]_V$$

将它用于式(2.1.16),并将类似的公式用于式(2.1.17)至式(2.1.19)即可分别得到

$$\left(\frac{\partial T}{\partial V}\right)_S = -\left(\frac{\partial p}{\partial S}\right)_V \tag{2.1.20}$$

$$\left(\frac{\partial T}{\partial p}\right)_S = \left(\frac{\partial V}{\partial S}\right)_p \tag{2.1.21}$$

$$\left(\frac{\partial P}{\partial T}\right)_V = \left(\frac{\partial S}{\partial V}\right)_T \tag{2.1.22}$$

$$\left(\frac{\partial V}{\partial T}\right)_p = -\left(\frac{\partial S}{\partial p}\right)_T \tag{2.1.23}$$

式(2.1.20)至式(2.1.23)称为麦克斯韦关系,可以用表 2.1.1 的形式将热力学函数、热力学基本方程、热力学偏导数和麦克斯韦关系式表示出来。

表 2.1.1　热力学函数、热力学基本方程、热力学偏导数和麦克斯韦关系

热力学函数	热力学基本方程	热力学偏导数	麦克斯韦关系
U	$dU = TdS - pdV$	$T = \left(\dfrac{\partial U}{\partial S}\right)_V$ $p = -\left(\dfrac{\partial U}{\partial V}\right)_S$	$\left(\dfrac{\partial T}{\partial V}\right)_S = -\left(\dfrac{\partial p}{\partial S}\right)_V$
$H \equiv U + pV$	$dH = TdS + Vdp$	$T = \left(\dfrac{\partial H}{\partial S}\right)_p$ $V = \left(\dfrac{\partial H}{\partial p}\right)_S$	$\left(\dfrac{\partial T}{\partial p}\right)_S = \left(\dfrac{\partial V}{\partial S}\right)_p$
$F \equiv U - TS$	$dF = -SdT - pdV$	$S = -\left(\dfrac{\partial F}{\partial T}\right)_V$ $p = -\left(\dfrac{\partial F}{\partial V}\right)_T$	$\left(\dfrac{\partial p}{\partial T}\right)_V = \left(\dfrac{\partial S}{\partial V}\right)_T$
$G \equiv H - TS$	$dG = -SdT + Vdp$	$S = -\left(\dfrac{\partial G}{\partial T}\right)_p$ $V = \left(\dfrac{\partial G}{\partial p}\right)_T$	$-\left(\dfrac{\partial V}{\partial T}\right)_p = \left(\dfrac{\partial S}{\partial p}\right)_T$

几点说明。

（1）表中这套热力学关系是从热力学基本方程 $dU = TdS - pdV$ 导出的,从变量变换的角度看,只可能导出其他三个基本方程。

（2）利用表中关系,加上 C_p、C_V 和附录 1 中的几个偏微分学公式,就可以研究均匀闭系的各种热力学性质。

（3）表中关系是解决热力学问题的基础,建议读者熟记它们。

2.1.3　特性函数

在第 1 章中曾经指出,均匀封闭单项功系统的独立变量数为 2,选定两个独立变量后,其余的热力学量都是这两个独立变量的函数。马休在 1869 年证明,在适当选择独立变量的条件下,只要知道一个热力学函数,就可以求得其余全部热力学函数,从而把均匀系统的平衡性质完全确定,这个函数称为特性函数。

首先证明,以 T,V 为独立变量时自由能 F 是特性函数。

假定已知

$$F = F(T,V)$$

根据式（2.1.18）可以求得熵

$$S = -\left(\frac{\partial F}{\partial T}\right)_V$$

和压强（即状态方程）

$$p = -\left(\frac{\partial F}{\partial V}\right)_T$$

将已得的 $S(T,V)$, $p(T,V)$ 和 $F = F(T,V)$ 代入 U、H 和 G 的定义式,可分别得到

$$U = F + TS = F - T \left(\frac{\partial F}{\partial T} \right)_V \tag{2.1.24}$$

$$H = U + pV = F - T \left(\frac{\partial F}{\partial T} \right)_V - V \left(\frac{\partial F}{\partial V} \right)_T \tag{2.1.25}$$

$$G = F + pV = F - V \left(\frac{\partial F}{\partial V} \right)_T \tag{2.1.26}$$

其次证明，以 T、p 为独立变量时自由焓 G 是特性函数。

假定已知

$$G = G(T, p)$$

根据式(2.1.19)可以求得熵

$$S = -\left(\frac{\partial G}{\partial T} \right)_p$$

和体积(即状态方程)

$$V = \left(\frac{\partial G}{\partial p} \right)_T$$

代入 H、U、F 的定义式，可分别求得

$$H = G + TS = G - T \left(\frac{\partial G}{\partial T} \right)_p \tag{2.1.27}$$

$$U = H - pV = G - T \left(\frac{\partial G}{\partial T} \right)_p - p \left(\frac{\partial G}{\partial p} \right)_T \tag{2.1.28}$$

$$F = G - pV = G - p \left(\frac{\partial G}{\partial p} \right)_T \tag{2.1.29}$$

还可以证明，内能 U 和焓 H 分别是以 S、V 和 S、p 为独立变量的特性函数。

2.1.4　热力学偏导数的推导方法

研究物质的热力学性质往往可归结为求某些有意义的热力学偏导数。所谓"求"，实际上是把待求的热力学性质用实验可测的状态方程及热容量表示出来。以下就如何求法做几点归纳。

方法 1　系数比较法

若所求热力学偏导数中包含 U(或 H, F, G)，且在偏导数的分子或分母上，可用此法。

【例 1】试证明

$$\left(\frac{\partial U}{\partial V} \right)_T = T \left(\frac{\partial p}{\partial T} \right)_V - p$$

证：因为

$$dU = TdS - pdV = T \left(\frac{\partial S}{\partial T} \right)_V dT + \left[T \left(\frac{\partial S}{\partial V} \right)_T - p \right] dV$$

又因

$$dU = \left(\frac{\partial U}{\partial T} \right)_V dT + \left(\frac{\partial U}{\partial V} \right)_T dV$$

比较两式可得

$$T\left(\frac{\partial S}{\partial T}\right)_V = \left(\frac{\partial U}{\partial T}\right)_V = C_V \tag{2.1.30}$$

$$\left(\frac{\partial U}{\partial V}\right)_T = T\left(\frac{\partial S}{\partial V}\right)_T - p = T\left(\frac{\partial p}{\partial T}\right)_V - p \tag{2.1.31}$$

式(2.1.30)是定容热容量的另一表达式;式(2.1.31)左端表示温度恒定时,系统内能随体积的变化,而右端可通过状态方程进行计算,这表明内能与状态方程有联系,二者是不独立的,故称其为能态方程。

请读者自己证明:

$$T\left(\frac{\partial S}{\partial T}\right)_p = \left(\frac{\partial H}{\partial T}\right)_p = C_p \tag{2.1.32}$$

$$\left(\frac{\partial H}{\partial p}\right)_T = V - T\left(\frac{\partial V}{\partial T}\right)_p \tag{2.1.33}$$

式(2.1.32)是定压热容量的另一表达式;式(2.1.33)称为焓态方程。

方法 2　由全微分直接写出偏导数法

方法 2 仍然适用方法 1 所述情况。这种方法可用严格的数学推导证明其是正确的,但使用时往往可略去证明过程而直接得出结果。

【例 2】试证明式(2.1.33)。

证:因为

$$\mathrm{d}H = T\mathrm{d}S + V\mathrm{d}p$$

保持 T 不变时,两端关于 p 求偏导数得

$$\left(\frac{\partial H}{\partial p}\right)_T = T\left(\frac{\partial S}{\partial p}\right)_T + V = V - T\left(\frac{\partial V}{\partial T}\right)_p$$

最后一步用了麦克斯韦关系。

方法 3　循环关系法

若所求偏导数的脚标为 U(或 H, F, G, S),则应先利用循环关系

$$\left(\frac{\partial x}{\partial y}\right)_z \left(\frac{\partial y}{\partial z}\right)_x \left(\frac{\partial z}{\partial x}\right)_y = -1$$

将其移至分子上,再利用方法 2 或麦克斯韦关系求得。

【例 3】　试求焦耳系数 $(\partial T/\partial V)_U$.

解:由循环关系

$$\left(\frac{\partial T}{\partial V}\right)_U \left(\frac{\partial V}{\partial U}\right)_T \left(\frac{\partial U}{\partial T}\right)_V = -1$$

得

$$\left(\frac{\partial T}{\partial V}\right)_U = -\left(\frac{\partial T}{\partial U}\right)_V \left(\frac{\partial U}{\partial V}\right)_T = -\left(\frac{\partial U}{\partial V}\right)_T \bigg/ \left(\frac{\partial U}{\partial T}\right)_V$$

利用方法 1 可求出 $(\partial U/\partial V)_T$,连同 C_V 的定义便得到

$$\left(\frac{\partial T}{\partial V}\right)_U = -\frac{1}{C_V}\left[T\left(\frac{\partial p}{\partial T}\right)_V - p\right] \tag{2.1.34}$$

由此可见,已知 C_V 和状态方程便可求得气体的焦耳系数。

方法 4　链式关系法

若所求偏导数包含 S,且亦在分子或分母上,但不能用热容量的定义或麦克斯韦关系消除时,可用此法。

【例 4】试求 $(\partial S/\partial V)_p$。

解:由链式关系

$$\left(\frac{\partial S}{\partial V}\right)_p = \left(\frac{\partial S}{\partial T}\right)_p \left(\frac{\partial T}{\partial V}\right)_p$$

得

$$\left(\frac{\partial S}{\partial V}\right)_p = \frac{C_p}{T}\left(\frac{\partial T}{\partial V}\right)_p$$

其中用了 C_p 的定义。

方法 5　复合函数微分法

求两个偏导数之差。

【例 5】求 $C_p - C_V$.

解:根据定义有

$$C_p - C_V = T\left[\left(\frac{\partial S}{\partial T}\right)_p - \left(\frac{\partial S}{\partial T}\right)_V\right]$$

考虑复合函数 $S = S[T, V(T, p)]$,有

$$\mathrm{d}S = \left(\frac{\partial S}{\partial T}\right)_V \mathrm{d}T + \left(\frac{\partial S}{\partial V}\right)_T \mathrm{d}V$$

保持 p 不变时,关于 T 求偏导数得

$$\left(\frac{\partial S}{\partial T}\right)_p = \left(\frac{\partial S}{\partial T}\right)_V + \left(\frac{\partial S}{\partial V}\right)_T \left(\frac{\partial V}{\partial T}\right)_p$$

所以

$$C_p - C_V = T\left(\frac{\partial p}{\partial T}\right)_V \left(\frac{\partial V}{\partial T}\right)_p = -T\left(\frac{\partial p}{\partial V}\right)_T \left(\frac{\partial V}{\partial T}\right)_p^2 \tag{2.1.35}$$

其中用到麦克斯韦关系和循环关系。由此可见,已知状态方程,即可求出任意系统的 $C_p - C_V$ 之值。

方法 6　混合二阶偏导数法

【例 6】试求 $(\partial C_p/\partial p)_T$。

解:利用 C_p 的定义得

$$\left(\frac{\partial C_p}{\partial p}\right)_T = \left[\frac{\partial}{\partial p}\left\{T\left(\frac{\partial S}{\partial T}\right)_p\right\}\right]_T$$

$$= T\left[\frac{\partial}{\partial p}\left(\frac{\partial S}{\partial T}\right)_p\right]_T$$

$$= T\left[\frac{\partial}{\partial T}\left(\frac{\partial S}{\partial p}\right)_T\right]_p$$

$$= -T\left(\frac{\partial^2 V}{\partial T^2}\right)_p. \tag{2.1.36}$$

可见,只要知道系统的温度和状态方程,就可求得该温度下 C_p 随 p 的变化。将上式从初

始压强 p_0 到任意压强 p 进行积分,得到

$$C_p = C_{p_0} - T \int_{p_0}^{p} \left(\frac{\partial^2 V}{\partial T^2} \right)_p \mathrm{d}p \tag{2.1.37}$$

　　结果指出,只要知道状态方程及任一给定压强下的定压热容量,就能计算出给定温度的任意压强下的定压热容量。这就表明,虽然 C_p 随压强变化,但测量时只要测得某一压强 p_0 下的 C_{p_0} 的值就够了,这是热力学理论的重要成就之一。

　　最后指出,推求热力学偏导数,除了上述几种方法外,还常用雅可比行列式法,请读者参看有关著作。

2.2　热力学关系的应用

　　上节给出的热力学关系构成热力学的理论基础,本节讨论其最重要的一些应用。

2.2.1　气体系统的热力学性质

　　在热力学中,系统的热力学性质用状态方程和热力学函数(U,S,H,F,G)来表征,一旦所有热力学函数被确定,则系统的热力学性质就完全确定了。上述各热力学函数中,最基本的是状态方程、内能和熵,其他各热力学函数均可由这三个基本的函数导出。下面我们首先一般地导出无外场时气体系统的基本热力学函数,然后再具体地导出理想气体和范德瓦尔斯气体的各项热力学函数。

1. 气体系统的基本热力学函数

　　(1) 选取 T、V 为状态参量,状态方程为 $p = p(T,V)$。
　　因 $U = U(T,V)$,所以

$$\mathrm{d}U = \left(\frac{\partial U}{\partial T} \right)_V \mathrm{d}T + \left(\frac{\partial U}{\partial V} \right)_T \mathrm{d}V$$

　　根据 C_V 的定义和能态方程,上式可表为

$$\mathrm{d}U = C_V \mathrm{d}T + \left[T \left(\frac{\partial p}{\partial T} \right)_V - p \right] \mathrm{d}V \tag{2.2.1}$$

积分上式(积分路线任意)可得出内能的表达式为

$$U = \int C_V \mathrm{d}T + \int \left[T \left(\frac{\partial p}{\partial T} \right)_V - p \right] \mathrm{d}V + U_0 \tag{2.2.2}$$

　　因 $S = S(T,V)$,所以

$$\mathrm{d}S = \left(\frac{\partial S}{\partial T} \right)_V \mathrm{d}T + \left(\frac{\partial S}{\partial V} \right)_T \mathrm{d}V$$

　　根据 C_V 的定义和麦克斯韦关系,上式可以表为

$$\mathrm{d}S = \frac{C_V}{T} \mathrm{d}T + \left(\frac{\partial p}{\partial T} \right)_V \mathrm{d}V \tag{2.2.3}$$

积分上式得熵的表达式

$$S = \int \frac{C_V}{T} \mathrm{d}T + \int \left(\frac{\partial p}{\partial T} \right)_V \mathrm{d}V + S_0 \tag{2.2.4}$$

(2) 选取 T、p 为状态参量,状态方程为 $V = V(T, p)$,这时先求焓较方便。

因 $H = H(T, p)$,所以

$$dH = \left(\frac{\partial H}{\partial T}\right)_p dT + \left(\frac{\partial H}{\partial p}\right)_T dp$$

根据 C_p 的定义和焓态方程,上式表为

$$dH = C_p dT + \left[V - T\left(\frac{\partial V}{\partial T}\right)_p\right]dp \qquad (2.2.5)$$

积分上式得焓的表达式为

$$H = \int C_p dT + \int \left[V - T\left(\frac{\partial V}{\partial T}\right)_p\right]dp + H_0 \qquad (2.2.6)$$

由 $U = H - pV$ 即可求得内能。

又因 $S = S(T, p)$,所以

$$dS = \left(\frac{\partial S}{\partial T}\right)_p dT + \left(\frac{\partial S}{\partial p}\right)_T dp$$

根据 C_p 的定义和麦克斯韦关系,上式表示为

$$dS = \frac{C_p}{T} dT - \left(\frac{\partial V}{\partial T}\right)_p dp \qquad (2.2.7)$$

积分上式得熵的表达式为

$$S = \int \frac{C_p}{T} dT - \int \left(\frac{\partial V}{\partial T}\right)_p dp + S_0 \qquad (2.2.8)$$

几点讨论。

(1) 由 U、H 和 S 的表达式及式(2.1.37)可知,只要测得物质的 C_V 或 C_p 以及状态方程,即可确定物质的内能和熵。

(2) 求得 U 和 S 后,利用

$$H = U + pV,$$
$$F = U - TS,$$
$$G = U + pV - TS$$

即可分别确定 H、F 和 G。

2. 理想气体的热力学函数

由理想气体状态方程 $pV = \nu RT$ 得

$$\left(\frac{\partial p}{\partial T}\right)_V = \frac{\nu R}{V},$$

$$\left(\frac{\partial V}{\partial T}\right)_p = \frac{\nu R}{p}$$

将它们代入式(2.2.2)、式(2.2.4)、式(2.2.6)、式(2.2.8)分别可得

$$U = \int C_V dT + U_0 \qquad (2.2.9)$$

$$H = \int C_p dT + H_0 \qquad (2.2.10)$$

$$S = \int \frac{C_V}{T} \mathrm{d}T + \nu R \ln V + S_0' \qquad (2.2.11)$$

$$S = \int \frac{C_p}{T} \mathrm{d}T - \nu R \ln p + S_0'' \qquad (2.2.12)$$

将式(2.2.10)和式(2.2.12)代入 $G = H - TS$ 中,得到

$$G = \int C_p \mathrm{d}T - T \int \frac{C_p}{T} \mathrm{d}T + \nu RT \ln p + H_0 - TS_0'' \qquad (2.2.13)$$

通常将上式写成

$$G = \nu RT [\ln p + \varphi(T)] \qquad (2.2.14)$$

其中

$$\varphi(T) = \frac{1}{RT} \int c_p \mathrm{d}T - \frac{1}{R} \int \frac{c_p}{T} \mathrm{d}T + \frac{h_0}{RT} - \frac{s_0''}{R}$$

$$= -\frac{1}{R} \int \frac{\mathrm{d}T}{T^2} \int c_p \mathrm{d}T + \frac{h_0}{RT} - \frac{s_0''}{R}. \qquad (2.2.15)$$

式(2.2.15)利用了分部积分。其中

$$h_0 = H_0/\nu,$$
$$s_0'' = S_0''/\nu,$$
$$c_p = C_p/\nu$$

都为 1 mol 气体的量。

同理,将式(2.2.9)和式(2.2.11)代入 $F = U - TS$ 中得

$$F = \int C_V \mathrm{d}T - T \int \frac{C_V}{T} \mathrm{d}T - \nu RT \ln V + U_0 - TS_0' \qquad (2.2.16)$$

3. 范德瓦尔斯气体的热力学函数

由范德瓦尔斯方程(1 mol)

$$\left(p + \frac{a}{v^2} \right)(v - b) = RT$$

得

$$\left(\frac{\partial p}{\partial T} \right)_v = \frac{R}{v - b},$$

$$T \left(\frac{\partial p}{\partial T} \right)_v - p = \frac{a}{v^2}$$

代入式(2.2.2)和式(2.2.4)得

$$u = \int c_V \mathrm{d}T - \frac{a}{v} + u_0 \qquad (2.2.17)$$

$$s = \int \frac{c_V}{T} \mathrm{d}T + R \ln(v - b) + s_0' \qquad (2.2.18)$$

将式(2.2.17)和式(2.2.18)代入 $f = u - Ts$ 中得

$$f = \int c_V \mathrm{d}T - T \int c_V \frac{\mathrm{d}T}{T} - RT \ln(v - b) - \frac{a}{v} + u_0 - Ts_0' \qquad (2.2.19)$$

将范德瓦尔斯方程和式(2.2.17)代入 $h = u + pv$ 中得

$$h = \int c_V \mathrm{d}T + \frac{RTv}{v-b} - \frac{2a}{v} + u_0 \qquad (2.2.20)$$

将范德瓦尔斯方程和式(2.2.19)代入 $g = f + pv$ 中得

$$g = \int c_V \mathrm{d}T - T \int c_V \frac{\mathrm{d}T}{T} - RT\ln(v-b) + \frac{RTv}{v-b} - \frac{2a}{v} + u_0 - Ts_0' \qquad (2.2.21)$$

2.2.2 气体的节流膨胀与绝热膨胀

在现代生产和科研中,低温环境愈来愈重要。气体的节流膨胀与绝热膨胀是获得低温的两种常用方法。

1. 气体的节流膨胀

如图 2-2 所示,有一根用绝热材料包扎好的管子,中间用多孔塞隔开,塞子一边维持较高的压强 p_1,另一边维持较低的压强 p_2,于是气体将由高压一侧经由多孔塞流向低压一侧。我们把这种在绝热条件下,气体由稳定的高压一侧经过多孔塞流到稳定的低压一侧的过程称为节流膨胀过程。实验表明:节流前后,气体的温度可能升高,可能降低,也可能不变,由气体的性质和节流前的状态决定。节流过程中气体温度随压强降低而变化的现象称为焦耳-汤姆孙效应。

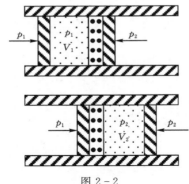

图 2-2

现在用热力学理论进行分析。

(1) 由于气体通过多孔塞时要克服阻力做功,还可能出现涡旋,所以节流膨胀过程是不可逆过程。

(2) 取一定质量的气体,设它的压强、体积和内能在节流前后分别为 p_1, V_1, U_1 和 p_2, V_2, U_2。因为过程是绝热的,根据热力学第一定律有

$$\Delta U = \Delta W$$

即

$$U_2 - U_1 = p_1 V_1 - p_2 V_2$$

或

$$U_2 + p_2 V_2 = U_1 + p_1 V_1$$

即

$$H_2 = H_1 \qquad\qquad (2.2.22)$$

可见节流膨胀过程是等焓过程。

（3）焦耳-汤姆孙效应可用偏导数 $\mu = (\partial T/\partial p)_H$ 表征,称为焦耳-汤姆孙系数。下面将 μ 用可测量的 C_p 和状态方程表出:

$$\mu = \left(\frac{\partial T}{\partial p}\right)_H = -\left(\frac{\partial T}{\partial H}\right)_p \left(\frac{\partial H}{\partial p}\right)_T = \frac{1}{C_p}\left[T\left(\frac{\partial V}{\partial T}\right)_p - V\right] \qquad (2.2.23)$$

若是理想气体,

$$pV = \nu RT$$

则有

$$(\partial V/\partial T)_p = V/T$$

所以

$$\mu = \left(\frac{\partial T}{\partial p}\right)_H = 0$$

但因 $\Delta p \neq 0$,所以 $\Delta T = 0$,即理想气体在节流过程前后温度不变。

若是范德瓦尔斯气体(1 mol),

$$(p + a/v^2)(v - b) = RT$$

则有

$$\left(\frac{\partial v}{\partial T}\right)_p = \frac{R(v-b)}{RT - \dfrac{2a}{v^3}(v-b)^2}$$

所以

$$\mu = \frac{1}{C_p}\left[\frac{RT(v-b)}{RT - \dfrac{2a}{v^3}(v-b)^2} - v\right] \qquad (2.2.24)$$

假定气体不太稠密,略去 a、b 的二阶小量,有

$$\mu = \frac{1}{C_p}\left[\frac{RT(v-b)}{RT - \dfrac{2a}{v}} - v\right]$$

$$= \frac{1}{C_p}\left[\frac{v-b}{1 - \dfrac{2a}{RTv}} - v\right]$$

$$= \frac{1}{C_p}\left[(v-b)\left(1 - \frac{2a}{RTv}\right)^{-1} - v\right]$$

因为 $2a/RTv \ll 1$,

$$\left(1 - \frac{2a}{RTv}\right)^{-1} \approx 1 + \frac{2a}{RTv},$$

$$(v-b)\left(1 + \frac{2a}{RTv}\right) \approx v + \frac{2a}{RT} - b$$

所以

$$\mu = \frac{1}{C_p}\left(\frac{2a}{RT} - b\right) \qquad\qquad (2.2.25)$$

几点讨论。

(1) 由于范德瓦尔斯气体偏离理想气体（$a \neq 0, b \neq 0$），所以在节流膨胀时其温度可能发生变化。

(2) 对不很稠密的气体，a 与 b 对 μ 的影响是相反的。因 C_p 总是正的，由式 (2.2.25) 可见：

① 若 $2a/RT > b$，即分子间的引力作用大于斥力作用，则 $\mu > 0$，$\Delta T < 0$，气体温度降低，称为焦耳-汤姆孙正效应；

② 若 $2a/RT < b$，即分子间的斥力作用大于引力作用，则 $\mu < 0$，$\Delta T > 0$，气体温度升高，称为焦耳-汤姆孙负效应；

③ 若 $2a/RT = b$，即分子间的引力和斥力作用相互抵消，则 $\mu = 0$，气体温度不变，称为焦耳-汤姆孙零效应。

(3) 在某个温度 T_i 时，实际气体的 $\mu = 0$，它在节流过程中的行为与理想气体一样。对不很稠密的范德瓦尔斯气体，$T_i = 2a/Rb$ 时，$\mu = 0$，T_i 称为转换温度，一般情况下，这在 $T(\partial V/\partial T)_p - V = 0$ 时实现。

(4) 令 $\mu = 0$，由式 (2.2.24) 得

$$v = \frac{RT(v-b)}{RT - \dfrac{2a}{v^3}(v-b)^2}$$

将其代入状态方程得

$$\left(\frac{b^2 p}{a} + \frac{3bRT}{2a} + 1 \right)^2 - \frac{8bRT}{a} = 0 \qquad (2.2.26)$$

式 (2.2.26) 给出范德瓦尔斯气体的转换温度与压强的关系。用氮气的 a、b 代入，可绘得转换温度曲线如图 2-3 中虚线所示，图中实线为实验结果。曲线上各点为对应压强下的转换温度。可见对应每个压强值，有两个转换温度，只有当气体的温度处于曲线与坐标包围的区间内，在节流过程中才能得到致冷的效果。

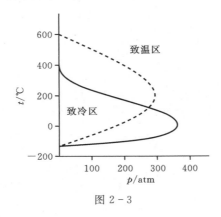

图 2-3

2. 气体的绝热膨胀

使气体可逆地绝热膨胀降温的效果可用偏导数 $(\partial T/\partial p)_S$ 描述。下面将 $(\partial T/\partial p)_S$ 用可

测量 C_p 和状态方程表出:

$$\left(\frac{\partial T}{\partial p}\right)_S \xrightarrow{\text{循环关系}} \left(\frac{\partial T}{\partial S}\right)_p \left(\frac{\partial S}{\partial p}\right)_T \xrightarrow{\text{麦克斯韦关系和} C_p \text{的定义}} \frac{T}{C_p}\left(\frac{\partial V}{\partial T}\right)_p \tag{2.2.27}$$

几点讨论。

(1) 因为 T、$(\partial V/\partial T)_p$ 和 C_p 均为正值,故 $(\partial T/\partial p)_S > 0$,又因 $\Delta p < 0$,所以 $\Delta T < 0$。可见,不管什么样的气体,不管其状态方程如何,经过可逆绝热膨胀后,其温度都要降低。在这里也没有气体的初始温度必须低于它的转换温度的要求。

(2) 可以证明(见思考题及习题 1)

$$\left(\frac{\partial T}{\partial p}\right)_S - \left(\frac{\partial T}{\partial p}\right)_H = \frac{V}{C_p}$$

因为 V、C_p 均为正值,所以

$$\left(\frac{\partial T}{\partial p}\right)_S > \left(\frac{\partial T}{\partial p}\right)_H$$

即气体经过可逆绝热膨胀过程要比节流膨胀过程的降温效果好。这是因为气体在绝热膨胀过程中被迫对外界做功,这在原则上可使为获取低温而必须消耗的功减少。

(3) 气体的可逆绝热膨胀过程可用偏导数 $(\partial T/\partial V)_S$ 描述。请读者自行证明

$$\left(\frac{\partial T}{\partial V}\right)_S = -\frac{T}{C_V}\left(\frac{\partial p}{\partial T}\right)_V < 0$$

(4) 由式(2.2.27)知

$$\left(\frac{\partial T}{\partial p}\right)_S \propto T$$

可见温度越低,降温效果越差。通常的做法是将绝热膨胀和节流膨胀结合,这是获得 4.2 K(液氦)低温的有效方法。

2.2.3　平衡辐射场的热力学性质

热力学理论是普适的,它可用于任何性质的大量粒子组成的系统。既可用于经典系统,又可用于量子系统;既可用于实物系统,又可用于场,如电磁场——辐射。

1. 有关概念

任何一个具有一定温度的物体都会以电磁波的形式向外辐射能量,这称为热辐射。在辐射体周围空间中充满着辐射能,称为辐射场。另一方面,任何一个物体也可以吸收、反射或透射外来的辐射能。若某物体在单位时间内向外辐射的能量恰好等于它所吸收的外来辐射能,则称为平衡辐射。若某物体能够在任何温度下全部吸收投射到它上面的任何波长的辐射能,此物体称为绝对黑体,简称黑体。黑体本身也向外辐射,称为黑体辐射。事实上,自然界并没有这种绝对性质的物体,绝对黑体的最好近似是腔壁上开有一小孔的较深的空腔。通过这个小孔射入空腔内的辐射,经过多次部分吸收和反射,最后实际上完全被吸收。在辐射理论中,还定义了以下各量。

(1) 单色能量密度 $u(\nu, T)\mathrm{d}\nu$:温度为 T 的平衡辐射场中单位体积内、频率在 $\nu \sim \nu + \mathrm{d}\nu$ 的能量。用热力学第二定律可以证明,$u(\nu, T)$ 与腔壁的材料及形状无关,且平衡辐射时空腔内

各处的 $u(\nu, T)$ 都相同(见思考题及习题 12)。

(2) 全色能量密度(简称能量密度)$u(T)$;温度为 T 的平衡辐射场中单位体积内的能量(包括一切频率),即

$$u(T) = \int_0^\infty u(\nu, T) \mathrm{d}\nu$$

(3) 通量密度 J:单位时间内,通过辐射场中某单位面积,向一侧辐射的能量。

在电动力学中可证明

$$J = \frac{cu(T)}{4} \tag{2.2.28}$$

式中,c 为光速。

(4) 辐射压强 p:在辐射场中单位面积上所受到的辐射作用力。

电动力学可证明(统计物理学也可证明)

$$p = \frac{u(T)}{3} \tag{2.2.29}$$

2. 辐射场的热力学函数

设空腔的体积为 V(当然是辐射场的体积),辐射场的总能量(内能)为

$$U(T, V) = u(T)V$$

由此得

$$\left(\frac{\partial U}{\partial V}\right)_T = u \tag{2.2.30a}$$

又由式(2.2.29)得

$$\left(\frac{\partial p}{\partial T}\right)_V = \frac{1}{3}\frac{\mathrm{d}u}{\mathrm{d}T} \tag{2.2.30b}$$

将式(2.2.30a)和式(2.2.30b)代入能态方程得

$$u = \frac{T}{3}\frac{\mathrm{d}u}{\mathrm{d}T} - \frac{u}{3}$$

即

$$\frac{\mathrm{d}u}{u} = 4\frac{\mathrm{d}T}{T}$$

积分得

$$u = aT^4$$

式中,a 为积分常数。故得平衡辐射场的内能为

$$U = aT^4 V \tag{2.2.31}$$

将式(2.2.31)和式(2.2.29)代入热力学基本方程得

$$\begin{aligned}
\mathrm{d}S &= \frac{1}{T}(\mathrm{d}U + p\mathrm{d}V) \\
&= \frac{1}{T}\left[\mathrm{d}(aT^4 V) + \frac{1}{3}aT^4\mathrm{d}V\right] \\
&= \frac{4a}{3}\left[T^3\mathrm{d}V + 3T^2 V\mathrm{d}T\right]
\end{aligned}$$

$$= \frac{4a}{3}\mathrm{d}(VT^3)$$

积分得

$$S = \frac{4a}{3}T^3 V \qquad (2.2.32)$$

其中已取积分常数为零,因为 $V = 0$ 时就没有辐射场存在了。相应地还可分别写出

$$H = U + pV = 4aT^4 V/3 \qquad (2.2.33)$$

$$F = U - TS = -aT^4 V/3 \qquad (2.2.34)$$

$$G = U - TS + pV = 0 \qquad (2.2.35)$$

几点说明。

(1) 在可逆绝热过程中 $S = $ 恒量,由式(2.2.32)有

$$T^3 V = \text{恒量} \qquad (2.2.36)$$

称为辐射的绝热方程。利用 $p = aT^4/3$,辐射的绝热方程也可表为

$$pV^{4/3} = \text{恒量} \qquad (2.2.37)$$

(2) 将式 $u = aT^4$ 代入式(2.2.28)得

$$J = \frac{1}{4}caT^4 = \sigma T^4 \qquad (2.2.38)$$

上式称为斯特潘-玻尔兹曼定律,σ 称为斯特潘常数,其实验值为

$$\sigma = 5.669 \times 10^{-8}\,\mathrm{W} \cdot \mathrm{m}^{-2} \cdot \mathrm{K}^{-4}$$

(3) 辐射高温计是测量高温物体的一种温度计,它根据的原理就是式(2.2.38)。它通过测量高温物体所辐射的能量,再根据式(2.2.38)推算出其温度。高温计的突出特点是不直接与测量物体接触,所以可用来测量星体的温度。

2.2.4　磁介质系统的热力学性质

1. 热力学基本方程

将外界使磁介质磁化所做的功

$$\mathrm{d}W' = \mu_0 H\mathrm{d}M$$

代入热力学基本方程

$$\mathrm{d}U = T\mathrm{d}S - p\mathrm{d}V + \mathrm{d}W'$$

可得

$$\mathrm{d}U = T\mathrm{d}S - p\mathrm{d}V + \mu_0 H\mathrm{d}M \qquad (2.2.39)$$

对上式分别做变换

$$H = U + pV - \mu_0 HM,$$
$$F = U - TS,$$
$$G = U - TS + pV - \mu_0 HM$$

可得

$$\mathrm{d}H = T\mathrm{d}S + V\mathrm{d}p - \mu_0 M\mathrm{d}H \qquad (2.2.40)$$

$$\mathrm{d}F = -S\mathrm{d}T - p\mathrm{d}V + \mu_0 H\mathrm{d}M \qquad (2.2.41)$$

$$dG = -SdT + Vdp - \mu_0 MdH \tag{2.2.42}$$

式(2.2.39)至式(2.2.42)就是磁介质系统的基本热力学方程。

若无膨胀功,则磁介质的基本方程可分别表示为

$$dU = TdS + \mu_0 HdM \tag{2.2.43}$$

$$dH = TdS - \mu_0 Mdh \tag{2.2.44}$$

$$dF = -SdT + \mu_0 HdM \tag{2.2.45}$$

$$dG = -SdT - \mu_0 MdH \tag{2.2.46}$$

这组方程也可在 p、V、T 系统的基本方程(2.2.12)至(2.2.15)中分别做代换 $p \to -H$,$V \to \mu_0 M$ 得出。事实上,在 p、V、T 系统的基本方程中,除功的形式 $-pdV$ 特殊外,其他都是一般形式,与具体系统无关,如热力学第一定律、全微分条件等。所以只要在式(2.2.12)至式(2.2.15)中做下列代换:

$$V \to A, P, \mu_0 M, q(\text{电荷量})\cdots$$

$$p \to -\sigma, -E, -H, -\varepsilon(\text{电动势})\cdots \tag{2.2.47}$$

就可以变到相应的系统中去。

2. 磁致冷效应

由于 dG 是全微分,所以由式(2.2.46)可得

$$\left(\frac{\partial S}{\partial H}\right)_T = \mu_0 \left(\frac{\partial M}{\partial T}\right)_H \tag{2.2.48}$$

因 $S = S(T, H)$,故

$$\left(\frac{\partial S}{\partial H}\right)_T = -\left(\frac{\partial S}{\partial T}\right)_H \left(\frac{\partial T}{\partial H}\right)_S \tag{2.2.49}$$

根据 $dQ = TdS$,可得在磁场不变时磁介质的热容量 C_H 为

$$C_H = T\left(\frac{\partial S}{\partial T}\right)_H \tag{2.2.50}$$

将式(2.2.49)和式(2.2.50)代入式(2.2.48)得

$$\left(\frac{\partial T}{\partial H}\right)_S = -\frac{\mu_0 T}{C_H}\left(\frac{\partial M}{\partial T}\right)_H \tag{2.2.51}$$

上式给出磁热效应 $(\partial T/\partial H)_S$ 与热磁效应 $(\partial M/\partial T)_H$ 的关系。

假设磁介质服从居里定律(如顺磁介质)$M = aVH/T$,则代入式(2.2.51)得

$$\left(\frac{\partial T}{\partial H}\right)_S = \frac{\mu_0 aV}{C_H}\frac{H}{T} \tag{2.2.52}$$

几点讨论。

(1) 因 μ_0, a, C_H 都大于零,所以 $(\partial T/\partial H)_S > 0$。这说明在绝热条件下减小磁场时,将引起顺磁介质的温度下降,这称为绝热去磁致冷效应。

(2) 由统计物理学可知,在极低温度下,固体的热容量 $C_H \propto T^3$,代入式(2.2.52)有

$$\left(\frac{\partial T}{\partial H}\right)_S \propto \frac{1}{T^4}$$

可见,温度越低,降温效果越好。

(3) 只要顺磁介质在极低温度下仍然维持在顺磁状态,就可以利用此法降温。绝热去磁致冷是获得低温的有效方法之一,用这种方法可获得 0.001 K 的低温。将这种方法用于具有核自旋的物体,可使核的温度达到 10^{-7} K,并能维持数小时之久。

3. 磁致伸缩效应与压磁效应

由于 dG 是全微分,所以由式(2.2.42)得

$$\left(\frac{\partial V}{\partial H}\right)_{p,T} = -\mu_0 \left(\frac{\partial M}{\partial p}\right)_{H,T} \tag{2.2.53}$$

上式将磁致伸缩效应 $(\partial V/\partial H)_{p,T}$ 与压磁效应 $(\partial M/\partial p)_{H,T}$ 联系起来。实验表明,对大多数磁介质,增大压强会导致磁化困难,即 $(\partial M/\partial p)_{H,T} < 0$,因而 $(\partial V/\partial H)_{p,T} > 0$,即磁场增强时磁介质体积增大。

2.3　热力学第三定律

在 20 世纪初,由于研究低温下的物体的性质,能斯特建立了热力学第三定律(或称能斯特定理)。经过长期实践证明,它也是一个普遍规律。本节将其做一概括的阐述。

2.3.1　热力学第三定律的表述

1906 年,能斯特从低温下化学反应的大量实验事实中总结出:随着温度向 0 K 趋近,等温过程中任何平衡系统的熵不再和任何热力学参量有关,在极限情况($T = 0$ K)下,对于所有系统,熵都有同样的恒定值,可取此值等于零。即

$$\lim_{T \to 0\,\mathrm{K}} \left[S(T, x_2) - S(T, x_1) \right] = 0 \tag{2.3.1}$$

或

$$\lim_{T \to 0\,\mathrm{K}} \left(\frac{\partial S}{\partial x}\right)_T = 0 \tag{2.3.2}$$

式中,x 可为任何热力学参量($V, p, \cdots$),这就是热力学第三定律的表述。

几点说明。

(1) 由式(2.3.1)可知,当 $T \to 0$ K 时,熵不变($\Delta S = 0$),这就是说,$T = 0$ K 的等温过程同时也是等熵过程,因而也是绝热过程。因而,绝对零度的等温线和等熵线(绝热线)重合。

(2) 热力学第三定律确定了 $T \to 0$ K 时微商 $(\partial S/\partial x)_T$ 的极限,但并没有确定 $(\partial S/\partial T)_x$ 的极限。对大多数物体

$$\lim_{T \to 0\,\mathrm{K}} \left(\frac{\partial S}{\partial T}\right)_x = 0$$

而对某些物体,这个极限并不为零(见习题 21)。

(3) 热力学第三定律对任何平衡系统或可逆过程都成立。

2.3.2　热力学第三定律的应用

1. 当 $T \to 0$ K 时,系统 $\alpha = \dfrac{1}{V}\left(\dfrac{\partial V}{\partial T}\right)_p$ 和 $\beta = \dfrac{1}{p}\left(\dfrac{\partial p}{\partial T}\right)_V$ 的行为。

由式(2.3.2)得

$$\lim_{T \to 0 \, \text{K}} \left(\frac{\partial S}{\partial p} \right)_T = 0,$$

$$\lim_{T \to 0 \, \text{K}} \left(\frac{\partial S}{\partial V} \right)_T = 0$$

利用麦克斯韦关系

$$(\partial S/\partial p)_T = -(\partial V/\partial T)_p,$$

$$(\partial S/\partial V)_T = (\partial p/\partial T)_V$$

有

$$\lim_{T \to 0 \, \text{K}} \frac{1}{V} \left(\frac{\partial V}{\partial T} \right)_p = \lim_{T \to 0 \, \text{K}} \alpha = 0 \qquad (2.3.3\text{a})$$

$$\lim_{T \to 0 \, \text{K}} \frac{1}{p} \left(\frac{\partial p}{\partial T} \right)_V = \lim_{T \to 0 \, \text{K}} \beta = 0 \qquad (2.3.3\text{b})$$

同理可得

$$\lim_{T \to 0 \, \text{K}} \left(\frac{\partial m}{\partial T} \right)_H = 0 \qquad (2.3.4\text{a})$$

$$\lim_{T \to 0 \, \text{K}} \left(\frac{\partial \mu}{\partial T} \right)_E = 0 \qquad (2.3.4\text{b})$$

$$\lim_{T \to 0 \, \text{K}} \left(\frac{\partial \sigma}{\partial T} \right)_A = 0 \qquad (2.3.4\text{c})$$

$$\lim_{T \to 0 \, \text{K}} \left(\frac{\partial \varepsilon}{\partial T} \right)_q = 0 \qquad (2.3.4\text{d})$$

式中,m、μ、σ 和 ε 分别为磁化强度、极化强度、表面张力系数和原电池的电动势。

2. 当 $T \to 0 \, \text{K}$ 时,热容量 C_p 和 C_V 的行为。

因为 $G = H - TS$,所以根据热力学第三定律有

$$\lim_{T \to 0 \, \text{K}} (TS) = \lim_{T \to 0 \, \text{K}} (H - G) = 0 \qquad (2.3.5\text{a})$$

即

$$\lim_{T \to 0 \, \text{K}} \left(\frac{\partial G}{\partial T} \right)_p = \lim_{T \to 0 \, \text{K}} \left(\frac{\partial H}{\partial T} \right)_p = \lim_{T \to 0 \, \text{K}} C_p \qquad (2.3.5\text{b})$$

又因

$$\text{d}G = -S\text{d}T + V\text{d}p$$

故

$$S = -\left(\frac{\partial G}{\partial T} \right)_p$$

根据热力学第三定律

$$\lim_{T \to 0 \, \text{K}} S = -\lim_{T \to 0 \, \text{K}} \left(\frac{\partial G}{\partial T} \right)_p = 0$$

将此式结合式(2.3.5b),有

$$\lim_{T \to 0 \, \text{K}} C_p = 0$$

同理,因

$$F = U - TS$$

所以，根据热力学第三定律

$$\lim_{T \to 0 \text{ K}} (TS) = \lim_{T \to 0 \text{ K}} (U - F) = 0$$

即

$$\lim_{T \to 0 \text{ K}} \left(\frac{\partial F}{\partial T} \right)_V = \lim_{T \to 0 \text{ K}} \left(\frac{\partial U}{\partial T} \right)_V = \lim_{T \to 0 \text{ K}} C_V \tag{2.3.6}$$

又因

$$\mathrm{d}F = -S\mathrm{d}T - p\mathrm{d}V$$

故

$$S = -(\partial F/\partial T)_V$$

根据热力学第三定律

$$\lim_{T \to 0 \text{ K}} S = -\lim_{T \to 0 \text{ K}} \left(\frac{\partial F}{\partial T} \right)_V = 0$$

将此式结合式(2.3.6)有

$$\lim_{T \to 0 \text{ K}} C_V = 0$$

同理可以证明

$$\lim_{T \to 0 \text{ K}} C_x = 0 \tag{2.3.7}$$

式中，x 可为任何热力学参量，以上结论已被实验证明是正确的。

3. 理想气体的简并

1 mol 理想气体熵的表达式为

$$S = C_v \ln T + R \ln v + S_0 \tag{2.3.8}$$

这是根据理想气体状态方程 $pv = RT$ 和 $C_v = $ 常数的假定得到的。由上式可见：当 $T = 0$ K 时，等温过程中熵的改变$(\triangle S)_T = R \ln(v_2/v_1)$ 不等于零；当 $T \to 0$ K 时，熵并不趋于常量，而趋于 ∞。这表明在低温下理想气体的行为已不再遵从 $pv = RT$ 和 $C_v = $ 常数的规律，而遵从另外的规律。理想气体对经典气体定律(从经典统计得到)的这种偏离，称为简并。气体的简并性要用量子统计物理学才能说明。

4. 理想气体熵常数的计算

借助热力学第三定律，可以计算理想气体熵常数。主要方法是：研究同种物质的气体和固体平衡的条件(物质的化学势在两相中相等)，在此条件中既有气体熵的表达式，又有固体熵的表达式。根据热力学第三定律，固体的熵由

$$S(V, T) = \int_0^T \frac{C_V}{T} \mathrm{d}T \tag{2.3.9a}$$

$$S(p, T) = \int_0^T \frac{C_p}{T} \mathrm{d}T \tag{2.3.9b}$$

计算，而理想气体的熵由式(2.3.8)计算。这样，就可从相平衡条件求得气体的熵常数。

2.3.3　热力学第三定律与绝对零度不能达到原理

首先我们以磁冷却为例说明热力学第三定律与绝对零度不能达到是等价的。前面已经

述及,在极低温度下,绝热去磁冷却是获得低温的最有效的方法。实验表明,顺磁介质的熵随温度和磁场强度的变化关系如图 2-4 所示。

由图 2-4 可见,当 $T \rightarrow 0\,\mathrm{K}$ 时,所有等场强曲线交于一点,这表明此时的熵与磁场强度无关,这正是热力学第三定律的结果。整个冷却过程可描述为:从 A 点开始,经等温磁化到达 B 点,然后绝热退磁到达 C 点,$T_C < T_A$。由图看到,重复以上过程,介质的温度将不断降低,并无限趋近于绝对零度,但经过有限步骤,却不可能达到绝对零度;反之,若热力学第三定律不成立。如图 2-5 所示,当 $T = 0\,\mathrm{K}$ 时,熵与磁场强度有关。由图 2-5 可见,在此情况下,绝对零度将能通过有限步骤达到。

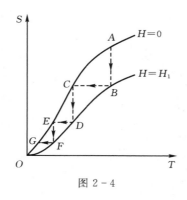

图 2-4

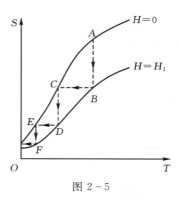

图 2-5

其次,我们一般地证明二者等价。因 $S = S(T, H)$ 所以

$$\mathrm{d}S = \left(\frac{\partial S}{\partial T}\right)_H \mathrm{d}T + \left(\frac{\partial S}{\partial H}\right)_T \mathrm{d}H = \frac{C_H}{T}\mathrm{d}T + \left(\frac{\partial S}{\partial H}\right)_T \mathrm{d}H \qquad (2.3.10)$$

由于在低温下 $C_H = bT^3$(德拜定律),故

$$\left(\frac{\partial S}{\partial T}\right)_H = bT^2 \qquad (2.3.11)$$

在 H 不变下积分式(2.3.11)得

$$(S)_H = (S_0)_H + bT^3/3 \qquad (2.3.12)$$

由热力学第三定律知 $(S_0)_H$ 与 H 无关,为一常数,故在 T 不变的条件下式(2.3.12)对 H 求偏微商得

$$\left(\frac{\partial S}{\partial H}\right)_T = \frac{b'}{3}T^3 \qquad (2.3.13)$$

式中,$b' = (\partial b/\partial H)_T$。将式(2.3.13)和式(2.3.11)代入式(2.3.10),并考虑到在等熵过程中 $\mathrm{d}S = 0$,即得

$$\frac{\mathrm{d}T}{T} = -\frac{b'}{3b}\mathrm{d}H$$

积分此式有

$$\ln T_2 = \ln T_1 - \int_{H_1}^{H_2} \frac{b'}{3b}\mathrm{d}H \qquad (2.3.14)$$

T_1 为初始有限温度,可以很小。如果 $T_2 = 0$,则

$$-\infty = \ln T_1 - \int_{H_1}^{H_2} \frac{b'}{3b} \mathrm{d}H$$

由上式可见,对于 H_2 为有限值情形,上式不能成立。所以通过任何一个初始温度、磁场强度有限的变化过程绝不可能得到 0 K 状态。

反之,若热力学第三定律不成立,即

$$\lim_{T \to 0\,\mathrm{K}} \left(\frac{\partial S_0}{\partial H}\right)_T \neq 0$$

由式(2.3.12)有

$$\left(\frac{\partial S}{\partial H}\right)_T = \left(\frac{\partial S_0}{\partial H}\right)_T + \frac{b'}{3} T^3$$

上式右端第一项为有限数,当 T 很小时,第二项可以略去,因此

$$\left(\frac{\partial S}{\partial H}\right)_T = \left(\frac{\partial S_0}{\partial H}\right)_T$$

将此式及 $C_H = bT^3$ 代入式(2.3.10),并考虑等熵过程中 $\mathrm{d}S = 0$,可得

$$-T^2 \mathrm{d}T = \frac{1}{b} \left(\frac{\partial S_0}{\partial H}\right)_T \mathrm{d}H$$

在 T_1、T_2 间积分上式,得

$$\frac{T_1^3}{3} - \frac{T_2^3}{3} = \int_{H_1}^{H_2} \frac{1}{b} \left(\frac{\partial S_0}{\partial H}\right)_T \mathrm{d}H \tag{2.3.15}$$

由上式可见,若适当地选取 H_1 和 H_2 的值,使

$$\frac{T_1^3}{3} = \int_{H_1}^{H_2} \frac{1}{b} \left(\frac{\partial S_0}{\partial H}\right)_T \mathrm{d}H$$

成立,则 $T_2 = 0$。即可以通过有限的磁场强度的变化而达到绝对零度。

这就证明了热力学第三定律与绝对零度不可达到原理是等价的。热力学第三定律与以前讲过的几个热力学定律一样,是由大量实验事实归纳总结出来的,它与第零定律、第一定律、第二定律一起构成热力学的理论基础。

思考题及习题

1. 试证明以下热力学关系,并思考其意义。

(1) $\left(\frac{\partial U}{\partial p}\right)_V = C_V \left(\frac{\partial T}{\partial p}\right)_V$;$\left(\frac{\partial U}{\partial p}\right)_T = \kappa p V - \alpha T V$;$\left(\frac{\partial U}{\partial V}\right)_p = C_p \left(\frac{\partial T}{\partial V}\right)_p - p$.

(2) $\left(\frac{\partial T}{\partial p}\right)_S = \frac{\alpha T V}{C_p}$;$\left(\frac{\partial T}{\partial S}\right)_H = \frac{T}{C_p} - \frac{T^2}{V}\left(\frac{\partial V}{\partial H}\right)_p$;$\left(\frac{\partial T}{\partial V}\right)_U = \frac{p}{C_V} - T\left(\frac{\partial p}{\partial U}\right)_V$;

$\left(\frac{\partial T}{\partial p}\right)_H = T\left(\frac{\partial V}{\partial H}\right)_p - \frac{V}{C_p}$.

(3) $\left(\frac{\partial S}{\partial p}\right)_H < 0$;$\left(\frac{\partial S}{\partial V}\right)_U > 0$.

(4) $\left(\frac{\partial T}{\partial p}\right)_S - \left(\frac{\partial T}{\partial p}\right)_H = \frac{V}{C_p}$.

(5) $\dfrac{\alpha}{\alpha_s} = 1 - \dfrac{C_p}{C_V}$；$\dfrac{\beta}{\beta_s} = 1 - \dfrac{C_V}{C_p}$；其中 $\quad \alpha_s = \dfrac{1}{V}\left(\dfrac{\partial V}{\partial T}\right)_s$，$\beta_s = \dfrac{1}{p}\left(\dfrac{\partial p}{\partial T}\right)_s$

(6) $\left(\dfrac{\partial \alpha}{\partial p}\right)_T = -\left(\dfrac{\partial \kappa}{\partial T}\right)_p$

(7) $\left(\dfrac{\partial C_V}{\partial V}\right)_T = T\left(\dfrac{\partial^2 p}{\partial T^2}\right)_V$， 并由此导出 $C_V = C_{V_0} + T\displaystyle\int_{V_0}^{V}\left(\dfrac{\partial^2 p}{\partial T^2}\right)_V \mathrm{d}V$

(8) $U = -T^2\left[\dfrac{\partial (F/T)}{\partial T}\right]_V$；$H = -T^2\left[\dfrac{\partial (G/T)}{\partial T}\right]_p$

2. 水的膨胀系数在 $0 \sim 4$ ℃ 为负值，当在此温度范围做可逆绝热膨胀时，温度升高还是降低？

[答案：$(\partial T/\partial V)_s > 0$，绝热膨胀时温度升高]

3. 利用自由能 F 和吉布斯函数 G 的定义，证明能态方程和焓态方程。

4. 某气体内能

$$U = \frac{3}{2}NkT\left(1 + \frac{NB}{VT^{3/2}}\right)$$

其中 B 为正的常数。试求其状态方程并说明 $\dfrac{3}{2}NkT$，$\dfrac{NB}{VT^{3/2}}$ 的物理意义。

[答案：$\dfrac{pV}{T} = Nk\left(1 + \dfrac{NB}{VT^{3/2}}\right)$]

5. 1 mol 气体的状态方程为

$$\left(p + \frac{a}{T^n V^2}\right)(V - b) = RT$$

其中 a, b, n, R 是常数。在 $V \to \infty$ 时，其定容摩尔热容量 C_V 趋于常量 C_{V_0}，试计算其内能。

[答案：$U = -\dfrac{(n+1)a}{T^n V} + C_{V_0}T + C$]

6. 试证明 ν 摩尔理想气体从压强 p_1 等温降至压强 p_2 所做的最大功为

$$W_m = \nu RT\ln\frac{p_1}{p_2}$$

7. 试证明 1 mol 范德瓦尔斯气体的绝热方程是

$$T(V - b)^{R/C_V} = 常数。$$

8. 试证明以 T、V 为自变量时，$\Phi = S - U/T$ 是特性函数。

9. 已知某气体满足下列关系：

$$\left(\frac{\partial V}{\partial T}\right)_p = \frac{R}{p} + \frac{a}{T^2}，\left(\frac{\partial V}{\partial p}\right)_T = -Tf(p)$$

其中 a 为常数，$f(p)$ 只是 p 的函数，在低压下 1 mol 气体的定压热容量为 $5R/2$，试证明：

(1) $f(p) = R/p^2$

(2) 状态方程为 $pV = RT - ap/T$

(3) $C_p = 2ap/T^2 + 5R/2$

10. 理想气体的 C_P 与压强有关吗？

11. 范德瓦尔斯气体的 C_V 与体积有关吗？

12. 试应用热力学第二定律证明：平衡辐射场的单色能量密度在辐射场内处处均匀，且与腔壁的材料及形状无关。

13. 要想利用焦耳-汤姆孙效应冷却气体，试问可选取初始条件应该是 $(\partial H/\partial p)_T$ 大于零、等于零、还是小于零？说明理由。

14. 对 1 mol 范德瓦尔斯气体，试求：

    (1) $C_p - C_V$；

    (2) 通过自由膨胀由 v_1 到 v_2 引起的温度变化 ΔT。

    $$\left[答案：C_p - C_V = \frac{R}{1 - 2a\,(v-b)^2/RTv^3}；\Delta T = \frac{a}{C_V}\left(\frac{1}{v_2} - \frac{1}{v_1}\right)\right]$$

15. 实验表明：表面张力系数仅是温度的函数，即 $\sigma = \sigma(T)$，且 $\mathrm{d}\sigma/\mathrm{d}T < 0$。试求：

    (1) 表面膜由表面积 A_i 可逆等温膨胀到 A_f 所吸收热量；

    (2) 可逆绝热膨胀引起的温度变化。

    $$\left[答案：Q = T(A_i - A_f)\,\frac{\mathrm{d}\sigma}{\mathrm{d}T}；\Delta T = \frac{T}{C_A}\,\frac{\mathrm{d}\sigma}{\mathrm{d}T}\Delta A\right]$$

16. 设在弹性限度内弹簧的恢复力与伸长量成正比，比例系数 k 是温度的已知函数。今把处于大气中的弹簧拉长 x，最终达到平衡态。求弹簧的自由能、熵和内能的变化（设大气温度不变）。

    $$\left[答案：(\Delta F)_T = \frac{1}{2}kx^2；(\Delta S)_T = -\frac{1}{2}\frac{\mathrm{d}k}{\mathrm{d}T}x^2；(\Delta U)_T = \frac{1}{2}\left(k - T\frac{\mathrm{d}k}{\mathrm{d}T}\right)x^2\right]$$

17. 试证明遵从居里定律 $m = aH/T$ 的顺磁介质的等磁化强度热容量及内能仅是温度的函数。

18. 已知超导体的磁感应强度 $B = \mu_0(H + m) = 0$。求证：

    (1) C_m 与 m 无关，只是 T 的函数；

    (2) $U = \int C_m\mathrm{d}T - \frac{\mu_0 m^2}{2}V + U_0$；

    (3) $S = \int\left(\frac{C_m}{T}\right)\mathrm{d}T + S_0$。

19. 对电介质建立热力学方程，并证明：

    $$\left(\frac{\partial P}{\partial p}\right)_{T,E} = -\left(\frac{\partial V}{\partial E}\right)_{T,p}, \left(\frac{\partial T}{\partial E}\right)_S = -\frac{T}{C_E}\left(\frac{\partial P}{\partial T}\right)_E$$

    式中 P、p、E、V、C_E 和 S 分别为电介质的电矩、压强、电场强度、体积、恒定电场中的热容量和熵，并说明两等式的意义。

20. 容积为 V_1，具有理想反射壁空腔的平衡辐射，突然扩大到容积 V_2（包括原有的容积 V_1）的空腔。这是一个不可逆绝热过程。试证明：

    (1) $\Delta T = T_f - T_i = T_i\left[\left(\frac{V_1}{V_2}\right)^{\frac{1}{4}} - 1\right]$；

    (2) $\Delta S = S_f - S_i = \frac{4}{3}aT_i^3 V_1\left[\left(\frac{V_2}{V_1}\right)^{\frac{1}{4}} - 1\right]$。

21. 根据德拜定律，低温时晶体的热容量 C_V 与热力学温度的 3 次方成正比，即：$C_V = aT^3$。试证明晶体的定压热容与定容之差 $C_p - C_V$ 在 $T \to 0$ K 时与温度的 7 次方成正比。

[提示:先求熵的表达式]

22. 试根据热力学第三定律证明,顺磁介质的居里定律($m = aH/T$)在足够低的温度下不能成立。

相平衡和化学平衡

第3章

到目前为止,我们只讨论了粒子数不变的系统,即孤立系或封闭系。但是,自然界中很多现象的发生都伴随着粒子数的变化,即系统是开放的。例如,在水和其蒸气共存的系统中,水及其蒸气都分别是开放系。即使在气体情形,如果我们在它的内部划出一个固定体积的空间作为研究的系统,它也是开放的;其他如细胞膜隔开的系统也是如此。还有一类有化学反应参与的现象,其中有好几种化学性质不同的分子参与反应,每一种分子的数目都是可变的,因此也是开放系。本章将讨论如何用热力学理论处理这种复杂系统的平衡问题。作为讨论的基础,首先从均匀闭系的热力学基本方程推广出多元粒子数可变系统的热力学基本方程;进而由平衡判据出发讨论开放系统的平衡条件和平衡稳定性条件;作为它们的应用,将依次讨论相平衡和化学平衡。

3.1 多元均匀开系的热力学基本方程

3.1.1 偏摩尔量

设均匀系含有 k 个组元。由于可能发生相变和化学反应,均匀系中各组元的摩尔数是可变的。因此,为了描述多元系的平衡态,必须引入各组元的摩尔数(或粒子数)作为独立变量或状态参量。取 $T, p, \nu_1, \nu_2, \cdots, \nu_k$ 为状态参量,系统的三个基本热力学函数,即体积(状态方程)、内能和熵可表示为

$$V = V(T, p, \nu_1, \nu_2, \cdots, \nu_k) \tag{3.1.1a}$$

$$U = U(T, p, \nu_1, \nu_2, \cdots, \nu_k) \tag{3.1.1b}$$

$$S = S(T, p, \nu_1, \nu_2, \cdots, \nu_k) \tag{3.1.1c}$$

由于这些函数均为广延量,如果保持系统的温度和压强不变,而使系统中各组元的摩尔数都增大为 λ 倍,则所有的广延量也增大为 λ 倍,即

$$V = V(T, p, \lambda\nu_1, \lambda\nu_2, \cdots, \lambda\nu_k) = \lambda V(T, p, \nu_1, \nu_2, \cdots, \nu_k) \tag{3.1.2a}$$

$$U = U(T, p, \lambda\nu_1, \lambda\nu_2, \cdots, \lambda\nu_k) = \lambda U(T, p, \nu_1, \nu_2, \cdots, \nu_k) \tag{3.1.2b}$$

$$S = S(T, p, \lambda\nu_1, \lambda\nu_2, \cdots, \lambda\nu_k) = \lambda S(T, p, \nu_1, \nu_2, \cdots, \nu_k) \tag{3.1.2c}$$

这就是说,体积、内能和熵都是各组元摩尔数的线性齐次函数。根据齐次函数的欧拉定理(附录2)有

$$V = \sum_i \nu_i \left(\frac{\partial V}{\partial \nu_i}\right)_{T,p,\nu_j} \tag{3.1.3a}$$

$$U = \sum_i \nu_i \left(\frac{\partial U}{\partial \nu_i}\right)_{T,p,\nu_j} \tag{3.1.3b}$$

$$S = \sum_i \nu_i \left(\frac{\partial S}{\partial \nu_i}\right)_{T,p,\nu_j} \tag{3.1.3c}$$

式中，偏导数的下标 ν_j 指除 i 组元外的其他全部组元，以下类同。令

$$v_i = \left(\frac{\partial V}{\partial \nu_i}\right)_{T,p,\nu_j} \tag{3.1.4a}$$

$$u_i = \left(\frac{\partial U}{\partial \nu_i}\right)_{T,p,\nu_j} \tag{3.1.4b}$$

$$s_i = \left(\frac{\partial S}{\partial \nu_i}\right)_{T,p,\nu_j} \tag{3.1.4c}$$

其中，v_i、u_i、s_i 分别称为 i 组元的偏摩尔体积、偏摩尔内能和偏摩尔熵。则式(3.1.3)可表为

$$V = \sum_i \nu_i v_i \tag{3.1.5a}$$

$$U = \sum_i \nu_i u_i \tag{3.1.5b}$$

$$S = \sum_i \nu_i s_i \tag{3.1.5c}$$

显然，由于系统的任一广延量都是各组元摩尔数的线性齐次函数，故其焓、自由能和吉布斯函数可分别表为

$$H = \sum_i \nu_i \left(\frac{\partial H}{\partial \nu_i}\right)_{T,p,\nu_j} = \sum_i \nu_i h_i \tag{3.1.6a}$$

$$F = \sum_i \nu_i \left(\frac{\partial F}{\partial \nu_i}\right)_{T,p,\nu_j} = \sum_i \nu_i f_i \tag{3.1.6b}$$

$$G = \sum_i \nu_i \left(\frac{\partial G}{\partial \nu_i}\right)_{T,p,\nu_j} = \sum_i \nu_i \mu_i \tag{3.1.6c}$$

式中，h_i、f_i、μ_i 分别称为偏摩尔焓、偏摩尔自由能、偏摩尔吉布斯函数。μ_i 也称为 i 组元的化学势。

几点讨论。

(1) 系统某一偏摩尔量的物理意义：在保持温度、压强及其他摩尔数不变的条件下，增加 1 mol 的 i 组元物质时系统该广延量的增加量。

(2) 由式(3.1.4)至式(3.1.6)可见，系统的所有偏摩尔量都是强度量，系统中第 i 个组元的某个偏摩尔量属于本组元的性质。

(3) 多元系中一个组元的偏摩尔量与该组元作为纯物质的摩尔量不同。摩尔量只是 T、p 的函数，偏摩尔量则不仅是 T、p，而且是各组元的浓度 $\nu_i / \sum_i \nu_i$ 的函数。

(4) 在各偏摩尔量中，偏摩尔吉布斯函数即化学势对研究相变和化学反应有特别重要的作用。若是单元系，则由式(3.1.6)可得

$$G = \nu\mu \tag{3.1.7}$$

或

$$\mu = \left(\frac{\partial G}{\partial \nu}\right)_{T,p} = \frac{G}{\nu} = g(T,p) \tag{3.1.8}$$

可见单元系的化学势等于 1 mol 吉布斯函数,它仅是温度 T 和压强 p 的函数。

3.1.2　多元均匀开系的热力学基本方程

设有 k 种组元,则 $G = G(T,p,\nu_1,\cdots,\nu_k)$,求其全微分得

$$dG = \left(\frac{\partial G}{\partial T}\right)_{p,\nu_i} dT + \left(\frac{\partial G}{\partial p}\right)_{T,\nu_i} dp + \sum_i \left(\frac{\partial G}{\partial \nu_i}\right)_{T,p,\nu_j} d\nu_i$$

式中,偏导数的下标 ν_i 指全部 k 个组元,ν_j 指除 i 组元外的其余组元,以下类同。已知当所有组元的摩尔数不变,即闭系时有

$$\left(\frac{\partial G}{\partial T}\right)_{p,\nu_i} = -S, \quad \left(\frac{\partial G}{\partial p}\right)_{T,\nu_i} = V$$

代入 dG,且考虑到 $\mu_i = (\partial G/\partial \nu_i)_{T,p,\nu_j}$,有

$$dG = -SdT + Vdp + \sum_i \mu_i d\nu_i \tag{3.1.9}$$

利用定义 $G = U - TS + pV = H - TS = F + pV$,可将上式分别化为

$$dU = TdS - pdV + \sum_i \mu_i d\nu_i \tag{3.1.10}$$

$$dH = TdS + Vdp + \sum_i \mu_i d\nu_i \tag{3.1.11}$$

$$dF = -SdT - pdV + \sum_i \mu_i d\nu_i \tag{3.1.12}$$

式(3.1.9)至式(3.1.12)就是多元均匀开系的热力学基本方程。

再定义一个热力学量

$$J = F - G = -pV \tag{3.1.13}$$

称为巨热力学势。将上式求微分并利用式(3.1.6)和式(3.1.12)可得巨热力学势的基本微分方程

$$dJ = -SdT - pdV - \sum_i \nu_i d\mu_i \tag{3.1.14}$$

几点讨论。

(1) 由式(3.1.9)至式(3.1.12)可见,化学势 μ_i 还可表为

$$\mu_i = \left(\frac{\partial U}{\partial \nu_i}\right)_{S,V,\nu_j} = \left(\frac{\partial H}{\partial \nu_i}\right)_{S,p,\nu_j} = \left(\frac{\partial F}{\partial \nu_i}\right)_{T,V,\nu_j} \tag{3.1.15}$$

可见,μ_i 可以从任何一个势力学函数对摩尔数的偏微商得到,但所用独立变量不同。

(2) 对 $G = \sum_i \nu_i \mu_i$ 求全微分得

$$dG = \sum_i \nu_i d\mu_i + \sum_i \mu_i d\nu_i$$

上式与式(3.1.9)比较,有

$$SdT - Vdp + \sum_i \nu_i d\mu_i = 0 \tag{3.1.16}$$

此式称为吉布斯关系,它指出在 $k+2$ 个强度量 $T,p,\{\mu_i\}$ 之间存在着一个关系。

（3）由式（3.1.14）得

$$S = -\left(\frac{\partial J}{\partial T}\right)_{V,\mu_i}, \quad p = -\left(\frac{\partial J}{\partial V}\right)_{T,\mu_i}, \quad \nu_i = -\left(\frac{\partial J}{\partial \mu_i}\right)_{T,V,\mu_j} \tag{3.1.17}$$

由式（3.1.17）可知，当选取 T,V,μ_i 为状态参量时，$J(T,V,\mu_i)$ 为特性函数，$J(T,V,\mu_i)$ 在统计物理学中极其有用。

（4）若系统只有一种组元，则式（3.1.9）至式（3.1.16）即简化为单元开系的一组方程。例如，式（3.1.9）和式（3.1.16）分别简化为

$$dG = -SdT + Vdp + \mu d\nu \tag{3.1.18a}$$

$$d\mu = -sdT + vdp \tag{3.1.18b}$$

3.2　热力学系统的平衡条件

前已述及，热力学系统的状态由热力学参量描写。当系统与它的外界达到平衡时，系统的热力学参量必须满足一定的条件，称为系统的平衡条件。这些条件可以根据前两章所给出的平衡判据导出。下面首先列出前面已给出的各平衡判据，然后再导出平衡条件及平衡稳定性条件。

3.2.1　平衡判据

根据前两章的讨论，热力学基本微分方程可分别表示为

$$dU \leqslant TdS - pdV + dW' + \sum_i \mu_i d\nu_i \tag{3.2.1}$$

$$dH \leqslant TdS + Vdp + dW' + \sum_i \mu_i d\nu_i \tag{3.2.2}$$

$$dF \leqslant -SdT - pdV + dW' + \sum_i \mu_i d\nu_i \tag{3.2.3}$$

$$dG \leqslant -SdT + Vdp + dW' + \sum_i \mu_i d\nu_i \tag{3.2.4}$$

$$dS \geqslant \frac{dU}{T} + \frac{pdV - dW'}{T} - \sum_i \frac{\mu_i d\nu_i}{T} \tag{3.2.5}$$

$$dJ \leqslant -SdT - pdV + dW' - \sum_i \nu_i d\mu_i \tag{3.2.6}$$

其中 dW' 是非膨胀功，等号对应于可逆过程，不等号对应于不可逆过程。

由式（3.2.5）可见，若 $dU = 0, dV = 0, dW' = 0, d\nu_i = 0$，即系统是孤立的，则

$$dS \geqslant 0$$

上式表明，当孤立系统内部有过程进行时，其熵永不减少；当孤立系的熵取极大值时，系统就达到了平衡态。于是，我们可以利用熵函数的这一性质来判定孤立系是否处于平衡态。其判据可表为：对于孤立系统内的各种可能的变动，平衡态的熵最大。这称为熵判据。根据数学上的极大值条件，熵判据可表为

$$\delta S = 0, \delta^2 S < 0 \tag{3.2.7}$$

式（3.2.7）中第一式表示平衡的必要条件，第二式表示平衡的稳定性条件。

由式(3.2.4)可见,若 $dT = 0, dp = 0, dW' = 0, d\nu_i = 0$,则

$$dG \leqslant 0$$

上式表明,在等温、等压、无非膨胀功的过程中,封闭系统的吉布斯函数永不增加;当吉布斯函数取最小值时,系统达到平衡态。可以利用吉布斯函数这一性质来判定等温、等压、无非膨胀功的封闭系统是否处于平衡态。其判据可表示为封闭系统在等温、等压、无非膨胀功的条件下,对各种可能的变动,平衡态的吉布斯函数最小。这称为吉布斯函数判据。该判据的数学表示式为

$$\delta G = 0, \delta^2 G > 0 \tag{3.2.8}$$

由式(3.2.3)可见,若 $dT = 0, dV = 0, dW' = 0, d\nu_i = 0$,则

$$dF \leqslant 0$$

上式表明,在等温、等容、无非膨胀功的过程中,封闭系统的自由能永不增加;当自由能取最小值时,系统达到平衡态。可以利用自由能这一性质来判定等温、等容、无非膨胀功的封闭系统是否处于平衡态。其判据可表示为封闭系统在等温、等容、无非膨胀功的条件下,对各种可能的变动,平衡态的自由能最小。这称为自由能判据。该判据的数学表示式为

$$\delta F = 0, \delta^2 F > 0 \tag{3.2.9}$$

同理,由式(3.2.1)、式(3.2.2)和式(3.2.6)可得内能判据、焓判据和巨热力学判据分别为

$$\delta U = 0, \delta^2 U > 0 \tag{3.2.10}$$

$$\delta H = 0, \delta^2 H > 0 \tag{3.2.11}$$

$$\delta J = 0, \delta^2 J > 0 \tag{3.2.12}$$

几点说明。

(1)以上各判据中所说的各种可能的变动,是指平衡态附近的一切变动,包括趋向平衡态的变动和离开平衡态的变动。事实上,后者是不可能发生的,考虑这些变动的目的是考察在一定条件下某一态函数是否具有极大值或极小值。因此,这些变动是假想的,称之为虚变动。今后我们用符号 δ 表示虚变动。

(2)如果孤立系的熵有几个可能的极大值,则其中最大的极大值对应于稳定平衡;较小的极大值对应于亚稳平衡;若对各种变动,孤立系的熵满足

$$\delta S = 0, \delta^2 S = 0$$

则对应于随遇平衡。同理,在应用自由能判据和吉布斯函数判据时,也有类似情况。

(3)熵判据是基本的平衡判据,能够对各种平衡问题给出解答。但在实际应用中,如对等温过程,利用自由能判据或吉布斯函数判据就更为简便。

3.2.2　平衡条件

现在利用熵判据求系统的平衡条件,可以证明,所得结果与用什么判据无关。

考虑一个体积 V、内能 U 和总摩尔数 ν 都不变的单元孤立系统。将它任意划分为1、2两部分。这两部分可以是两个相,或者一部分是划出作为研究的系统,而另一部分是与系统有关的环境。各部分的相应独立变数是 V_1、ν_1、U_1 和 V_2、ν_2、U_2,显然满足关系

$$V_1 + V_2 = V, \quad \nu_1 + \nu_2 = \nu, \quad U_1 + U_2 = U$$

孤立系统的熵为

$$S = S_1(U_1, V_1, \nu_1) + S_2(U_2, V_2, \nu_2)$$

设想系统在平衡态附近发生一无限小变动,该变动的约束条件是

$$\delta V_1 + \delta V_2 = 0, \delta \nu_1 + \delta \nu_2 = 0, \delta U_1 + \delta U_2 = 0 \tag{3.2.13}$$

熵在平衡态邻域的一级变动项为

$$\delta S = \delta S_1 + \delta S_2 \tag{3.2.14}$$

由热力学基本方程

$$T\mathrm{d}S = \mathrm{d}U + p\mathrm{d}V - \mu\mathrm{d}\nu$$

有

$$\delta S_1 = \frac{1}{T_1}\delta U_1 + \frac{p_1}{T_1}\delta V_1 - \frac{\mu_1}{T_1}\delta \nu_1,$$

$$S_2 = \frac{1}{T_2}\delta U_2 + \frac{p_2}{T_2}\delta V_2 - \frac{\mu_2}{T_2}\delta \nu_2$$

代入式(3.2.14)并考虑式(3.2.13)得

$$\delta S = \left(\frac{1}{T_1} - \frac{1}{T_2}\right)\delta U_1 + \left(\frac{p_1}{T_1} - \frac{p_2}{T_2}\right)\delta V_1 - \left(\frac{\mu_1}{T_1} - \frac{\mu_2}{T_2}\right)\delta \nu_1 \tag{3.2.15}$$

由于 $\delta U_1, \delta V_1$ 和 $\delta \nu_1$ 都是独立的变动,故由极值条件 $\delta S = 0$ 得到

$$T_1 = T_2, \quad p_1 = p_2, \quad \mu_1 = \mu_2 \tag{3.2.16}$$

上式表明在平衡态时,系统内任意两部分的温度、压强和化学势必须相等。这就是系统达到平衡时所要满足的平衡条件。

几点讨论。

(1) 如果平衡条件未能满足,系统将发生变化,其变化总是朝着熵增加的方向进行。若热平衡($T_1 = T_2$)条件未能满足,变化将朝着$(1/T_1 - 1/T_2)\delta U_1 > 0$的方向进行。例如,当 $T_1 > T_2$ 时,变化将朝着 $\delta U_1 < 0$ 的方向进行,即能量将从高温部分传递给低温部分。

(2) 在热平衡条件已满足的情况下,如果力学平衡条件($p_1 = p_2$)未能满足,变化将朝着$(p_1/T_1 - p_2/T_2)\delta V_1 > 0$的方向进行。例如,当 $p_1 > p_2$ 时,变化将朝着 $\delta V_1 > 0$ 的方向进行,即压强大的部分将膨胀,压强小的部分将被压缩。

(3) 在热平衡条件已满足的情况下,如果相变平衡条件($\mu_1 = \mu_2$)未能满足,变化将朝着$-(\mu_1/T_1 - \mu_2/T_2)\delta \nu_1 > 0$的方向进行,如果 $\mu_1 > \mu_2$ 时,变化将朝着 $\delta \nu_1 < 0$ 的方向进行,即物质将由化学势高的部分转移到化学势低的部分去。可见,化学势是促使物质迁移的势,化学势的大小反映了物质向其他部分迁移能力的大小。如果系统内有化学反应,则化学反应的方向也将由化学势确定,这就是 μ 被称为化学势的原因。

(4) 对粒子数不守恒的孤立系,例如光子系统,由于部分 1 和部分 2 中粒子数的变动 $\delta \nu_1$ 和 $\delta \nu_2$ 不受任何约束,故熵变化的一级项为

$$\delta S = \left(\frac{1}{T_1} - \frac{1}{T_2}\right)\delta U_1 + \left(\frac{p_1}{T_1} - \frac{p_2}{T_2}\right)\delta V_1 - \frac{\mu_1}{T_1}\delta \nu_1 - \frac{\mu_2}{T_2}\delta \nu_2$$

以极值条件 $\delta S = 0$ 得到(现在 $\delta \nu_1$、$\delta \nu_2$ 也是独立变化的)

$$T_1 = T_2,$$
$$p_1 = p_2,$$
$$\mu_1 = \mu_2 = 0$$

可见,总粒子数不守恒的孤立系处于平衡态时,化学势等于零。

注意:平衡条件式(3.2.16)仅在无外力场情况下是正确的。如果系统处在外力场(如重力场)中,平衡的两部分只有温度相同,而各部分的压强和化学势是坐标的函数。

3.2.3 平衡稳定性条件[*]

考虑粒子固定的单相系统,由于 δS 和 δV 都是独立地变动,而 $\delta_N \equiv 0$,可依据内能判据(比较简便地)求出平衡稳定性条件的具体表达式。将 U 看作 S、V 的函数,把 ΔU 展开到二级项,有

$$\Delta U = \delta U + \delta^2 U$$

其中

$$\delta U = U_s \delta S + U_v \delta V,$$

$$\delta^2 U = \frac{1}{2} \left[U_{ss} (\delta S)^2 + 2 U_{sv} \delta S \delta V + U_{vv} (\delta V)^2 \right] \tag{3.2.17}$$

这里为书写简单起见,令

$$U_s = \left(\frac{\partial U}{\partial S} \right)_v,$$

$$U_v = \left(\frac{\partial U}{\partial V} \right)_s,$$

$$U_{ss} = \left(\frac{\partial^2 U}{\partial S^2} \right)_v,$$

$$U_{vv} = \left(\frac{\partial^2 U}{\partial V^2} \right)_s,$$

$$U_{sv} = \left[\frac{\partial}{\partial S} \left(\frac{\partial U}{\partial V} \right)_s \right]_v,$$

$$U_{vs} = \left[\frac{\partial}{\partial V} \left(\frac{\partial U}{\partial S} \right)_v \right]_s$$

根据平衡的稳定性条件 $\delta^2 U > 0$,有

$$U_{ss} (\delta S)^2 + 2 U_{sv} \delta S \delta V + U_{vv} (\delta V)^2 > 0 \tag{3.2.18}$$

根据 $dU = TdS - pdV$,得

$$T = \left(\frac{\partial U}{\partial S} \right)_v = U_s$$

将上式求变分得

$$\delta T = U_{ss} \delta S + U_{sv} \delta V$$

或

$$\delta S = \frac{1}{U_{ss}} (\delta T - U_{sv} \delta V)$$

将上式代入式(3.2.18)得

$$\frac{1}{U_{SS}}(\delta T)^2 + \left(U_{VV} - \frac{U_{SV}^2}{U_{SS}}\right)(\delta V)^2 > 0 \tag{3.2.19}$$

因为不论 δT 和 δV 的符号如何,它们的平方总是正的,并且因为 δT 和 δV 相互独立地变动,所以必有

$$U_{SS} > 0 \tag{3.2.20}$$

$$U_{VV} - U_{SV}^2/U_{SS} > 0 \tag{3.2.21}$$

由于 $U_S = (\partial U/\partial S)_V = T$,再根据 C_V 的定义,由式(3.2.20)有

$$U_{SS} = \left(\frac{\partial T}{\partial S}\right)_V = \frac{T}{C_V} > 0 \tag{3.2.22}$$

根据 $dU = TdS - pdV$,有

$$\left(\frac{\partial U}{\partial V}\right)_S = -p \tag{3.2.23}$$

根据 $dF = -SdT - pdV$,有

$$\left(\frac{\partial F}{\partial V}\right)_T = -p \tag{3.2.24}$$

比较式(3.2.23)和式(3.2.24)可见

$$\left(\frac{\partial F}{\partial V}\right)_T = \left(\frac{\partial U}{\partial V}\right)_S \tag{3.2.25}$$

保持 T 不变时,将式(3.2.25)对 V 求偏微商,并考虑到 $U = U[S(T,V),V]$,得

$$\left(\frac{\partial^2 F}{\partial V^2}\right)_T = \left(\frac{\partial^2 U}{\partial V^2}\right)_S + \left[\frac{\partial}{\partial S}\left(\frac{\partial U}{\partial V}\right)_S\right]_V \left(\frac{\partial S}{\partial V}\right)_T = U_{VV} + U_{SV}\left(\frac{\partial S}{\partial V}\right)_T$$

利用循环关系,并考虑到 $T = (\partial U/\partial S)_V = U_S$,得

$$\left(\frac{\partial^2 F}{\partial V^2}\right)_T = U_{VV} - U_{SV}\left(\frac{\partial S}{\partial T}\right)_V \left(\frac{\partial T}{\partial V}\right)_S = U_{VV} - \frac{U_{SV}\left(\frac{\partial T}{\partial V}\right)_S}{\left(\frac{\partial T}{\partial S}\right)_V} = U_{VV} - \frac{U_{SV}^2}{U_{SS}}$$

$$\tag{3.2.26}$$

比较式(3.2.26)与式(3.2.21),并考虑到式(3.2.24),得

$$\left(\frac{\partial^2 F}{\partial V^2}\right)_T = -\left(\frac{\partial p}{\partial V}\right)_T = \frac{1}{V\kappa_T} > 0 \tag{3.2.27}$$

于是稳定性条件 $\delta^2 U > 0$ 变为

$$C_V > 0, \kappa_T > 0 \tag{3.2.28}$$

几点讨论。

(1) $C_V > 0$ 表明,一个均匀的稳定系统,受热后应当升温,达到与外界热平衡后传热停止;否则,若 $C_V < 0$,受热反而降温,则系统与外界不断远离热平衡,这种状态不能稳定存在。$\kappa_T > 0$ 表明,稳定系统在等温下增压,体积应当缩小;否则若 $\kappa_T < 0$,由于某种涨落使外界压强略小于系统的压强,体积将膨胀,且膨胀的结果使系统的压强更大,于是不断地膨胀越来越远离平衡,这也是不稳定的。

(2) 若对 $p = -(\partial U/\partial V)_S = -U_V$ 求变分,则得

$$\delta p = -U_{VV}\delta V - U_{VS}\delta S$$

或

$$\delta V = -\frac{1}{U_{VV}}(\delta p + U_{VS}\delta S)$$

将此式代入式(3.2.18)可得

$$\frac{1}{U_{VV}}(\delta p)^2 + \left(U_{SS} - \frac{U_{SV}^2}{U_{VV}}\right)(\delta S)^2 > 0 \tag{3.2.29}$$

与上面讨论类似,可以证明

$$\left(\frac{\partial H}{\partial S}\right)_p = \left(\frac{\partial U}{\partial S}\right)_V, \quad \left(\frac{\partial^2 H}{\partial S^2}\right)_p = U_{SS} - \frac{U_{SV}^2}{U_{VV}} \tag{3.2.30}$$

于是稳定性条件 $\delta^2 U > 0$ 可变为

$$\begin{cases} U_{VV} = -\left(\dfrac{\partial p}{\partial V}\right)_S > 0, \text{或 } \kappa_S > 0; \\[2mm] H_{SS} = \left(\dfrac{\partial T}{\partial S}\right)_p = \dfrac{T}{C_p} > 0, \text{或 } C_p > 0. \end{cases} \tag{3.2.31}$$

这里 κ_S 是绝热压缩系数。

(3) 可以证明,对粒子数可变的系统,其稳定性条件为

$$\left(\frac{\partial T}{\partial S}\right)_{V,\nu} = \frac{T}{C_V} > 0 \tag{3.2.32a}$$

$$-\left(\frac{\partial p}{\partial V}\right)_{T,\nu} = \frac{1}{V\kappa_T} > 0 \tag{3.2.32b}$$

$$\left(\frac{\partial^2 G}{\partial \nu^2}\right)_{T,p} = \left(\frac{\partial \mu}{\partial \nu}\right)_{T,p} > 0 \tag{3.2.32c}$$

其中 $(\partial\mu/\partial\nu)_{T,p} > 0$ 表明,如果因某种外因或热涨落导致内部出现不均匀,粒子流应自化学势高处流向化学势低处;由于这种流动,最后消除不均匀,这样的状态是稳定的。否则,若 $(\partial\mu/\partial\nu)_{T,p} < 0$,由某种涨落造成的不均匀将触发进一步的不均匀性,这样的状态就是不稳定的。

3.3　相平衡

在状态参量连续变化的情况下,系统的热力学性质也将连续变化。这正是前两章所讨论的内容。当状态参量变到某个值(或某些值)时,如果在这个(或这些)值上下做微小变化,系统的某些物性将发生显著的跃变,此时系统就经历某种相变。通常所说的气、液、固三态的转变就属于相变;当温度下降到某个临界值 T_c(压强保持不变)时,某些金属从顺磁性转变为铁磁性;在更低的温度下,某些金属的电阻跃变为零;某些液体的黏滞阻力从有限值突然消失等都属于相变。本节将应用热力学平衡条件,讨论各类相变平衡的规律性。

3.3.1　单元双相系的平衡

1. 单元双相系的平衡性质

实验指出,在不同的温度和压强范围内,一个单元系可以分别处在气相、液相和固相。

用压强和温度分别作为纵坐标和横坐标,可以画出单元系的相图,如图3-1所示就是单元系相图的一个示意图。

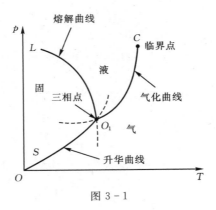

图 3-1

图中的三条曲线都称为相平衡曲线,其中 O_1C 称为气化曲线(气、液平衡共存),O_1L 称为熔解曲线(液、固平衡共存),O_1S 称为升华曲线(气、固平衡共存)。单元系两相平衡共存时,必须满足平衡条件(见本章3.2节):

$$\begin{cases} T^\alpha = T^\beta = T, \\ p^\alpha = p^\beta = p, \\ \mu^\alpha(T,p) = \mu^\beta(T,p). \end{cases} \quad (3.3.1)$$

其中,α、β 分别代表不同的两个相。

图中的三条相平衡曲线将 $p-T$ 图划分为气、液、固三个单相区域。因为在相平衡曲线以外不满足式(3.3.1),两相必不能平衡共存,只能以单相存在。比如,在气化曲线的左侧,$\mu^\alpha < \mu^\beta$,必然发生由 β 相向 α 相的转变,平衡时物质只能以 α 相单独存在;在气化曲线的右侧,情况恰好相反,$\mu^\alpha > \mu^\beta$,必然发生 α 相向 β 相的转变,平衡时物质只能以 β 相单独存在。

图中三条相平衡曲线的交点 O_1 称为三相点。在 O_1 点三相平衡共存,根据平衡条件必有

$$\mu^\alpha(T,p) = \mu^\beta(T,p) = \mu^\gamma(T,p)$$

联立这两个方程求解,可以得到 p,T 的一组完全确定的值。这表明,单元系的三相只能在唯一确定的压强和温度下平衡共存。例如,在纯水的三相点,$t = 0.010\ ℃$,$p_0 = 6.106 \times 10^2\ \text{Pa}$。

图中的 C 点称为临界点,C 点是气化曲线的终点。对应的温度和压强分别称为临界温度 T_C 和临界压强 p_C。当温度高于临界温度时,不可能出现两相共存的状态。显然,由于临界点的存在,从两相中任意一相的某一个状态出发,可以经绕过临界点的任意路径连续进行气-液的过渡而无需经过相分离(或两相共存)的状态。实验表明,熔解曲线和升华曲线没有终点。

两相平衡曲线在理论上由式(3.3.1)确定。但函数 $\mu(p,T)$ 的具体形式在大多数情况下是不知道的,所以相平衡曲线也不能写成明显的形式。但是,相平衡曲线的微分方程具有很简单的形式。对式(3.3.1)求微分得

$$\mathrm{d}\mu^\alpha(p,T) = \mathrm{d}\mu^\beta(p,T)$$

再利用式(3.1.18)可得

$$-s^\alpha \mathrm{d}T + v^\alpha \mathrm{d}p = -s^\beta \mathrm{d}T + v^\beta \mathrm{d}p$$

或者

$$\frac{\mathrm{d}p}{\mathrm{d}T} = \frac{s^\beta - s^\alpha}{v^\beta - v^\alpha} \tag{3.3.2}$$

用 $L = T(s^\beta - s^\alpha)$ 表示 1 mol 物质由 α 相转变到 β 相所吸收的热量,则有

$$\frac{\mathrm{d}p}{\mathrm{d}T} = \frac{L}{T(v^\beta - v^\alpha)} \tag{3.3.3}$$

该方程称为克拉伯龙方程。

几点讨论。

(1) 当物质发生蒸发、熔解或升华时,因混乱度增加导致熵增加,总是吸收热量,由固相或液相转变到气相,体积总是增大的,因而 $\mathrm{d}p/\mathrm{d}T$ 恒为正值。但由固相转变到液相,其体积可能增大,也可能缩小,对于后者,$\mathrm{d}p/\mathrm{d}T$ 为负,例如冰,还有原子量为 3 的氦的同位素 ^{3}He 也是这样。

(2) 应用克拉伯龙方程可以导出蒸气压方程的近似表达式。以 β 表示气相,α 表示液或固相。通常情况下 $v^\alpha \ll v^\beta$,故可在式(3.3.3)中略去 v^α,并将气相视为理想气体 $pv^\beta = RT$。这样,式(3.3.3)可以近似写为

$$\frac{\mathrm{d}p}{\mathrm{d}T} = \frac{Lp}{RT^2}$$

如果再进一步近似认为 L 与温度无关,积分上式可得

$$\ln p = -\frac{L}{RT} + A \tag{3.3.4}$$

或

$$p = p_0 \mathrm{e}^{-L/RT} \tag{3.3.5}$$

此即蒸气压方程的近似表达式。由蒸气压方程,可以确定在一定温度下的饱和蒸气压;反过来,测出饱和蒸气压,也可确定该状态的温度。用于低温范围的蒸气压温度计就是根据这个原理制造的。

2. 气、液两相的转变

(1) 气、液等温转变的实验曲线。1869 年,安德鲁斯将 CO_2 在不同温度下等温压缩,得到图 3-2 所示的等温曲线族。图中 AB 段表示气态被压缩的过程,气体压强逐渐增大,达到 B 点时,气体开始凝结;BC 段表示气、液两相转变的过程,从 B 点开始,凝结的液体逐渐增多,直到 C 点,气体全部液化,该过程中压强始终不变,气、液两相平衡共存。CD 段表示液体被等温压缩,由于液体的不可压缩性,从 C 点开始,压强迅速增大。图中的 C 点称为临界点。图中虚线内是气、液平衡共存区,虚线与临界线右侧是气相区,虚线与临界线左侧是液相区。

(2) 范德瓦尔斯等温线的热力学分析。范德瓦尔斯方程是第一个用来统一描述气体、液体及气、液转变过程的方程,它能反映实际系统的某些特征,但却包含有不合理的部分。下面着重讨论范德瓦尔斯方程的适用性以及存在的问题。

1 mol 范德瓦尔斯气体方程 $(p + a/v^2)(v - b) = RT$,在 $p-v$ 图上的等温线族,如图 3-

3 所示。现在讨论几个有关的问题。

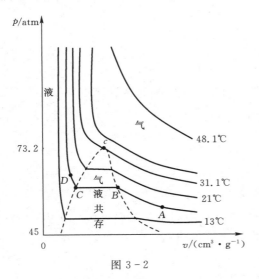

图 3-2

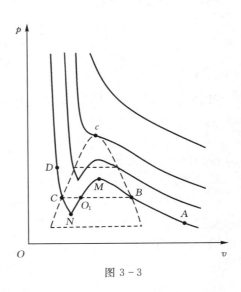

图 3-3

① 范德瓦尔斯等温线与气体实验等温线的比较：比较图 3-2 和图 3-3 可见，临界温度以上的等温线以及临界温度以下的 AB 段和 CD 段二者比较一致，并且范德瓦尔斯等温线族也将 p-v 图划分为三个区域。二者的差别仅在图中虚线包围的区域内。

② 系统的稳定性：由图 3-3 可见，AB 段和 CD 段都满足稳定性条件 $(\partial v/\partial p)_T < 0$，因此，这两段等温线代表稳定的单相区，根据气体的 $(\partial v/\partial p)_T$ 比液体的小的特点，可知 AB 段代表稳定的气相，CD 段代表稳定的液相；BM 段和 CN 段也满足稳定性条件 $(\partial v/\partial p)_T < 0$，它们分别代表实验上能观察到的过饱和蒸气和过热液体；MON 段上任一点都有 $(\partial v/\partial p)_T > 0$，不满足稳定性条件，因此实际上不能实现。

下面再从范德瓦尔斯等温线上各状态的化学势来讨论其稳定性。我们把范德瓦尔斯等温线的 p-v 图转过 90°，并将对应的 μ-p 图画在 v-p 图的下部。按照式(3.1.18)在等温下化学势的变化为

$$(\mathrm{d}\mu)_T = (v\mathrm{d}p)_T$$

积分后得

$$\mu = \int v\mathrm{d}p + \varphi(T) \tag{3.3.6}$$

$\varphi(T)$ 沿等温线不变，因此可由 v-p 平面上 v(p) 下的面积来比较各点的化学势，图 3-4 给出了这个结果。在 v-p 图上沿 ABM 积分时，化学势不断增大；当沿 MN 积分时，面积是负的，所以 N 点的化学势较 M 点为低，但比 A 点高；以后沿曲线 NCD 进行，化学势又不断增大至 D，但 D 点的化学势比 M 点为低。由 μ-p 图可见，在 $p_N < p < p_M$ 区间内，在同一温度和压强下，系统有三个可能的状态，它们分别具有不同的化学势。处于 MO_1N 上的状态，化学势最高，所以是不稳定的；处于 BM 和 CN 上的状态，化学势较低，所以是亚稳的；而处于 AB 和 CD 上的化学势最低，它们属于稳定的气相和液相。既然在 B 点和 C 点化学势相同，那么从热力学的观点来看，它们出现的可能性是相同的，所以在此将发生相的分离。

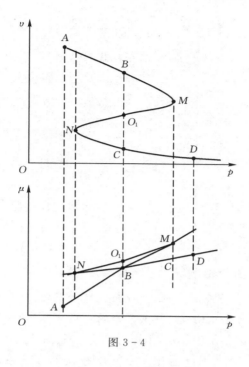

图 3 - 4

③ BO_1C 的位置 —— 麦克斯韦等面积法则:由于 CO_1B 代表气、液平衡相变过程,因此

$$\mu_C = \mu_B$$

或

$$\mu_C - \mu_B = 0$$

由图 3 - 3,并考虑到 $(\mathrm{d}\mu)_T = (v\mathrm{d}p)_T$,可有

$$\mu_C - \mu_B = \int_{BMONC} v\mathrm{d}p = 0$$

这就相当于

$$面积(CNOC) = 面积(OMBO) \tag{3.3.7}$$

于是得出结论:决定气、液平衡共存压强的水平线 BO_1C,应画得使面积 CNO_1C 和面积 O_1MBO_1 相等。这个结论称为麦克斯韦等面积法则。

④ 临界点:由图 3 - 3 可见,范德瓦耳斯等温线存在着极大值和极小值。随着温度的升高,极大点和极小点逐渐靠拢,当 $T = T_C$ 时,两点重合,形成拐点,满足下列关系式

$$\left(\frac{\partial p}{\partial v}\right)_{T_C} = 0$$

和

$$\left(\frac{\partial^2 p}{\partial v^2}\right)_{T_C} = 0 \tag{3.3.8}$$

将范德瓦耳斯方程分别代入上列两式得

$$\left(\frac{\partial p}{\partial v}\right)_{T_C} = \frac{-RT_C}{(v_c - b)^2} + \frac{2a}{v_c^3} = 0,$$

$$\left(\frac{\partial^2 p}{\partial v^2}\right)_{T_C} = \frac{2RT_C}{(v_c-b)^3} - \frac{6a}{v_c^4} = 0$$

与范德瓦尔斯方程联立，求解上面两式，得到临界参量

$$v_c = 3b,$$
$$RT_c = 8a/27b,$$
$$p_c = a/27b^2 \tag{3.3.9}$$

p_c、v_c 和 T_C 之间有以下关系

$$\frac{RT_C}{p_c v_c} = \frac{8}{3} = 2.667 \tag{3.3.10}$$

这一无量纲的比值称为临界系数，由上式可见，它对一切物质都应成立。但实际上对不同物质这一系数具有不同的值，且与 2.667 相差甚大，这是由于在临界点附近范德瓦尔斯方程不精确所致。

3. 表面效应对相平衡的影响

在上面讨论气液平衡时，两相的压强、化学势是相等的，这只有在气液分界面为平面，或液相的曲率半径足够大时才是正确的。当蒸气开始凝结成液滴时，它的半径很小，于是曲率半径和表面张力将对凝结过程发生作用，下面讨论这个问题。

（1）平衡条件。将液滴与其蒸气看作一个复合闭系，设复合系统已达到热平衡，且温度和体积保持不变，用自由能判据推求系统的力学平衡条件和相平衡条件。

设 α、β 和 γ 分别代表液相、气相和两相的分界面。整个系统的自由能为

$$F = F^\alpha + F^\beta + F^\gamma$$

平衡时

$$\delta F = \delta F^\alpha + \delta F^\beta + \delta F^\gamma = 0 \tag{3.3.11}$$

根据热力学基本方程

$$\begin{cases} \delta F^\alpha = -p^\alpha \delta V^\alpha + \mu^\alpha \delta \nu^\alpha \\ \delta F^\beta = -p^\beta \delta V^\beta + \mu^\beta \delta \nu^\beta \\ \delta F^\gamma = \sigma \delta A \end{cases} \tag{3.3.12}$$

将式(3.3.12)代入式(3.3.11)，并注意到总体积和总摩尔数保持不变时

$$\delta V^\beta = -\delta V^\alpha$$
$$\delta \nu^\beta = -\delta \nu^\alpha$$

可得

$$-(p^\alpha - p^\beta)\delta V^\alpha + (\mu^\alpha - \mu^\beta)\delta \nu^\alpha + \sigma \delta A = 0 \tag{3.3.13}$$

式中的 δV^α 和 δA 不是独立变动，对球形液滴来说，

$$V^\alpha = 4\pi r^3/3$$
$$A = 4\pi r^2$$

所以

$$\delta V^\alpha = 4\pi r^2 \delta r$$
$$\delta A = 8\pi r \delta r = 2\delta V^\alpha/r$$

因此式(3.3.13)可化简为

$$-(p^\alpha - p^\beta - 2\sigma/r)\delta V^\alpha + (\mu^\alpha - \mu^\beta)\delta \nu^\alpha = 0$$

由于 δV^α、$\delta \nu^\alpha$ 已是独立变动,所以

$$\begin{cases} p^\alpha = p^\beta + 2\sigma/r \\ \mu^\alpha(T, p^\alpha) = \mu^\beta(T, p^\beta) \end{cases} \tag{3.3.14}$$

此即液滴与其蒸气平衡共存的条件。

几点讨论。

① 由式(3.3.14)可见,两相平衡时,化学势仍相等,但两相的压强不等,其差值 $2\sigma/r$ 是由于表面弯曲所引起的,并且,液滴半径愈小,$2\sigma/r$ 愈大。

② 平液面的相变平衡条件 $\mu^\alpha(T, p) = \mu^\beta(T, p)$,给出 $p = p(T)$,即蒸气的压强仅决定于温度;但 $\mu^\alpha(T, p^\alpha) = \mu^\beta(T, p^\beta)$ 给出的蒸气压强不仅是温度的函数,而且还与液滴的半径有关,即

$$p_r = p_r(T, 2\sigma/r)$$

通常给出的饱和蒸气压是 $r \to \infty$ 时的值,我们用 p_∞ 表示。

(2) 液滴的形成。现在利用平衡条件式(3.3.14)讨论液滴形成的条件和半径 r 的关系。为此必须求出气相和液相的化学势。设蒸气可用理想气体近似,于是由式(2.2.14)可以写出气相的化学势为

$$\mu^\beta = RT[\ln p + \varphi(T)]$$

设液滴半径为 r,平衡时气相蒸气压为 p_r,故此时的气相化学势为

$$\mu^\beta = RT[\ln p_r + \varphi(T)] \tag{3.3.15}$$

设液相的摩尔自由能为 f^α,它是温度和体积的函数,于是液相的化学势为

$$\mu^\alpha = f^\alpha + p^\alpha \nu^\alpha = f^\alpha + p_r \nu^\alpha + \frac{2\sigma}{r}\nu^\alpha \tag{3.3.16}$$

其中,ν^α 为液相的摩尔体积,将 μ^α、μ^β 代入相平衡条件式(3.3.14)得

$$f^\alpha + p_r \nu^\alpha + \frac{2\sigma}{r}\nu^\alpha = RT\ln p_r + RT\varphi(T) \tag{3.3.17}$$

在上式中令 $r \to \infty$,温度保持不变,于是有

$$f^\alpha + p_\infty \nu^\alpha = RT\ln p_\infty + RT\varphi(T) \tag{3.3.18}$$

在 p_∞ 与 p_r 差别不太大的情形下,由于液体的压缩系数很小,所以可认为 ν^α 没有变化,从而 f^α 也没有变化。将式(3.3.17)和式(3.3.18)联立消去 f^α 和 $\varphi(T)$,得

$$\frac{RT}{\nu^\alpha}\ln \frac{p_r}{p_\infty} - (p_r - p_\infty) = \frac{2\sigma}{r} \tag{3.3.19}$$

这就是蒸气压 p_r 依赖于液滴半径 r 的关系式,式中的 ν^α、σ、p_∞ 等可以从实验求得。

由于蒸气满足理想气体近似,

$$RT = p_\infty \nu^\beta$$

故式(3.3.19)可表为

$$p_\infty \left[\frac{\nu^\beta}{\nu^\alpha}\ln \frac{p_r}{p_\infty} - \left(\frac{p_r}{p_\infty} - 1 \right) \right] = \frac{2\sigma}{r}$$

当 p_r/p_∞ 不超过 10 时,由于 $v^\beta/v^\alpha \sim 10^3$,因此 $p_r/p_\infty - 1$ 与方括号中前一项相比,至少要小 $2 \sim 3$ 个数量级,可以忽略不计,于是式(3.3.19)简化为

$$\ln \frac{p_r}{p_\infty} = \frac{2\sigma v^\alpha}{RTr} = \frac{M}{\rho RT} \frac{2\sigma}{r} \tag{3.3.20}$$

式中,M 为摩尔质量,ρ 为液体密度。由上式可见,当液滴很小时,气相的蒸气压 p_r 必须足够大才能和液滴处于相平衡,并维持液滴存在。

如果

$$\mu^\alpha = f^\alpha + \left(p_r + \frac{2\sigma}{r}\right)v^\alpha > RT[\ln p_r + \varphi(T)] = \mu^\beta \tag{3.3.21}$$

用式(3.3.21)减去式(3.3.18),同样也略去 $(p_r - p_\infty)$,可得

$$\frac{2\sigma}{r} > \frac{\rho RT}{M} \ln \frac{p_r}{p_\infty}$$

或

$$r < \frac{2M\sigma}{\rho RT \ln(p_r/p_\infty)} \equiv r_C \tag{3.3.22}$$

r_C 称为临界半径。当 $r < r_C$ 时,$\mu^\alpha > \mu^\beta$,根据化学势的性质,液滴将蒸发,因而半径减小,直至消失;反之,如果 $\mu^\beta > \mu^\alpha$,则 $r > r_C$,此时气相粒子向液滴凝结,使液滴半径不断增大。

几点讨论。

① 由式(3.3.22)可见,当蒸气压 p_r 大于同温度下平液面上的饱和蒸气压 p_∞ 时,只有在蒸气中存在半径大于与 T、p_r 相对应的 r_C 的液滴时才可能出现凝结现象。这种液滴起着凝结核心的作用。在通常情况下,蒸气中充满了尘埃等杂质小微粒,它们的半径足够大,只要 p_r 稍微超过 p_∞,就会产生凝结现象。如果蒸气非常纯净,或者小颗粒的半径非常小,这时就会出现蒸气压 p_r 超过 p_∞ 较多而不产生凝结的现象,形成过饱和蒸气。

② 液体中的气泡可以用同样的方法来考虑。如果仍然令 α 表示液相、β 表示气相,则在式(3.3.14)和式(3.3.20)中将 r 换为 $(-r)$,就可得出

$$p_r = p^\beta = p^\alpha + \frac{2\sigma}{r} \tag{3.3.23}$$

$$\ln \frac{p_r}{p_\infty} = -\frac{M}{\rho RT} \frac{2\sigma}{r} \tag{3.3.24}$$

式(3.3.23)说明,气泡内的蒸气压 p_r 必须大于液体的压强 p^α 才能维持平衡。式(3.3.24)说明,为满足相平衡条件,气泡内的蒸气压 p_r 必须小于同温度的平液面的饱和蒸气压 p_∞。

③ 液体过热现象的说明。在一般情况下,液体内部和器壁上有大量空气泡,并以它们作为气化的核心。在气泡半径已足够大而接近于平面的情况下,泡内的蒸气压 $p_r \approx p_\infty$,只要温度上升到某一值(沸点),使 p_r 等于或稍大于液体的压强 p^α,气泡就会不断长大,从而发生沸腾。如果液体中没有现存的空气泡作为气化的核心,由涨落形成的气泡半径又很小,即使达到正常沸点也不会发生沸腾。这是因为,按照式(3.3.23)$p_r = p^\beta > p^\alpha = p_\infty$,而按式(3.3.24)$p_r = p^\beta < p_\infty = p^\alpha$,显然,系统不能同时满足这两个条件,因而沸腾不能发生。只有当温度较正常沸点更高,使 $p_r > p^\alpha$ 时,才能沸腾。这就是液体的过热现象。

④ 可以证明,带电微粒作为凝结核时,可使临界半径减小很多,液滴容易形成。如在威尔逊云室中,正是利用这一效应来观察高能带电粒子的径迹的;在多雷季节,雨水较多也与此有关。与此类似,带电粒子穿过过热液体时,会在其沿途路径上产生气化核,形成小气泡,高能物理中的泡室就是根据这一原理设计的。

3.3.2　二级相变

前面讨论的气、液、固之间的相变,两相的体积不相等,熵也不相等(因为有相变潜热),即相变时熵和体积有突变。实际上还有一些相变,相变时熵和体积并不发生突变,而是定压比热 c_p、定压膨胀系数 α、等温压缩系数 κ 等发生突变。1933 年,厄任费斯脱提出一个理论,把相变分为许多级(类),各级相变的特征分别如下。

一级相变的特征是:相变时两相的化学势连续,而化学势对温度和压强的一阶偏导数存在突变,即

$$\begin{cases} \mu_1 = \mu_2, \\ v_1 \neq v_2 \quad 即 \quad \left(\dfrac{\partial \mu_1}{\partial p}\right)_T \neq \left(\dfrac{\partial \mu_2}{\partial p}\right)_T, \\ s_1 \neq s_2 \quad 即 \quad \left(\dfrac{\partial \mu_1}{\partial T}\right)_p \neq \left(\dfrac{\partial \mu_2}{\partial T}\right)_p. \end{cases} \tag{3.3.25}$$

表现在相变点上,两相的体积不相等,熵也不相等。

二级相变的特征是:相变时两相的化学势和化学势的一级偏导数连续,化学势的二阶偏导数存在突变。即

$$\begin{cases} \mu_1 = \mu_2, \\ v_1 = v_2 \quad 即 \quad \left(\dfrac{\partial \mu_1}{\partial p}\right)_T = \left(\dfrac{\partial \mu_2}{\partial p}\right)_T, \\ s_1 = s_2 \quad 即 \quad \left(\dfrac{\partial \mu_1}{\partial T}\right)_p = \left(\dfrac{\partial \mu_2}{\partial T}\right)_p, \\ c_{p_1} \neq c_{p_2} \quad 即 \quad \dfrac{\partial^2 \mu_1}{\partial T^2} \neq \dfrac{\partial^2 \mu_2}{\partial T^2}, \\ \alpha_1 \neq \alpha_2 \quad 即 \quad \dfrac{\partial^2 \mu_1}{\partial T \partial p} \neq \dfrac{\partial^2 \mu_2}{\partial T \partial p}, \\ \kappa_1 \neq \kappa_2 \quad 即 \quad \dfrac{\partial^2 \mu_1}{\partial p^2} \neq \dfrac{\partial^2 \mu_2}{\partial p^2}. \end{cases} \tag{3.3.26}$$

表现在相变点上,两相的定压比热,定压膨胀系数和等温压缩系数均不相等。

一般来说,第 n 级相变的特征是:相变时两相的化学势和化学势的一阶、二阶、⋯⋯ 直到 $(n-1)$ 阶的偏导数都连续,而化学势的 n 阶偏导数存在突变。

一级相变的相平衡曲线的斜率由式(3.3.2)给出。对于二级相变,由于 $s_1 = s_2, v_1 = v_2$,式(3.3.2)右方变为 $0/0$,根据罗毕塔法则,应求分子、分母的导数之比。若对 T 求导,则得

$$\frac{\mathrm{d}p}{\mathrm{d}T} = \frac{\partial(s_1 - s_2)/\partial T}{\partial(v_1 - v_2)/\partial T} = \frac{c_{p_1} - c_{p_2}}{Tv(\alpha_1 - \alpha_2)} = \frac{\Delta c_p}{Tv \Delta \alpha} \tag{3.3.27}$$

式中

$$\Delta c_p = c_{p_1} - c_{p_2},$$
$$\Delta \alpha = \alpha_1 - \alpha_2$$

如果分式上下对 p 求导,则得

$$\frac{\mathrm{d}p}{\mathrm{d}T} = \frac{\partial(s_1 - s_2)/\partial p}{\partial(v_1 - v_2)/\partial p} = \frac{\alpha - \alpha_{21}}{\kappa_1 - \kappa_2} = \frac{\Delta \alpha}{\Delta \kappa} \qquad (3.3.28)$$

这里应用了麦克斯韦关系和 $\Delta \kappa = \kappa_1 - \kappa_2$。

式(3.3.27)和式(3.3.28)称为厄任费斯脱方程。为了自洽,必须有

$$\frac{\Delta c_p}{Tv\Delta \alpha} = \frac{\Delta \alpha}{\Delta \kappa} \qquad (3.3.29)$$

【例1】氦Ⅰ-氦Ⅱ相变。如图 3-5 所示,维持压强在 2.25 atm,当把温度降低至 5.25 K 时,氦气将开始液化,在保持两相共存的条件下继续降低温度,同时改变压强,当达到图 3-5 所示的 λ 点($T_\lambda = 2.17$ K, $p_\lambda = 0.058$ atm)时出现新的液氦相。人们把 λ 点以上的液氦称为氦Ⅰ, λ 点以下的称为氦Ⅱ。BD 线是氦Ⅰ和氦Ⅱ的相平衡曲线。在 BD 线上,两相的摩尔体积、摩尔熵都是相同的,但两相的定压比热容、定压膨胀系数、等温压缩系数都不相同,尤其在黏滞性方面相差极为悬殊,氦Ⅱ在细孔道的流阻几乎是零(通常称为"超流体")。可见,这种相变属于二级相变。

应该指出:氦Ⅰ和氦Ⅱ在 λ 点处的相变虽然没有潜热,但比热容在相变点附近的变化行为并不遵从厄任费斯脱方程。实验表明,在 λ 点附近,两相的比热容都趋于发散,曲线形状如图 3-6 所示。所以这种相变又称为 λ 相变。

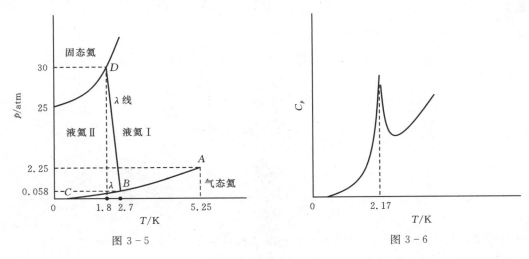

图 3-5   图 3-6

【例2】超导 —— 正常相变。1911 年,卡末林·昂内斯发现,在无外场的情况下,使水银的温度降低到临界温度 $T_c = 4.2$ K 时,电阻突然从一有限值降低到 10^{-6} Ω 以下,这一现象叫超导性,具有超导性的物体叫超导体。现已发现许多金属、合金及非金属的化合物都具有超导性。

超导体的另一特性是理想抗磁,即超导体内部的磁感应强度 B_S 为零。

实验表明,足够强的磁场能破坏超导性。处于 T_c 以下某一温度的金属超导体,当加上

外磁场,且场强值增大到某一值 H_c 时,金属的超导性被破坏而变为正常态。临界磁场强度 H_C 与超导体所处温度 T 及材料有关,其近似表达式为

$$H_C(T) = H_C(0)\left[1 - \left(\frac{T}{T_C}\right)^2\right] \tag{3.3.30}$$

式中,$H_c(0)$ 表示超导体在绝对零度时的临界磁场。式(3.3.30)表示的 $H_C(T)$ 随 T 变化的关系,如图 3-7 所示。图中曲线是超导相和正常相的分界线,也是相平衡曲线,它类似于前面的相平衡曲线 $p(T)$。

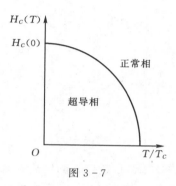

图 3-7

根据相平衡条件

$$\mu_S = \mu_n$$

有

$$\mathrm{d}\mu_S = \mathrm{d}\mu_n$$

μ_S 和 μ_n 分别为超导相和正常相的化学势。

又因

$$\mathrm{d}\mu = -s\mathrm{d}T + v\mathrm{d}p - \mu_0 mv\mathrm{d}H_C \tag{3.3.31}$$

其中,m 为磁化强度,v 为摩尔体积。超导相和正常相在相变时压强变化很小,可近似认为 $\mathrm{d}p = 0$,体积变化也很小($\mathrm{d}v = 0$, $v_S = v_n = v$),故有

$$-s_s\mathrm{d}T - \mu_0 m_S v\mathrm{d}H_C = -s_n\mathrm{d}T - \mu_0 m_n v\mathrm{d}H_C \tag{3.3.32}$$

考虑到金属超导体(或第一类超导体)是理想抗磁体,

$$B_S = \mu_0(H_C + m_S) = 0$$

即

$$m_S = -H_C$$

而正常态金属的磁化率

$$\mu \approx 1$$

即

$$B_S = \mu H_C = H_C$$

或

$$m_n = 0$$

所以由式(3.3.32)可求出两相的熵差为

$$\Delta s = s_s - s_n = \mu_0 v H_c \frac{\mathrm{d}H_c}{\mathrm{d}T} \tag{3.3.33}$$

由上式可见,当 $T < T_c$ 时,因为 $\mathrm{d}H_c/\mathrm{d}T < 0$,所以 $s_s - s_n < 0$。这说明,超导态比正常态更为有序。如果保持 T 不变,改变磁场 H,则当 H 从大于 H_c 降到 H_c 以下时发生从正常态到超导态的转变,并且放出热量。因此在 $T < T_c$,外场导致的相变属于一级相变。而在 $T = T_c$ 处,因 $H_c = 0$,所以 $s_s = s_n$,没有释放潜热,应属于二级相变。并且,将式(3.3.33)对 T 求导,利用定义

$$c_s = T \frac{\partial s_s}{\partial T}, c_n = T \frac{\partial s_n}{\partial T}$$

以及式(3.3.30)可得

$$c_s - c_n = T \frac{\partial}{\partial T}(s_s - s_n) = \frac{2\mu_0 v}{T_c} H_c^2(0) \left(\frac{3T^3}{T_c^3} - \frac{T}{T_c} \right) \tag{3.3.34}$$

当 $T = T_c$ 时

$$c_s - c_n = \frac{4\mu_0 v}{T_c} H_c^2(0) \tag{3.3.35}$$

这表明,两相的比热容有一有限的跳跃,且超导相的比热容比正常相高。

另外,铁磁体 — 顺磁体的相变、合金的有序 — 无序相变都属于二级相变。

3.3.3 多元复相系的平衡

1. 多元复相系的平衡条件

假设整个系统是等温等压的,共有 k 个组元、φ 个相,系统没有化学反应。约定:热力学量的上角标 α 表示 φ 个相中的任一相,下角标 i 表示 k 个组元的任一个。例如,μ_i^α 表示第 i 组元在 α 相中的化学势。在恒温、恒压下,系统平衡的必要条件是整个系统的吉布斯函数的一阶变分为零,即

$$\delta G = 0 \tag{3.3.36}$$

由于 $G = G^1 + G^2 + \cdots + G^\varphi$,所以

$$\delta G = \sum_{\alpha=1}^{\varphi} \delta G^\alpha = \sum_{\alpha=1}^{\varphi} \sum_{i=1}^{k} \mu_i^\alpha \delta \nu_i^\alpha = 0 \tag{3.3.37}$$

上式中,各 $\delta \nu_i^\alpha$ 的变动不是完全独立的,因为每一组元在各相中的总摩尔数不变,即

$$\sum_{\alpha=1}^{\varphi} \nu_i^\alpha = \nu_i = 常量(i = 1, 2, \cdots, k)$$

因此,ν_i^α 的变动 $\delta \nu_i^\alpha$ 还满足 k 个约束条件:

$$\sum_{\alpha=1}^{\varphi} \delta \nu_i^\alpha = 0 (i = 1, \cdots, k) \tag{3.3.38}$$

利用待定乘子法,用 k 个待定乘子,$-\lambda_i (i = 1, 2, \cdots k)$ 分别乘式(3.3.38)的 k 个方程,再与式(3.3.37)相加,得到

$$\sum_{\alpha=1}^{\varphi} \sum_{i=1}^{k} (\mu_i^\alpha - \lambda_i) \delta \nu_i^\alpha = 0 \tag{3.3.39}$$

可以选择 k 个待定乘子,使得不能独立变动的 k 个 $\delta \nu_i^\alpha$ 前的系数等于零,而其余的 $\delta \nu_i^\alpha$ 都

是独立的,因此得到

$$\begin{cases} \mu_1^1 = \mu_1^2 = \cdots = \mu_1^\alpha = \cdots = \mu_1^\varphi = \lambda_1 \\ \mu_2^1 = \mu_2^2 = \cdots = \mu_2^\alpha = \cdots = \mu_2^\varphi = \lambda_2 \\ \qquad\qquad\cdots\cdots \\ \mu_k^1 = \mu_k^2 = \cdots = \mu_k^\alpha = \cdots = \mu_k^\varphi = \lambda_k \end{cases} \tag{3.3.40}$$

此即多元复相系的平衡条件。它表明,系统在等温等压下达到平衡时,每一组元在各相中的化学势都相等。

2. 吉布斯相律

吉布斯相律告诉我们,包含 k 个组元和 φ 个相的多元复相系,在平衡时有几个独立的状态参量就有几个自由度。

首先讨论确定每一个相需用多少个独立的参量。由于某相的平衡性质由该相的化学势决定,根据化学势的定义

$$\mu_i^\alpha = \left[\frac{\partial G^\alpha(T, p, \nu_1^\alpha, \cdots, \nu_k^\alpha)}{\partial \nu_i^\alpha} \right]_{T, p, \nu_j^\alpha}$$

这里的 G^α 是 T, p 和广延量 $\nu_1^\alpha, \cdots, \nu_k^\alpha$ 的函数。可见,μ_i^α 也与广延量 $\nu_1^\alpha, \cdots, \nu_k^\alpha$ 有关。但化学势是强度量,它只能是强度量的函数,因此它只能通过两个广延量之比,如 $\nu_i^\alpha / \nu^\alpha \equiv x_i^\alpha$ 来依赖于广延量

$$\nu^\alpha = \sum_{i=1}^k \nu_i^\alpha, \quad x_i^\alpha = \frac{\nu_i^\alpha}{\sum\limits_{i=1}^k \nu_i^\alpha} \tag{3.3.41}$$

这里的 ν^α 是 α 相中的总摩尔数,而 x_i^α 是组元 i 在 α 相中所占的百分比,称为浓度,这是一个强度量,故明显写出应有

$$\mu_i^\alpha = \mu_i^\alpha(T, p, x_1^\alpha, \cdots, x_k^\alpha) \tag{3.3.42}$$

由式(3.3.41)可知,k 个变量 $x_i^\alpha (i = 1, 2, \cdots k)$ 还要满足关系

$$\sum_{i=1}^k x_i^\alpha = \frac{\sum\limits_{i=1}^k \nu_i^\alpha}{\sum\limits_{i=1}^k \nu_i^\alpha} = 1 \tag{3.3.43}$$

所以,每一相的化学势只是 $k+1$ 个强度量的函数。

下面再计算整个系统达到平衡时,能够独立变化的状态参量的数目。因为每个相需用 $k+1$ 个参量描写,故 φ 个相共需用 $\varphi(k+1)$ 个参量。当系统达到平衡时,该 $\varphi(k+1)$ 个参量除了满足式(3.3.40)外,还需要满足

$$\begin{cases} T^1 = T^2 = \cdots = T^\varphi \\ p^1 = p^2 = \cdots = p^\varphi \end{cases} \tag{3.3.44}$$

式(3.3.40)和式(3.3.44)共有 $(k+2)(\varphi-1)$ 个方程。于是独立参量的个数为

$$D = (k+1)\varphi - (k+2)(\varphi-1) = k - \varphi + 2 \tag{3.3.45}$$

式(3.3.45)称为吉布斯相律,简称相律,D 为多元复相系的自由度数。

几点说明。

(1) 因 $D \geqslant 0$,所以由式(3.3.45)得

$$\varphi \leqslant k + 2 \qquad\qquad (3.3.46)$$

就是说,多元系共存的相数不能超过其组元数加 2。

(2) 式(3.3.45)中的 2 可认为是代表温度与压强两个变量。对于更复杂的情况,如有电磁现象,还要增加电磁变量等。

(3) 在上面的讨论中,我们假定每一相都有 k 个组元。如果某一相的组元少一个,则在式(3.3.39)中 μ_i^a 也少一个,于是式(3.3.40)中同样也少一个,因此自由度 D 不变。可见,k 应理解为系统的总组元数,而不是每一相的组元数。

现在举几个例子。

(1) 单元系 $k = 1$:若 $\varphi = 1$,则 $D = 2$,为单元单相系,系统有两个独立参量;若 $\varphi = 2$,则 $D = 1$,为单元双相系,维持两个相处于平衡时,可以有一个状态参量变化;若 $\varphi = 3$,则 $D = 0$,为单元三相共存,没有一个状态参量可以独立变化,即三相点。

(2) 二元系 $k = 2$:若 $\varphi = 1$,则 $D = 3$,如盐水,需三个独立状态参量才可以完全描述这一系统的状态,状态参量可取温度、压强和盐的浓度;若 $\varphi = 2$,则 $D = 2$,此时盐水和水的蒸气处于平衡,这时只有两个独立参量;若 $\varphi = 3$,则 $D = 1$,此时盐水中有结晶盐析出,只有一个状态参量可变;若 $\varphi = 4$,则 $D = 0$,此时饱和蒸气、盐水、冰和结晶盐共存,即四相点。

(3) 三元系 $k = 3$:$D = 5 - \varphi$,最大自由度为 4,这时只有一个相。最多的共存相数为 $\varphi = 5$,即五相点。

3.4 化学平衡*

本节讨论多元系中各组元可发生化学反应时的平衡问题。为简单起见,我们仅讨论理想气体的化学反应。

3.4.1 化学平衡条件

1. 化学反应的表述

例如氢和氧化合成水的反应

$$2H_2 + O_2 \rightarrow 2H_2O$$

这个反应在热力学中通常写作

$$2H_2O - 2H_2 - O_2 = 0 \qquad\qquad (3.4.1)$$

又如碘和氢化合成碘化氢的反应

$$I_2 + H_2 \rightarrow 2HI$$

可以写作

$$2HI - I_2 - H_2 = 0 \qquad\qquad (3.4.2)$$

一般地,将单相化学反应方程表为

$$\sum_i^k a_i A_i = 0 \tag{3.4.3}$$

其中 A_i 是 $i(i=1,2,3,\cdots,k)$ 组元的化学符号，a_i 是反应方程中 i 组元的系数，称为配比系数。例如，对式(3.4.1)的化学反应

$$A_1 = H_2O, \ A_2 = H_2, \ A_3 = O_2$$

$$a_1 = 2, a_2 = -2, a_3 = -1$$

两点说明。

(1) 式(3.4.3)中 a_i 为正值的项代表生成物，a_i 为负值的项代表反应物。当然也可以反过来规定。

(2) 由于式(3.4.3)的约束，化学反应发生时，各组元摩尔数的改变必须与各组元在反应方程中的系数成正比，即

$$\delta\nu_i = a_i\delta\nu (i=1,2,\cdots,k) \tag{3.4.4}$$

或

$$\frac{\delta\nu_1}{a_1} = \frac{\delta\nu_2}{a_2} = \cdots = \frac{\delta\nu_k}{a_k} = \delta\nu$$

其中 $\delta\nu$ 为共同的比例系数。$\delta\nu > 0$ 表明反应正向进行，$\delta\nu < 0$ 表明反应逆向进行。例如，化学反应(3.4.1)发生时，必有

$$\delta\nu_{H_2O} : \delta\nu_{H_2} : \delta\nu_{O_2} = 2 : (-2) : (-1)$$

令 $\delta\nu$ 为共同比例系数，则有

$$\delta\nu_{H_2O} = 2\delta\nu$$

$$\delta\nu_{H_2} = -2\delta\nu$$

$$\delta\nu_{O_2} = -\delta\nu$$

2. 化学反应平衡条件

假设在一定条件下，多元系中有化学反应进行。当反应进行到正反应速度和逆反应速度相等时，系统中各组元的数量不再随时间改变，各反应物和生成物的浓度保持相对恒定。这时，系统中的化学反应达到平衡。所谓反应速度，就是单位时间内反应物或生成物的改变量。

应当明确：

(1) 尽管化学平衡时反应物与生成物的浓度保持相对恒定，但反应并没有停止，这时正、逆两个方向的反应仍然在不停地进行，所以化学平衡是一个动态平衡。

(2) 化学平衡只是系统在特定条件下暂时所处的状态，一旦条件改变，暂时的平衡状态就立即被破坏。

现在讨论化学反应的平衡条件。由于大多数化学反应是在等温等压下进行的，所以假定系统是等温等压的。当系统处于化学平衡时，其吉布斯函数应取极小值。因为

$$\delta G = -S\delta T + V\delta p + \sum_i \mu_i \delta\nu_i$$

于是，在等温、等压条件下，化学反应平衡时，

$$\delta G = \sum_i^k \mu_i \delta v_i = 0 \qquad (3.4.5)$$

成立。将式(3.4.4)代入上式得

$$\delta G = \left(\sum_i^k a_i \mu_i \right) \delta \nu = 0$$

由于 $\delta \nu$ 为任意微变量,所以有

$$\sum_i^k a_i \mu_i = 0 \qquad (3.4.6)$$

这就是式(3.4.3)所表达的单相化学反应的化学平衡条件。

两点说明。

(1)由于各组元的化学势是 T、p 及各组元浓度 x_i 的函数,所以化学平衡条件是一个联系 T、p 和反应达到化学平衡后各组元浓度 $x_i(i=1,2,\cdots,k)$ 的方程。

(2)如果系统未达到化学平衡,则式(3.4.6)不成立,化学反应就要继续进行。反应进行的方向必使吉布斯函数减少,即 $\sum_i^k a_i \mu_i \delta \nu < 0$。由此可见,如果 $\sum_i^k a_i \mu_i < 0$,则 $\delta \nu > 0$,反应将正向进行;如果 $\sum_i^k a_i \mu_i > 0$,则 $\delta \nu < 0$,反应将逆向进行。

3.4.2 混合理想气体的性质

为了讨论理想气体的化学平衡问题,这里先讨论混合理想气体的性质。

设混合理想气体含有 k 个组元,各组元的摩尔数分别为 $\nu_1,\nu_2,\cdots,\nu_k$,其共同温度为 T,体积为 V。

1. 状态方程

根据道尔顿分压定律,混合理想气体的压强等于各组元的分压强之和,即

$$p = \sum_i^k p_i \qquad (3.4.7)$$

其中分压强 p_i 是 ν_i 摩尔的 i 组元以化学纯的状态存在,并与混合气体具有相同的温度 T 和体积 V 时所具有的压强。将化学纯的理想气体状态方程 $p_i V = \nu_i RT$ 代入上式,得

$$pV = (\nu_1 + \nu_2 + \cdots + \nu_k)RT \qquad (3.4.8)$$

此即混合理想气体状态方程。且有

$$\frac{p_i}{p} = \frac{\nu_i}{\nu_1 + \nu_2 + \cdots + \nu_k} = x_i \qquad (3.4.9)$$

其中 x_i 即为 i 组元的浓度。

2. 吉布斯函数和熵

因为多元系的吉布斯函数可表为

$$G = \sum_i^k \nu_i \mu_i \qquad (3.4.10)$$

由此可见,只要确定各组元 i 的化学势 μ_i,G 就确定了。实验表明:一个能通过半透膜(仅

让某些物质通过,而阻止另外物质通过,比如铂可让氢通过而不让氮通过)的组元,当处于平衡态时,它在膜两侧的分压强相等。今假定半透膜的一侧是所讨论的混合气体,另一侧是化学纯的 i 组元气体。根据化学势的意义,在达到平衡时,显然应有

$$\mu_i = \mu'(T, p_i) \tag{3.4.11}$$

式中,μ_i 是组元 i 在混合理想气体中的化学势,μ' 是纯 i 组元理想气体的化学势。由式(2.2.14)和式(2.2.15)并考虑到式(3.4.9),有

$$\mu_i = RT(\varphi_i + \ln p_i) = RT[\varphi_i(T) + \ln(x_i p)] \tag{3.4.12}$$

$$\varphi_i = \frac{h_{i0}}{RT} - \frac{s_{i0}}{R} + \frac{1}{RT}\int c_{pi}\mathrm{d}T - \frac{1}{R}\int \frac{c_{pi}}{T}\mathrm{d}T$$

$$= \frac{h_{i0}}{RT} - \frac{s_{i0}}{R} - \frac{1}{R}\int \frac{\mathrm{d}T}{T^2}\int c_{pi}\mathrm{d}T \tag{3.4.13}$$

式中,h_{i0} 和 s_{i0} 分别是纯 i 组元理想气体的摩尔焓常数和摩尔熵常数。将式(3.4.12)代入式(3.4.10),得到混合理想气体的吉布斯函数为

$$G = \sum_i^k \nu_i \mu_i = \sum_i^k \nu_i RT[\varphi_i + \ln(x_i p)] \tag{3.4.14}$$

由于

$$\mathrm{d}G = -S\mathrm{d}T + V\mathrm{d}p + \sum_i^k \mu_i \mathrm{d}\nu_i$$

所以,混合理想气体的熵为

$$S = -\left(\frac{\partial G}{\partial T}\right)_{p,\nu_i} = \sum_i^k \nu_i\left[\int \frac{c_{p_i}}{T}\mathrm{d}T - R\ln(x_i p) + s_{i0}\right] \tag{3.4.15}$$

上式表明,混合理想气体的熵等于各组元的分熵之和。组元 i 的分熵是 ν_i 摩尔的 i 组元以化学纯的状态存在、与混合理想气体具有相同温度和体积时的熵。对混合理想气体的吉布斯函数也可做同样的理解。

3. 焓和内能

将式(3.4.14)和式(3.4.15)代入 $H = G + TS$ 中,可得混合理想气体的焓为

$$H = \sum_i^k \nu_i\left[\int c_{p_i}\mathrm{d}T + h_{i0}\right] \tag{3.4.16}$$

同理,将式(3.4.8)、式(3.3.14)和式(3.4.15)代入 $U = G + TS - pV$ 中,得到混合理想气体的内能

$$U = \sum_i^k \nu_i\left[\int c_{V_i}\mathrm{d}T + u_{i0}\right] \tag{3.4.17}$$

式(3.4.16)和式(3.4.17)表明,混合理想气体的焓或内能是化学纯的各组元的焓或内能之和,它们只是温度的函数。

4. 吉布斯佯谬

将式(3.4.15)表示的熵改写为

$$S = \sum_i^k \nu_i\left[\int \frac{c_{p_i}}{T}\mathrm{d}T - R\ln p + S_{i0}\right] + C \tag{3.4.18}$$

其中

$$C = -R \sum_i^k \nu_i \ln x_i$$

因为 $x_i < 1$，必有 $C > 0$。式(3.4.18)的第一项可理解为各种化学纯气体未混合前在相同温度及压强下的熵之和。因此，第二项 C 则是混合后由于不可逆的扩散过程而使熵增加的值。

今假定有两种化学纯的气体，摩尔数各为 $\nu/2$，则混合后熵增加

$$C = \nu R \ln 2 \tag{3.4.19}$$

不论这两种气体的性质如何，只要它们有所不同，这个结果都是正确的。但是如果两种气体本来就是一种气体，丝毫没有差别时，混合前后其熵不会改变，即 $C = 0$。这个结果与式(3.4.19)矛盾，这就是吉布斯佯谬。

我们将在统计物理学中对吉布斯佯谬做出解释。在统计物理学中将看到，考虑了粒子的全同性后，$C = 0$。

3.4.3 理想气体的化学平衡

1. 质量作用定理

将混合理想气体中各组元的化学势式(3.4.12)代入化学反应平衡条件式(3.4.6)，得

$$RT \sum_i^k a_i [\varphi_i(T) + \ln p_i] = 0$$

故

$$\sum_i^k a_i \ln p_i = -\sum_i a_i \varphi_i(T)$$

定义

$$\ln K_p = -\sum_i^k a_i \varphi_i(T) \tag{3.4.20}$$

则有

$$\prod_i^k p_i^{a_i} = K_p(T) \tag{3.4.21}$$

式(3.4.21)给出气体反应达平衡时各组元的分压强之间的关系，称为质量作用定理，其中 K_p 只是温度的函数，称为定压平衡恒量。

几点讨论。

(1) 将 $p_i = x_i p$ 代入式(3.4.21)，得

$$\prod_i^k x_i^{a_i} = K \tag{3.4.22}$$

而

$$K = K_p \cdot p^{-\sum_i^k a_i} = K_p p^{-a} \tag{3.4.23}$$

式(3.4.22)是质量作用定理的另一表达式，它给出化学反应平衡时各组元的浓度之间的关系，其中 K 是温度和压强的函数，也称为平衡恒量。

（2）根据式（3.4.20）和式（3.4.13）可求得平衡恒量：

$$\ln K_p = -\sum_i^k a_i \left[\frac{h_{i0}}{RT} - \frac{s_{i0}}{R} + \frac{1}{RT}\int c_{pi} \mathrm{d}T - \frac{1}{R}\int \frac{c_{pi}}{T} \mathrm{d}T \right] \tag{3.4.24}$$

若温度变化范围不大，定压比热可看作常数，则积分上式得

$$\ln K_p = -\frac{A}{T} + B + C\ln T \tag{3.4.25}$$

其中

$$A = \frac{\sum_i^k a_i h_{i0}}{R}, B = \sum_i^k \frac{a_i(s_{0i} - c_{pi})}{R}, C = \frac{\sum_i^k a_i c_{pi}}{R}$$

（3）平衡恒量也可以直接由实验测定。例如在"水—煤气"反应 $CO + H_2O - CO_2 - H_2 = 0$ 中，

$$\sum_i^k a_i = 0$$

所以

$$K_p = K = \prod_i^k x_i^{\nu_i} = \frac{x_{CO} \cdot x_{H_2O}}{x_{CO_2} \cdot x_{H_2}} \tag{3.4.26}$$

可见，取不同比例的 CO_2 和 H_2 在给定温度下进行反应，测出反应达到平衡后各组元的浓度，即可求得在该温度下的平衡恒量。

（4）如果已知某一化学反应的平衡恒量，由质量作用定理也可以求得反应达到平衡时各组元的摩尔数。设各组元的初始摩尔数为 $\nu_1^0, \nu_2^0, \cdots, \nu_m^0$，在等温等压下进行化学反应。由于式（3.4.3）的约束，各组元摩尔数的改变量满足

$$\frac{\Delta \nu_1}{a_1} = \frac{\Delta \nu_2}{a_2} = \cdots = \frac{\Delta \nu_m}{a_m} = \alpha \tag{3.4.27}$$

α 称为反应度。平衡时各组元的摩尔数为

$$\nu_i = \nu_i^0 + \alpha a_i (i = 1, 2, \cdots, k) \tag{3.4.28}$$

各组元的浓度为

$$x_i = \frac{\nu_i}{\sum_i^k \nu_i} = \frac{\nu_i^0 + \alpha a_i}{\sum_i^k \nu_i^0 + \alpha \sum_i^k a_i} \tag{3.4.29}$$

于是所有 x_i 决定于一个参数 α，即反应度。质量作用定律提供了一个确定 α 的方程，它给出 $\alpha = \alpha(T, p)$，把求出的 α 代入式（3.4.28）就给出全部组元的摩尔数。

（5）若平衡条件不满足，反应就要继续进行。根据吉布斯函数判据 $\delta G < 0$，所以

$$\sum_i^k a_i \mu_i < 0$$

即

$$\sum_i^k a_i [\varphi_i + \ln p_i] < 0$$

或

$$K_p > \prod_i^k p_i^{a_i} \tag{3.4.30}$$

2. 范托夫方程

将式(3.4.24)两边对 T 求导,可得

$$\frac{d}{dT}\ln K_p = \frac{1}{RT^2}\sum_i a_i\left[\int c_{p_i}\,dT + h_{i0}\right] = \frac{1}{RT^2}\sum_i a_i h_i = \frac{\Delta H}{RT^2} \tag{3.4.31}$$

此即范托夫方程,式中 h_i 为 i 组元的比焓,$\Delta H = \sum_i a_i h_i$,为式(3.4.3)所表达的化学反应以后系统焓的改变。

几点说明。

(1) 由于化学反应是在等温等压的条件下进行的,故在化学反应中所吸收的热量 Q_p 等于系统焓的变化,该热量称为化学反应热。

(2) 由式(3.4.31)可知,若由实验上测得各温度下的反应热,利用该方程进行一次积分就能求得平衡恒量 K_p。若温度间隔不大,$Q_p = \Delta H$ 随温度变化不多,可将其视为常数,积分式(3.4.31)可得

$$\ln K_{p_2} - \ln K_{p_1} = \frac{\Delta H}{R}\left(\frac{1}{T_1} - \frac{1}{T_2}\right)$$

(3) 由式(3.4.31)结合式(3.4.26)可见,当反应过程为吸热过程时,$\Delta H > 0$,则 K_p 随温度升高而增大,生成物 CO 和 H_2O 增多;反之当反应过程为放热过程时,$\Delta H < 0$,K_p 随温度升高而变小,生成物 CO 和 H_2O 减少或反应物 CO_2 和 H_2 增多。

思考题及习题

1. 试证明:

(1) $\left(\dfrac{\partial \mu}{\partial T}\right)_{\nu,V} = -\left(\dfrac{\partial S}{\partial \nu}\right)_{T,V}$, $\qquad \left(\dfrac{\partial \mu}{\partial V}\right)_{T,\nu} = -\left(\dfrac{\partial p}{\partial \nu}\right)_{T,V}$。

(2) $\left(\dfrac{\partial \mu_i}{\partial T}\right)_{p,\nu_i} = -\left(\dfrac{\partial S}{\partial \nu_i}\right)_{T,p,\nu_j}$, $\qquad \left(\dfrac{\partial \mu_i}{\partial p}\right)_{T,\nu_i} = \left(\dfrac{\partial V}{\partial \nu_i}\right)_{T,p,\nu_i}$。

2. 已知 $S = S(\nu,V,U)$,试证明 $S = U\left(\dfrac{\partial S}{\partial U}\right)_{\nu,V} + V\left(\dfrac{\partial S}{\partial V}\right)_{U,\nu} + \nu\left(\dfrac{\partial S}{\partial \nu}\right)_{U,V}$。

3. 克拉玛斯函数的定义是 $q = -J/T$. 试证明 q 的全微分为

$$dq = -U d\left(\frac{1}{T}\right) + \frac{p}{T}dV + \nu d\left(\frac{\mu}{T}\right)$$

并由此证明

$$\left(\frac{\partial \nu}{\partial T}\right)_{V,\frac{\mu}{T}} = \frac{1}{T}\left(\frac{\partial \nu}{\partial \mu}\right)_{T,V}\left(\frac{\partial U}{\partial \nu}\right)_{T,V}$$

4. 在只有膨胀功的情况下,试证明:

(1) F 与 V 不变时,平衡态的 T 最小; (2) U 与 S 不变时,平衡态 V 最小;

(3) p 与 H 不变时,平衡态的 S 最大; (4) T 与 G 不变时,平衡态的 p 最大。

5. 由 $\delta T \delta s - \delta p \delta v > 0$ 出发,试证明

(1) $c_V > 0$, $\left(\dfrac{\partial p}{\partial v}\right)_T < 0$; (2) $c_p > 0$, $\left(\dfrac{\partial v}{\partial p}\right)_S < 0$; (3) $c_p > 0$, $\dfrac{c_p}{T}\left(\dfrac{\partial v}{\partial p}\right)_T + \left(\dfrac{\partial v}{\partial T}\right)_p^2 < 0$.

以上各广延量都是 1 mol 的量。

6. 1 mol 物质做如 6 题图所示的卡诺循环,两条等温线的温度分别为 T_1 和 T_2,已知 $T_1 = 300$ K, $T_2 = 150$ K, $v_A = 0.5$ L, $v_B = 1.0$ L, $v_C = 2.718$ L,在 T_1 时潜热为 836 J·mol^{-1},设物质的气态可视为理想气体。

(1) 说明 A、B、C、D、E、F 各是什么状态;

(2) 在 $T - S$ 图中画出相应的图形;

(3) 计算一循环中物质所做的功。

[答案:1672 J.]

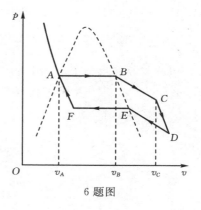

6 题图

7. 对用克拉珀龙方程描述的相变过程,试证明:

(1) 物质摩尔内能的变化为

$$u_2 - u_1 = L\left(1 - \frac{\mathrm{d}\ln T}{\mathrm{d}\ln p}\right);$$

(2) 若一相是气相,可视为理想气体,另一相是凝聚相,则上式简化为

$$u_2 - u_1 = L\left(1 - \frac{RT}{L}\right).$$

8. 试证明:在分界面是曲面的情形下,相变潜热仍为

$$L = T(s^\beta - s^\alpha) = h^\beta - h^\alpha.$$

9. 在 p-v 图上范德瓦尔斯气体等温线的极大点与极小点连成一条曲线 ACB,如 9 题图所示。试证明这条曲线的方程为 $pv^3 = a(v - 2b)$,并说明这条曲线分割出的区域 I、II、III 的意义。

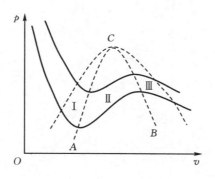

9 题图

10. 绝热容器中有隔板隔开,一边装有 ν_1 摩尔的理想气体,温度为 T,压强为 p_1;另一边装有 ν_2 摩尔的理想气体,温度亦为 T,但压强为 p_2。今将隔板抽去

(1) 试求气体混合后的压强;

(2) 若两种气体是不同的,试计算混合后的熵;

(3) 若两种气体是全同的,试计算混合后的熵。

〔答案：$(1) p = \dfrac{\nu_1 + \nu_2}{V_1 + V_2} RT$ ；$(2) \Delta S = \nu_1 R \ln \dfrac{V_1 + V_2}{V_1} + \nu_2 R \ln \dfrac{V_1 + V_2}{V_2}$ ；

$(3) \Delta S = (\nu_1 + \nu_2) R \ln \dfrac{V_1 + V_2}{\nu_1 + \nu_2} - \nu_1 R \ln \dfrac{V_1}{\nu_1} - \nu_2 R \ln \dfrac{V_2}{\nu_2} .$ 〕

11. 求化学反应 $H_2 + I_2 - 2HI = 0$ 的分解度与平衡恒量之间的关系。

〔答案：$\dfrac{x_1 x_2}{x_3^2} = \dfrac{\varepsilon^2}{4 (1-\varepsilon)^2} = K = K_p$〕

12. 甲醇脱氢的反应方程为（气体）$CH_3OH \rightarrow HCHO + H_2$。已知在 800 K 时，平衡恒量 $K_p = 2.68$，求当甲醇的投料量为 1 mol 时，氢的最大产量是多少？

〔答案：0.853 mol〕

非平衡态热力学简介 *

第 4 章

前面几章主要讨论了可逆过程或平衡态的热力学问题。对于不可逆过程,我们只能得到非常有限的信息。例如,根据热力学函数的不等式可以判断过程的方向;如果不可逆过程的初态和末态都是平衡态,可以通过初态和末态间热力学函数的关系求得整个过程的总效应;如果过程进行得足够缓慢,也可以近似地把过程看作可逆过程进行计算,等等。但是平衡态热力学不可能考虑过程进行的速率,而在分析不可逆过程时,速率问题往往是一个中心问题,所以,有必要把热力学方法推广到非平衡态情形。

研究非平衡态或不可逆过程的热力学理论称为非平衡态热力学或不可逆过程热力学。非平衡态热力学在热传导、扩散、化学变化、天体演化直至生物的物理、化学过程的研究中都有着重要的作用。

按离开平衡态的远近可把非平衡态热力学分为近平衡区和远离平衡区两类非平衡态,其相应的过程分别称为线性和非线性不可逆过程。我们只对近平衡区的线性不可逆过程做简单介绍。

4.1 非平衡态热力学的基本原理

在 20 世纪中期建立的非平衡态热力学,是经典热力学和已知的不可逆过程的线性规律的推广。或者说,非平衡态热力学是以下述基本假设为基础的。

4.1.1 局域平衡假设

设想把所研究的系统划分成许多个很小的部分,每个小部分都各自处在局部的平衡状态,称为局域平衡。在这种情形下,每一小部分的热力学量(如温度、压强、内能和熵等)都有确定的意义,我们称之为局部的热力学量。并且假设在每一时刻这些局部热力学量的变化仍然遵从可逆过程的热力学基本方程

$$TdS = dU + pdV - dW' - \sum_{i=1}^{k} \mu_i dn_i \qquad (4.1.1)$$

式中,μ 是第 i 种组元的化学势;dW' 是外界对所考虑部分做的非膨胀功。

几点说明。

(1) 局域平衡假设的适用性是有条件的。首先,每个小部分在宏观上应足够小,以致于

它的性质可以用其内部的某一点附近的性质来代表,但所有的小部分在微观上又是足够大,以致每个小部分内部包含有足够多的分子(微观粒子),因而仍然满足统计处理的要求。其次,系统偏离平衡态的程度应当足够小。例如对于稀薄气体,如下的偏离就可以认为是足够小:即在系统的这个小部分内,热力学量 φ(如温度、压强、内能、熵等)在平均自由程 $\bar{\lambda}$(在标准状态下,$\bar{\lambda} \sim 10^{-8}$ m)内和弛豫时间 τ 内的改变,比 φ 本身的值要小得多。即

$$\begin{cases} \left| \dfrac{\partial \varphi}{\partial x} \right| \bar{\lambda} \ll \varphi \\ \left| \dfrac{\partial \varphi}{\partial t} \right| \tau \ll \varphi \end{cases} \tag{4.1.2}$$

上式称为局域平衡条件。

(2)处于非平衡态的系统,在一般情况下,其强度量(如温度、压强、化学势等)没有统一的数值,但广延量(如熵、内能等)仍是相应的局域热力学量之和,如

$$\begin{cases} U_{\text{总}} = \displaystyle\int u \, \mathrm{d}V \\ S_{\text{总}} = \displaystyle\int s \, \mathrm{d}V \end{cases} \tag{4.1.3}$$

式中,u 和 s 分别为内能密度和熵密度。

4.1.2 连续性方程与守恒量

在非平衡态系统中,一切热力学量都是时间 t 和空间位置 $\boldsymbol{r}$ 的函数。假定在系统中的任何一个特定的时空点这样的函数是存在并连续的,也就是说系统可以作为某种连续介质来处理。下面给出任何一个守恒量在连续介质中必须满足的一般的连续性方程。

设 φ 为某个广延量,并且是一个守恒量,即它既不能产生也不能消失。假定有一个如图 4-1 所示的有固定边界面的系统,体积为 V,包围体积的封闭边界表面为 Σ。设系统在 t 时刻和位置 $\boldsymbol{r}$ 处热力学量 φ 的密度为 $\rho_{\varphi}(\boldsymbol{r}, t)$,则在 t 时刻系统 φ 的总量为

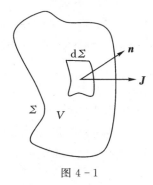

图 4-1

$$\varphi(t) = \int_V \rho_{\varphi}(\boldsymbol{r}, t) \, \mathrm{d}V \tag{4.1.4}$$

因为 φ 是一个守恒量,φ 可以随时间变化的唯一途径是系统通过边界面 Σ 与外界之间交换能量的过程。假想把边界面 Σ 分成许多小面积元 $\mathrm{d}\Sigma$,与每个小面积元相应的向外的法矢量为 $\boldsymbol{n}$。假定在体积 V 内的每一点有一个 φ 的流,流密度为 $\boldsymbol{J}_{\varphi}(\boldsymbol{r}, t)$,$\boldsymbol{J}_{\varphi}$ 具有单位时间内单位

面积上的 φ 的量纲。根据守恒定律,在单位时间内离开或进入 V 的 φ 总量必须等于流 $\boldsymbol{J}_\varphi(\boldsymbol{r},t)$ 的面积分,即

$$\frac{\mathrm{d}\varphi}{\mathrm{d}t}=-\oiint_\Sigma \mathrm{d}\varSigma\boldsymbol{n}\cdot\boldsymbol{J}_\varphi(\boldsymbol{r},t)$$

或者

$$\frac{\mathrm{d}\varphi}{\mathrm{d}t}=-\oiint_\Sigma \boldsymbol{J}_\varphi(r,t)\cdot\mathrm{d}\varSigma \tag{4.1.5}$$

负号表示我们已假定面积元的法矢量是向外的。利用高斯定理,由式(4.1.5)可得

$$\frac{\mathrm{d}\varphi}{\mathrm{d}t}=-\int_V \nabla\cdot\boldsymbol{J}_\varphi(\boldsymbol{r},t)\mathrm{d}V \tag{4.1.6}$$

另外从式(4.1.4)可得

$$\frac{\mathrm{d}\varphi}{\mathrm{d}t}=-\int_V \frac{\partial}{\partial t}\rho_\varphi(\boldsymbol{r},t)\mathrm{d}V \tag{4.1.7}$$

比较式(4.1.6)和式(4.1.7),有

$$\frac{\partial\rho_\varphi(\boldsymbol{r},t)}{\partial t}=-\nabla\cdot\boldsymbol{J}_\varphi(\boldsymbol{r},t) \tag{4.1.8}$$

此即守恒量在连续介质中遵从的一般的连续性方程。

设 u 是内能密度, $\boldsymbol{J}_u$ 是能流密度,则有

$$\frac{\partial u}{\partial t}=-\nabla\cdot\boldsymbol{J}_u \tag{4.1.9}$$

设 n 是粒子数密度, $\boldsymbol{J}_n$ 是粒子流密度,则有

$$\frac{\partial n}{\partial t}=-\nabla\cdot\boldsymbol{J}_n \tag{4.1.10}$$

式(4.1.9)和式(4.1.10)分别是内能密度 u 和粒子数密度 n 的连续性方程,称为能量守恒定律和粒子数守恒定律的微分形式。

4.1.3　热力学力和热力学流

1. 热力学力和热力学流

我们知道,在平衡态热力学中,所有强度量(如温度、压强、化学势等)在整个系统中具有统一的数值,即

$$\nabla T=0,\nabla\mu=0,\nabla p=0,\cdots$$

当不满足这些条件时($\nabla T\neq0,\nabla\mu\neq0,\cdots$),在系统中可能发生不可逆过程:质量、能量、电荷等的迁移(流动)。在偏离平衡态不太远的情形下,我们已经建立了一些经验规律。

对热传导过程,傅里叶定律指出:热流密度与温度梯度成正比,即

$$\boldsymbol{J}_Q=-\kappa\nabla T \tag{4.1.11}$$

式中, κ 是热传导系数。

对扩散过程,斐克定律指出:质量流密度与浓度梯度成正比,即

$$\boldsymbol{J}_m=-D\nabla C \tag{4.1.12}$$

式中, D 是扩散系数。

对导电过程,欧姆定律指出:电流密度与电场强度或电势梯度成正比,即

$$\boldsymbol{J}_e = \sigma\boldsymbol{E} = -\sigma\nabla U \qquad (4.1.13)$$

式中,σ 是电导率。

对黏滞现象,牛顿定律指出:内摩擦力与速度梯度成正比,即

$$\boldsymbol{F} = -\eta\nabla\upsilon \qquad (4.1.14)$$

式中,η 是黏滞系数.

由式(4.1.11)至式(4.1.14)可见,系统中温度的不均匀性引起能量的输运;浓度的不均匀性引起质量的输运;流体流动时速度的不均匀性引起动量的输运;导体中的电势差引起电荷的输运,等等。我们把在单位时间内通过单位截面所输运的物理量(能量、质量、电荷和动量等)统称为热力学流,简称"流",以 $\boldsymbol{J}$ 表示;把引起物理量输运的系统中某种不均匀性统称为热力学力,简称"动力",以 $\boldsymbol{X}$ 表示,则上述各种输运过程的经验规律可统一表述为:热力学流与热力学力成正比,即

$$\boldsymbol{J} = \boldsymbol{L}\boldsymbol{X} \qquad (4.1.15)$$

其中,L 称为动力系数。上式只对单纯的一种不可逆过程适用。在一般情况下,系统内可能有几种不可逆过程同时存在,此时系统内便有几种动力和几种流。这些动力之间会互有影响,出现交叉效应,致使一种流与几种动力有关。例如,当温度梯度和浓度梯度同时存在时,它们都会引起热流,也都会引起物质流。所以,一般情况下,流与动力之间的普遍关系可表为

$$\boldsymbol{J}_k = \sum_l L_{kl}\boldsymbol{X}_l \qquad (4.1.16)$$

此式称为动力方程。

几点说明。

(1)系统 L_{kl} 称为动力系数,它等于一个单位的第 l 种动力所引起的第 k 种流。

(2)系数 L_{kl} 又称为唯象系数。当 $k = l$ 时,唯象系数 $L_{11}, L_{22}, \cdots$ 称为自唯象系数(如前面的导热系数、扩散系数等),它建立起动力 $\boldsymbol{X}_k$ 和它所对应的流 $\boldsymbol{J}_k$ 之间的联系,当 $k \neq l$ 时,唯象系数 $L_{12}, L_{21}, \cdots$ 称为互唯象系数,它反映了不可逆过程之间的交叉效应。

(3)唯象系数 L_{kl} 与系统的强度量有关,但与强度量的变化速率无关。

(4)流和动力的选择都不是唯一的。例如在热传导过程中,可以选 ∇T 为动力,也可以选 $\nabla \dfrac{1}{T}$ 为动力。

2. 昂色格倒易关系

统计物理学可以证明,如果适当选择热力学流和热力学力,则动力系统满足下列关系

$$L_{kl} = L_{lk} \qquad (k, l = 1, 2, \cdots, n) \qquad (4.1.17)$$

此式称为昂色格倒易关系。

几点说明。

(1)式(4.1.17)的物理意义是:当第 k 个不可逆过程的流 $\boldsymbol{J}_k$ 受到第 l 个不可逆过程的力 $\boldsymbol{X}_l$ 影响时,第 l 个不可逆过程的流 $\boldsymbol{J}_l$ 也必定同样受到第 k 个不可逆过程的力 $\boldsymbol{X}_k$ 的影响,并且表征这两种相互影响的耦合系数相同。

　　(2) 式(4.1.17) 在不可逆过程热力学理论的发展过程中起着最为关键的作用,是不可逆过程热力学的奠基石。

　　(3) 式(4.1.17) 的重要性首先是它大大减少了实验分析的困难和工作量。它使互唯象系数的个数减少一半,所需的实验工作也大为简化。并且不可逆过程越复杂其优越性就越突出。其次是它的普适性,它已得到许多实验事实的支持。它的这种普适性第一次表明非平衡态热力学与平衡态热力学一样可以产生与具体的微观模型无关的一般性结果。

　　(4) 在热力学范围内,式(4.1.17) 作为一种普遍原则,只能是一个唯象的假设。

4.2　熵流和熵产生率

　　熵流和熵产生率的概念在线性非平衡态热力学中起着关键的作用,特别是熵产生率,在某种意义上起到了像平衡态热力学中熵函数的作用。

　　首先讨论单纯的热传导现象。设一个孤立系统仅仅由两个固定体积的小部分组成,该两个小部分有不同的温度,它们之间用一导热隔板隔开,如图 4-2 所示。现在两个小部分只有热量的交往。根据式(4.1.1) 和式(4.1.3),系统的熵变等于两个部分的熵变之和,并注意到 $U_1 + U_2 = C_1$,故有

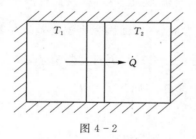

图 4-2

$$dS = dS_1 + dS_2 = \frac{dU_1}{T_1} + \frac{dU_2}{T_2} = \left(\frac{1}{T_1} - \frac{1}{T_2}\right)dU_1$$

或熵增加率

$$\frac{dS}{dt} = \left(\frac{1}{T_1} - \frac{1}{T_2}\right)\frac{dU_1}{dt}$$

即

$$\dot{S} = \Delta\left(\frac{1}{T}\right)\dot{U_1} = \Delta\left(\frac{1}{T}\right)\dot{Q} \tag{4.2.1}$$

其中

$$\Delta\left(\frac{1}{T}\right) \equiv \left(\frac{1}{T_1} - \frac{1}{T_2}\right) \tag{4.2.2}$$

式中,$\dot{Q}$ 是单位时间内从高温部分流向低温部分的热量,称为热流。因为这里只有热量传输,故每个小部分的内能增加率等于进入该部分的热流。而直接导致热流的原因是存在温度差或 $(1/T)$ 的不均匀性,即热流是温度不均匀性的结果。式(4.2.1) 表明系统的熵增加率等于两个因素 —— 原因 $\Delta(1/T)$ 和结果 $\dot{Q}$ 的乘积。

现在考虑除了温度不均匀外,物质的性质(例如化学性质和电学性质)也不均匀的情况。此时除了热传导以外,还同时有物质的迁移。

设两个部分的温度和化学势分别为 T_1、μ_1 和 T_2、μ_2。注意到能量守恒 $U_1 + U_2 = C_1$ 和粒子数守恒 $N_1 + N_2 = C_2$,由式(4.1.1)和式(4.1.3)得到系统的熵增加率为

$$\dot{S} = \dot{S}_1 + \dot{S}_2 = \frac{\partial S_1}{\partial U_1}\dot{U}_1 + \frac{\partial S_1}{\partial N_1}\dot{N}_1 + \frac{\partial S_2}{\partial U_2}\dot{U}_2 + \frac{\partial S_2}{\partial N_2}\dot{N}_2$$

$$= \left(\frac{1}{T_1} - \frac{1}{T_2}\right)\dot{U}_1 + \left(\frac{\mu_2}{T_2} - \frac{\mu_1}{T_1}\right)\dot{N}_1 = \Delta\left(\frac{1}{T}\right)\dot{U} - \Delta\left(\frac{\mu}{T}\right)\dot{N} \tag{4.2.3}$$

$$\Delta\left(\frac{\mu}{T}\right) \equiv \frac{\mu_1}{T_1} - \frac{\mu_2}{T_2} \tag{4.2.4}$$

式中,已令 $\dot{U}_1 \equiv \dot{U}$、$\dot{N}_1 \equiv \dot{N}$,$\dot{N}$ 是单位时间内从化学势高(或压强高)的部分流向化学势低(或压强低)的部分的粒子数,称为粒子流;$\dot{U}$ 是单位时间内从温度高的部分流向温度低的部分的能量,称为能流。式(4.2.3)表明两个小部分之间同时有温度差和化学势差的情形下,将同时发生热流和粒子流,而熵增加率是各个"原因"与对应"结果"乘积的和,即热力学力与相应的热力学流的乘积之和。

值得注意:式(4.2.3)中的能流 $\dot{U}$,已经与单独只有温度差时的不同。因为对于任何一个小部分,能流 $\dot{U}$ 来源于两个方面,一方面因为有温度差发生热传导现象,故有热流 $\dot{Q}$ 流入(或流出)所考虑的这个小部分;另一方面,因有化学势差,故有粒子流 $\dot{N}$,而伴随粒子流就有能流 $\mu\dot{N}$ 流入(或流出)这个小部分。所以,一般有

$$\dot{U} = \dot{Q} + \mu\dot{N} \tag{4.2.5}$$

把上面的结果推广到由许多小部分组成的系统,就是讨论物性在空间连续变化的情形。

为了使讨论一般化,假定系统还处在外电场中。设某点的电势为 φ,当某一点的带电粒子数密度改变 $\mathrm{d}n$ 时,外界对系统所做的功是

$$\mathrm{d}W = e\varphi\,\mathrm{d}n$$

或

$$\frac{\mathrm{d}W}{\mathrm{d}t} = e\varphi\,\frac{\partial n}{\partial t} \tag{4.2.6}$$

由式(4.1.1)可得熵密度的增加率为(一种组元的系统)

$$\frac{\partial s}{\partial t} = \frac{1}{T}\frac{\partial u}{\partial t} - \frac{\mu}{T}\frac{\partial n}{\partial t} - \frac{1}{T}\frac{\mathrm{d}W}{\mathrm{d}t} \tag{4.2.7}$$

将式(4.1.9)、式(4.1.10)及式(4.2.6)代入式(4.2.7)得

$$\frac{\partial s}{\partial t} = -\frac{1}{T}\nabla\cdot\boldsymbol{J}_u + \frac{\mu_e}{T}\nabla\cdot\boldsymbol{J}_n \tag{4.2.8}$$

其中

$$\mu_e = \mu + e\varphi \tag{4.2.9}$$

为电化学势,其物理意义是空间某个小部分中每增加一颗带电粒子所增加的能量。所以式

(4.2.5)现在应改写成

$$\boldsymbol{J}_u = \boldsymbol{J}_Q + \mu_e \boldsymbol{J}_n \tag{4.2.10}$$

利用公式,

$$\nabla \cdot (AB) = A\nabla \cdot B + B \cdot \nabla A$$

可将式(4.2.8)改写为

$$\frac{\partial s}{\partial t} = -\nabla \cdot \left(\frac{\boldsymbol{J}_u}{T} - \frac{\mu_e}{T} \boldsymbol{J}_n \right) + \boldsymbol{J}_u \cdot \nabla \left(\frac{1}{T} \right) - \boldsymbol{J}_n \cdot \nabla \left(\frac{\mu_e}{T} \right) \tag{4.2.11}$$

定义

$$\boldsymbol{J}_s = \frac{1}{T} \boldsymbol{J}_u - \frac{\mu_e}{T} \boldsymbol{J}_n = \frac{1}{T} \boldsymbol{J}_Q \tag{4.2.12}$$

称为熵流密度矢量。

定义

$$\boldsymbol{\Theta} = \boldsymbol{J}_u \cdot \nabla \left(\frac{1}{T} \right) - \boldsymbol{J}_n \cdot \nabla \left(\frac{\mu_e}{T} \right) = \boldsymbol{J}_Q \cdot \nabla \left(\frac{1}{T} \right) - \boldsymbol{J}_n \cdot \frac{1}{T} \nabla \mu_e \tag{4.2.13}$$

称为局部熵密度产生率。

于是式(4.2.11)可表为

$$\frac{\partial s}{\partial t} = -\nabla \cdot \boldsymbol{J}_s + \boldsymbol{\Theta} \tag{4.2.14}$$

几点讨论。

(1)式(4.2.14)表明,熵密度增加率可分为两部分:$-\nabla \cdot \boldsymbol{J}_s$ 是从体积元外流入热量所引起的局部熵密度的增加率;$\boldsymbol{\Theta}$ 是体积元中的热传导过程和物质输运过程所引起的局部熵密度产生率。

(2)将式(4.2.14)两边对体积积分,并利用式(4.1.3),可以得到

$$\frac{\partial S}{\partial t} = -\int_V \nabla \cdot \boldsymbol{J}_s \, \mathrm{d}V + \int_V \boldsymbol{\Theta} \, \mathrm{d}V$$

再利用高斯定理和式(4.2.12),有

$$\frac{\partial S}{\partial t} = -\oiint_\Sigma \frac{1}{T} \boldsymbol{J}_Q \cdot \mathrm{d}\Sigma + \int_V \boldsymbol{\Theta} \, \mathrm{d}V \tag{4.2.15}$$

式中,$\mathrm{d}\Sigma$ 代表系统的界面元。如果系统是热孤立系,则这里的表面积分为零,于是

$$\frac{\partial S}{\partial t} = \int_V \boldsymbol{\Theta} \, \mathrm{d}V$$

只要 $\boldsymbol{\Theta} > 0$,即只要系统内出现某种不均匀性,孤立系统的熵总是增加的。反之,当系统内部不出现任何不均匀性时,$\boldsymbol{\Theta}$ 等于零,系统熵的增加只能依靠外界的热流输入,于是

$$\frac{\partial S}{\partial t} = \oiint_\Sigma -\frac{\boldsymbol{J}_Q}{T} \cdot \mathrm{d}\Sigma$$

(3)运用热力学力与热力学流的概念,式(4.2.13)可以表为

$$\boldsymbol{\Theta} = \boldsymbol{J}_Q \cdot \boldsymbol{X}_Q + \boldsymbol{J}_n \cdot \boldsymbol{X}_n \tag{4.2.16}$$

$\boldsymbol{J}_Q$ 和 $\boldsymbol{J}_n$ 分别称为热流和粒子流,$\boldsymbol{X}_Q$ 和 $\boldsymbol{X}_n$ 分别称为热流动力和粒子流动力。如果多个不可逆过程同时存在,则局部熵密度产生率可以表为各种不可逆过程的流和相应动力的乘积之

和,即

$$\boldsymbol{\Theta} = \sum_k \boldsymbol{J}_k \cdot \boldsymbol{X}_k \tag{4.2.17}$$

(4)力和流的形式不是唯一的,它们的选择具有某种任意性。然而一旦力的形式已经确定,流的形式就完全确定了,反之亦然。其确定的依据是:① 任何力和相应的流的乘积必须具有熵产生率的量纲;② 对某一确定的系统和一组确定的不可逆过程,力和流的乘积之和必须保持变换不变性,即变换前后的力和流必须满足

$$\sum_k \boldsymbol{J}_k \cdot \boldsymbol{X}_k = \sum_k \boldsymbol{J}'_k \cdot \boldsymbol{X}'_k \tag{4.2.18}$$

4.3 温差电现象

温差电现象是非平衡态热力学的一个典型例子。本节通过对温差电现象的讨论,介绍非平衡态热力学处理问题的方法。

4.3.1 三种温差电效应

1. 赛贝克效应

把 A、B 两种不同导体组成闭合回路,如图 4-3 所示。当两接头处温度不同时,回路中便有电动势出现,称为温差电动势。实验发现,温差电动势 ΔU 与两端的温差 ΔT 成正比,即

$$\Delta U = \varepsilon_{AB} \Delta T \tag{4.3.1}$$

式中,ε_{AB} 称为温差电动势系数。

2. 帕耳贴效应

当电流通过两种不同导体 A、B 所组成的回路时,在一端会吸收热量,在另一端则释放热量。若将电流反向,则原来的吸热、放热端位置互换。实验表明,释放或吸收的热流密度 $\boldsymbol{J}_{Q\pi}$ 与电流密度 $\boldsymbol{J}_e$ 成正比,即

$$\boldsymbol{J}_{Q\pi} = \pi_{AB} \boldsymbol{J}_e \tag{4.3.2}$$

式中,π_{AB} 称为帕耳贴系数。

3. 汤姆孙效应

如果导体 A(或 B)中各处温度不同,则当电流通过导体时,除产生通常的焦耳热以外,还有附加的放热(或吸热)现象,称为汤姆孙热。实验表明,在单位时间内,单位体积的导体释放(或吸收)的汤姆孙热 q_T 与电流密度 $\boldsymbol{J}_e$ 及温度梯度 ∇T 成正比,即

$$q_T = -\tau \boldsymbol{J}_e \cdot \nabla T \tag{4.3.3}$$

式中,τ 称为汤姆孙系数.

两点说明。

(1)ε_{AB}、π_{AB} 及 τ 都决定于导体的性质和温度。

(2)上述三种温差电效应都是不可逆的。这是因为当电流反向时,吸热效应便变为放热效应,但在发生上述现象的同时必然伴随着热传导和焦耳热这两种不可逆过程,因此整个现

象仍然是不可逆的。下面我们用不可逆过程的热力学理论来分析这些现象。

4.3.2 热力学分析

1. 根据局部熵密度产生率表达式确定动力和流的形式

当电路中电流和热流同时存在时，局部熵密度产生率可由式(4.2.13)表达

$$\boldsymbol{\Theta} = \boldsymbol{J}_Q \cdot \nabla\left(\frac{1}{T}\right) - \boldsymbol{J}_n \cdot \frac{1}{T}\nabla\mu_e$$

再由式(4.2.16)，选择 $\boldsymbol{J}_Q$ 和 $\boldsymbol{J}_n$ 作为流，将 $\nabla\left(\frac{1}{T}\right)$ 和 $\left(-\frac{1}{T}\nabla\mu_e\right)$ 作为动力。

2. 建立线性动力方程，并利用昂色格倒易关系减少唯象系数的数目

为简单起见，假设粒子流和热流都平行于 x 轴。略去指标 x 不写，根据式(4.1.16)，线性动力方程可表为

$$\boldsymbol{J}_n = \boldsymbol{J}_1 = -L_{11}\frac{1}{T}\nabla\mu_e + L_{12}\nabla\frac{1}{T} \tag{4.3.4}$$

$$\boldsymbol{J}_Q = \boldsymbol{J}_2 = -L_{12}\frac{1}{T}\nabla\mu_e + L_{22}\nabla\frac{1}{T} \tag{4.3.5}$$

上式已应用了昂色格关系 $L_{12} = L_{21}$。

3. 将唯象系数换为可用实验测出的经验常数

(1) 电导率 σ：在温度均匀($\nabla T = 0$)、化学性质均匀($\nabla\mu = 0$)的条件下，单位电场强度在导体中产生的电流密度，即

$$\boldsymbol{J}_e = \sigma\boldsymbol{E} = -\sigma\nabla U$$

式中，U 是电势。又因 $\mu_e = \mu + eU$，所以 $\nabla\mu_e = e\nabla U$，而 $\boldsymbol{J}_e = e\boldsymbol{J}_n$。将这些代入式(4.3.4)(并考虑粒子流沿 x 轴)可得

$$L_{11} = \sigma T/e^2 \tag{4.3.6}$$

(2) 导热系数 κ：在不存在电流($\boldsymbol{J}_e = e\boldsymbol{J}_n = 0$)的条件下，单位温度梯度所产生的热流密度，即：$\boldsymbol{J}_Q = -\kappa\nabla T$，将此式代入式(4.3.4)和式(4.3.5)可得

$$\begin{cases} -L_{11}\frac{1}{T}\nabla\mu_e + L_{12}\nabla\frac{1}{T} = 0 \\ -L_{21}\frac{1}{T}\nabla\mu_e + L_{22}\nabla\frac{1}{T} = -\kappa\nabla T \end{cases}$$

由上列两式消去 $\nabla\mu_e$，得

$$\kappa = \frac{L_{11}L_{22} - L_{12}^2}{L_{11}T^2} \tag{4.3.7}$$

(3) 温差电动势系数 ε：在热电偶中不存在电流时的电势差。所以，由式(4.3.4)得

$$\nabla\mu_e = -\frac{L_{12}}{TL_{11}}\nabla T$$

对上式两端沿图 4-3 所示的回路按顺时针方向求环路积分(设左、右接头的温度分别为 T_1 和 T_2)：

$$左端 = \oint \nabla \mu_e \cdot \mathrm{d}l = \oint \nabla \mu \cdot \mathrm{d}l + e\oint \nabla U \cdot \mathrm{d}l = \oint \mathrm{d}\mu + e\oint \mathrm{d}U = e\Delta U$$

$$右端 = \oint -\frac{L_{12}}{TL_{11}} \nabla T \cdot \mathrm{d}l$$

$$= \oint -\frac{L_{12}}{TL_{11}}\mathrm{d}T$$

$$= \int_{T_1}^{T_2} -\frac{L_{12}^A}{TL_{11}^A}\mathrm{d}T - \int_{T_2}^{T_1} \frac{L_{12}^B}{TL_{11}^B}\mathrm{d}T$$

$$= \int_{T_1}^{T_2} \left[\frac{L_{12}^B}{TL_{11}^B} - \frac{L_{12}^A}{TL_{11}^A}\right]\mathrm{d}T$$

所以

$$\Delta U = \int_{T_1}^{T_2} \left[\frac{L_{12}^B}{eTL_{11}^B} - \frac{L_{12}^A}{eTL_{11}^A}\right]\mathrm{d}T$$

由此可得温差电动势系数为

$$\varepsilon_{AB} = \frac{L_{12}^B}{eTL_{11}^B} - \frac{L_{12}^A}{eTL_{11}^A} \tag{4.3.8}$$

定义任一导体的绝对温差电动势系数为

$$\varepsilon = \frac{L_{12}}{eTL_{11}} \tag{4.3.9}$$

将式(4.3.6)、式(4.3.7)、式(4.3.9)联立解出 L_{11}、L_{12} 和 L_{22},并代入式(4.3.4)和式(4.3.5),可得

$$\boldsymbol{J}_n = -\frac{\sigma}{e^2} \nabla \mu_e + \frac{\sigma\varepsilon T^2}{e} \nabla \frac{1}{T} \tag{4.3.10}$$

$$\boldsymbol{J}_Q = -\frac{\sigma\varepsilon T}{e} \nabla \mu_e + (\sigma\varepsilon^2 T^3 + \kappa T^2) \nabla \frac{1}{T} \tag{4.3.11}$$

将式(4.3.10)和式(4.3.11)联立,消去 $\nabla \mu_e$ 得

$$\boldsymbol{J}_Q = e\varepsilon T\boldsymbol{J}_n + \kappa T^2 \nabla \frac{1}{T} \tag{4.3.12}$$

4. 具体分析物理效应

(1)帕尔帖效应与塞贝克效应的关系。设有稳恒电流通过导体 A 和 B 的接头处,电流密度 $\boldsymbol{J}_e = e\boldsymbol{J}_n$。帕尔帖热流密度 $\boldsymbol{J}_{Q\pi}$ 就是内能流密度在接头两端之差

$$\boldsymbol{J}_{Q\pi} = \boldsymbol{J}_u^B - \boldsymbol{J}_u^A$$

因为

$$\boldsymbol{J}_u = \boldsymbol{J}_Q + \mu_e\boldsymbol{J}_n$$

而 μ_e 和 $\boldsymbol{J}_n$ 在接头两端是连续的,所以

$$\boldsymbol{J}_{Q\pi} = \boldsymbol{J}_Q^B - \boldsymbol{J}_Q^A$$

由于在接头处导体 A 和 B 的温度相同,所以由式(4.3.12)可得

$$\boldsymbol{J}_{Q\rho} = T(\varepsilon_B - \varepsilon_A)e\boldsymbol{J}_n = T(\varepsilon_B - \varepsilon_A)\boldsymbol{J}_e$$

与式(4.3.2)比较得

$$\pi_{AB} = T(\varepsilon_B - \varepsilon_A) \tag{4.3.13}$$

此式给出帕尔帖系数与绝对温差电动势系数之间的关系,称为开尔芬第一关系。

(2) 汤姆孙效应与塞贝克效应的关系。当稳恒电流($\nabla \cdot \boldsymbol{J}_n = 0$)通过具有温度梯度的均匀导体时,在单位时间内单位体积的导体中内能的增加率为

$$\frac{\partial u}{\partial t} = -\nabla \cdot \boldsymbol{J}_u = -\nabla \cdot (\boldsymbol{J}_Q + \mu_e \boldsymbol{J}_n) = -\nabla \cdot \boldsymbol{J}_Q - \boldsymbol{J}_n \cdot \nabla \mu_e$$

将式(4.3.12)以及由式(4.3.10)所释出的 $\nabla \mu_e$ 代入上式,得

$$\frac{\partial u}{\partial t} = \frac{1}{\sigma}(e\boldsymbol{J}_n)^2 - \nabla \cdot \left(\kappa T^2 \nabla \frac{1}{T}\right) - T(e\boldsymbol{J}_n) \cdot \nabla \varepsilon$$

上式右方第一项是由于电阻产生的焦耳热;第二项是由于热传导而流入的热量;第三项就是汤姆孙热。

因为 $\varepsilon = \varepsilon(T)$,所以

$$\nabla \varepsilon = \frac{\mathrm{d}\varepsilon}{\mathrm{d}T} \nabla T$$

因此第三项可表为

$$-T \frac{\mathrm{d}\varepsilon}{\mathrm{d}T} \boldsymbol{J}_e \cdot \nabla T$$

与式(4.3.3)比较,得

$$\tau = T \frac{\mathrm{d}\varepsilon}{\mathrm{d}T} \tag{4.3.14}$$

上式给出汤姆孙系数 τ 与绝对温差电动势系数 ε 之间的关系。

将式(4.3.13)对 T 求导数,得

$$\frac{\mathrm{d}\pi_{AB}}{\mathrm{d}T} = (\varepsilon_B - \varepsilon_A) + T\frac{\mathrm{d}}{\mathrm{d}T}(\varepsilon_B - \varepsilon_A)$$

再将式(4.3.14)代入上式,有

$$\frac{\mathrm{d}\pi_{AB}}{\mathrm{d}T} = (\varepsilon_B - \varepsilon_A) + (\tau_B - \tau_A) \tag{4.3.15}$$

上式称为开尔芬第二关系。

实验表明,式(4.3.13)和式(4.3.14)是正确的,说明线性非平衡态热力学理论在一定范围内是正确的。

现在简要概述一下热力学的三个发展阶段。

根据热力学力和热力学流之间的不同关系,热力学的研究大致可以划分为三个主要领域,这三个领域的研究相当于在热力学的发展过程中的三个阶段。

由于热力学力和热力学流的原因,因此可以认为热力学流是热力学力的某种函数。假定这种关系存在且连续,并可以以力和流皆为零的态作为参考态进行泰勒展开,则对单一过程有

$$\boldsymbol{J} = \boldsymbol{J}(0) + \left(\frac{\partial \boldsymbol{J}}{\partial \boldsymbol{X}}\right)_0 \boldsymbol{X} + \frac{1}{2}\left(\frac{\partial^2 \boldsymbol{J}}{\partial \boldsymbol{X}^2}\right)_0 \boldsymbol{X}^2 + \cdots \tag{4.3.16}$$

当 $\boldsymbol{X} = 0$,即不出现物性的梯度时,热力学力也应等于零,即 $\boldsymbol{J}(0) = 0$。这就是平衡态热力学,或称为可逆过程热力学或经典热力学。研究平衡态热力学是热力学发展的第一个阶

段。平衡态热力学早已有成熟的理论,它对物理学、化学和自然科学的其他领域产生过并继续产生着重要的作用。这种理论的不足是它主要限于描述处于平衡态或经历可逆过程的系统,因此,它主要适用于研究孤立系或封闭系。

当热力学力很弱时,即系统的状态偏离平衡态很小时,式(4.3.16)中包含力 X 的高次幂的项比第一项要小得多,这时就有

$$J = \left(\frac{\partial J}{\partial X}\right)_0 X = LX \tag{4.3.17}$$

式中,$L = (\partial J/\partial X)$,称为唯象系数。满足这种线性关系的非平衡态叫做非平衡态的线性区,研究线性区特性的热力学称为线性非平衡态热力学或线性不可逆过程热力学,这是热力学发展的第二个阶段,也已经有了比较成熟的理论。

当热力学力不是很弱时,也即系统远离热力学平衡态时,展开式(4.1.16)中包含有热力学力的高次幂的那些项的贡献与线性项相比不再是很小的,因而必须在展开式中保留这些非线性的高次项,于是热力学流是热力学力的非线性函数,这时的非平衡态叫做非平衡态的非线性区,研究这种非线性区特性的热力学称为非线性非平衡态热力学或非线性不可逆过程热力学,这是热力学发展的第三个阶段。这个阶段开始发展的时间不长,非线性非平衡态热力学理论尚处在发展阶段。自 20 世纪 60 年代后期以来,非线性非平衡态热力学取得了一些重要进展,特别是热力学的稳定性理论取得了突破性进展,它促使了耗散结构概念的提出,这些已超出本书范围,请读者参阅有关专著。

思考题及习题

1. 何谓非平衡态?何谓非平衡过程?
2. 局域平衡假设的基本思想是什么?
3. 局部平衡概念的适用性如何?
4. 何谓倒易关系?
* 5. 试证明昂色格倒易关系。
6. 何谓粒子流?何谓热流?何谓能流?它们与熵产生有何关系?
7. 已知材料导热系数为 K,试求给定温度梯度条件下的局域熵产生率。

$$\left[答案: K\left(\frac{\nabla T}{T}\right)^2\right]$$

概率论的基本知识

第 5 章

本章介绍学习统计物理学必需的概率论的基本知识。

5.1 排列组合问题

5.1.1 乘法原理

如果要完成事件 A 必须依次地完成事件 A_1 和事件 A_2,若完成事件 A_1 有 n_1 种方法,而不论用哪一种方法完成 A_1 后,再去完成 A_2,都有 n_2 种方法,那么完成事件 A 的方法有 $n_1 \times n_2$ 种。这就是乘法原理。

两点说明。

(1) 乘法原理可以推广到多于两个以上事件的情况。

(2) 乘法原理是导出排列、组合公式的重要依据。

5.1.2 排列问题

从 n 个不同元素中任意取出 m 个,按照一定的顺序排成一列,称为一种排列。所有不同排列总数叫做排列数,用 A_n^m 表示。

下面求 A_n^m。设想有 $1,2,\cdots,m$ 个位置。当我们取出某个元素放在第一位时,有 n 种取法,再从剩下的 $(n-1)$ 个元素中取其中某一个放在第二位时,又有 $(n-1)$ 种取法,依次类推,取某一个放在第 m 位时,有 $(n-m+1)$ 种取法。据乘法原理可有

$$A_n^m = n(n-1)(n-2)(n-3)\cdots(n-m+1) = \frac{n!}{(n-m)!} \tag{5.1.1}$$

两点说明。

(1) 式 (5.1.1) 对应非重复排列,即每个元素被取出后不放回。对于可重复排列,即每取一个元素之后,仍然放回,在第二次取时还可以取它,因而在 m 个元素排成一列时,允许相同元素重复出现。这种排列,由于每一次都有 n 种取法,所以

$$A_n^m = \underbrace{n \cdot n \cdots n}_{m\uparrow} = n^m \tag{5.1.2}$$

(2) 当 $m = n$ 时的排列称为全排列,显然

$$A_n^n = n \cdot (n-1)\cdots 3 \times 2 \times 1 = n! \tag{5.1.3}$$

5.1.3 组合问题

从 n 个不同元素中,任取 m 个,不管顺序构成一组,每种取法,称为一种组合。所有不同的取法总数称为组合数,用 C_n^m 表示。

下面求 C_n^m。对每一种组合,将其 m 个元素做全排列,有 $m!$ 种不同的排列,而所有 C_n^m 种组合都这样排,就得到 A_n^m 种排列,所以有 $m!C_n^m = A_n^m$,于是

$$C_n^m = \frac{A_n^m}{m!} = \frac{n!}{m!(n-m)!} \tag{5.1.4}$$

两点说明。

(1) 为使式(5.1.1)和式(5.1.4)对 $m = 0,1,2,\cdots,n$ 都成立,我们约定 $0! = 1$。

(2) 请读者自己证明:$C_n^m = C_n^{n-m}$。

为了后面应用方便起见,现举几个例子。

【**例1**】将 n 个不同的物体分成两组,一组为 n_1 个,另一组为 n_2 个,试问有多少种不同的分法?

解:设共有 x 种分法。分别将第一组的 n_1 个物体和第二组的 n_2 个物体做全排列,则第一组 n_1 个物体有 $n_1!$ 种不同排列,第二组 n_2 个物体有 $n_2!$ 种不同排列。而所有 x 种分法都这样排,就得到 A_n^m 种排列,所以有 $xn_1!n_2! = n!$,于是

$$x = \frac{n!}{n_1!n_2!} \tag{5.1.5}$$

推广:将 n 个不同物体分成 k 组,第一组 n_1 个,第二组 n_2 个,……,第 k 组 n_k 个,共有分法数为

$$x = \frac{n!}{n_1!n_2!\cdots n_k!} \tag{5.1.6}$$

【**例2**】某一盒子分上、下两层,上层有 g_1 个格子,下层有 g_2 个格子。现将 n 个不同物体分到上、下两层的各个格子中去,上层 n_1 个,下层 n_2 个,且每个物体可被放入任一格子,求分配方式数。

解:首先,根据式(5.1.5),将 n 个不同物体分成 n_1 和 n_2 两组的分法数为

$$x_1 = \frac{n!}{n_1!n_2!}。$$

其次,设将 n_1 个不同物体放到 g_1 个格子有 x_2 种放法。由于每个物体可被放入任一格子,所以第一个物体有 g_1 种放法,第二个也有 g_1 种放法,……,第 n_1 个也有 g_1 种放法。因此 $x_2 = g_1^{n_1}$。同理,将 n_2 个不同物体放到 g_2 个格子中去,共有放法数 $x_3 = g_2^{n_2}$。根据乘法原理,共有分配方式数为

$$x = x_1 x_2 x_3 = \frac{n!}{n_1!n_2!}g_1^{n_1}g_2^{n_2} \tag{5.1.7}$$

推广:某一盒子分为 k 层,第一层有 g_1 个格子,第二层有 g_2 个格子,……,第 k 层有 g_k 个格子。现将 n 个不同物体分到 k 个层的每个格子中去,第一层 n_1 个,第二层 n_2 个,……,第 k 层 n_k 个,且每个物体可被放入任一格子,则共有分配方式数为

$$x = \frac{n!}{\prod\limits_{k}^{} n_i!} \prod_{i=1}^{k} g_i^{n_i} \qquad (5.1.8)$$

式(5.1.5)就是统计物理学中 n 个定域子或 n 个经典粒子组成的系统一个宏观态所对应的微观态数目。

【例3】将 n 个不同物体分到 g 个格子中去,$(g > n)$ 每一个格子最多放一个物体(可不放),求分配方式数。若是 n 个全同物体呢?

解:设共有 x 种分配方式。由于第一个物体有 g 个不同选择,第二个物体有 $(g-1)$ 个不同选择,$\cdots\cdots$,第 n 个物体有 $(g-n+1)$ 个不同选择,根据乘法原理,可得

$$x = g(g-1)\cdots(g-n+1) = \frac{g!}{(g-n)!} \qquad (5.1.9)$$

式(5.1.9)可看作是从 g 个不同物体中任取 n 个按一定顺序排成一列的排列数。若取出的 n 个物体是全同的,则其中任意两个交换不产生新的排列,所以对 n 个全同物体应有

$$x = \frac{g!}{n!(g-n)!} \qquad (5.1.10)$$

【例4】某一盒子分为 k 层,第一层有 g_1 个格子,第二层有 g_2 个格子,$\cdots\cdots$,第 k 层有 g_k 个格子。现将 n 个全同物体分到 k 个层中去,第一层 n_1 个,第二层 n_2 个,$\cdots\cdots$,第 k 层 n_k 个,且 $g_i > n_i, i=1,2,\cdots,k$,并且每个格子最多放一个物体(可不放)。求分配方式数。

解:首先,由于 n 个物体是全同的,第一层分到 n_1 个,第二次分到 n_2 个,$\cdots\cdots$,第 k 层分到 n_k 个,仅有一种分配方式。

其次,根据式(5.1.10),第一层 n_1 个全同物体放到 g_1 个格子(每格最多放1个),有 $x_1 = g_1!/[n_1!(g_1-n_1)!]$ 种放法,第二层有 $x_2 = g_2!/[n_2!(g_2-n_2)!]$ 种放法,$\cdots\cdots$,第 k 层有 $x_k = g_k!/[n_k!(g_k-n_k)!]$ 种放法。根据乘法原理,共有分配方式数为

$$x = x_1 \cdot x_2 \cdots x_k = \prod_{i=1}^{k} \frac{g_i!}{n_i!(g_i-n_i)!} \qquad (5.1.11)$$

式(5.1.11)就是统计物理学中 n 个费米子组成的系统一个宏观态所对应的微观态数目。

【例5】将 n 个全同物体分到 g 个格子中去,每格放入的物体数不限,试求分配方式数。

例 5 图

解:先看将 3 个物体放入 2 个格子,有多少种放法。由于 3 个物体全同,每格放入的物体数不限,所以共有 4 种放法,如例 5 图所示,施行第一种放法后,将隔板与其左边的一个物体

交换位置,就得到第二种放法;同样,施行第二种放法后,将隔板与其左边的一个物体交换位置,就得到第三种放法;第四种放法也可通过隔板与物体交换位置而得到。由此得到启发,为了计算所有可能的放法,可以设想将所有的物体和隔板都当作被排列的元素,它们的每一种全排列都对应于一种放法。已知 4 个元素的全排列为 4!。考虑到物体是全同的,两物体交换位置并不对应于新的放法,隔板也应看作是全同的(两隔板位置对调属于同一种放法),所以还需将 4!除以物体两两互换的方式数 3!和两隔板互换的方式数 1!。因此,共有 4!/(3! 1!) 种放法。因为 g 个格子有 $(g-1)$ 个隔板,所以 n 个物体和 $(g-1)$ 个隔板一起共有 $(n+g-1)!$ 种全排列数,再除以两物体互换的方式 $n!$ 和两隔板互换的方式 $(g-1)!$,就得到所求分配方式数

$$x = \frac{(n+g-1)!}{n!(g-1)!} \tag{5.1.12}$$

【例 6】 某一盒子分为 k 层,第一层有 g_1 个格子,第二层有 g_2 个格子,……,第 k 层有 g_k 个格子。现将 n 个全同物体分到 k 个层中去,第一层 n_1 个,第二层 n_2 个,……,第 k 层 n_k 个,且每个格子放入的物体数不限,试求分配方式数。

解: 首先,由于 n 个物体是全同的,将其分到各层中去,其中第 i 层分到 n_i 个 $(i = 1, 2, \cdots, k)$ 仅有一种分配方式。

其次,根据式(5.1.12),第 i 层 n_i 个全同物体放到 g_i 个格子中去有

$$x_i = \frac{(n_i + g_i - 1)!}{n_i!(g_i - 1)!}$$

种放法。根据乘法原理,共有分配方式数为

$$x = \prod_{i=1}^{k} \frac{(n_i + g_i - 1)!}{n_i!(g_i - 1)!} \tag{5.1.13}$$

式(5.1.13)就是统计物理学中 n 个玻色子组成的系统一个宏观态所对应的微观态数目。

5.2　概率论的基本概念

5.2.1　随机试验

在相同的条件下,不一定得到相同的试验结果,但在大量重复试验的条件下,每一个可能的试验结果都有一定的出现机会,这种试验称为随机试验。例如,掷骰子、掷硬币等。

5.2.2　随机事件

在随机试验中,可能出现、也可能不出现的试验结果,称为随机事件。例如掷硬币,国徽朝上是一随机事件,麦穗朝上也是一随机事件。又如打靶,击中目标和偏离目标都是随机事件。

需要指出,在一定条件下,每次试验中必然出现的事件称作必然事件,必然不出现的事件称作不可能事件。例如,在标准大气压下,含有气化核的水加热到 100 ℃ 时必然会沸腾,就是必然事件。在不受外力作用的条件下,做等速直线运动的物体会改变其运动状

况，就是不可能事件。必然事件和不可能事件不是随机事件，为讨论方便起见，我们把它们当作特殊的随机事件。以下用 A、B、C、$\cdots$ 表示随机事件。用 U 表示必然事件，用 Φ 表示不可能事件。

5.2.3　随机事件之间的关系

(1) 包含和相等：若事件 A 出现必然导致事件 B 出现，则称事件 B 包含事件 A，记为 $B \supset A$。例如，"直径不合格"（A 事件）必然导致"产品不合格"（B 事件），所以 $B \supset A$。如果 $B \supset A$ 且 $A \supset B$，则称 A、B 两事件相等，记为 $A = B$。

(2) 和事件：事件 A 与事件 B 的和事件记为 $C = A + B$，C 的出现是 A 或 B 至少有一个出现。例如，产品不合格 $C =$ 长度不合格 $A +$ 直径不合格 B。

(3) 积事件：事件 A 与事件 B 的积事件记为 $C = A \cdot B$，C 的出现是 A 与 B 同时出现。例如，产品合格 $C =$ 长度合格 $A \cdot$ 直径合格 B。

(4) 相容事件：若事件 A 与事件 B 允许同时出现，则 A 与 B 是相容事件。例如，多个理想气体分子允许同时进入某体积元内就是相容事件。

(5) 不相容事件（排斥事件或互斥事件）：若事件 A 与事件 B 不允许同时出现，则 A 与 B 是不相容事件。例如，在原子中，每一个确定的电子能态上，最多只能容纳一个电子，即不允许有两个或两个以上的电子存在，这就是不相容事件。

(6) 互逆事件（对立事件）：若 $(A + B)$ 是必然事件，$(A \cdot B)$ 是不可能事件，则 A 与 B 为互逆事件。例如，掷硬币，"国徽朝上"与"麦穗朝上"为互逆事件。

(7) 相互独立事件：若 A、B 两事件毫无关系，任一个出现与否，不受另一个的影响，则 A、B 为相互独立事件。例如，处于平衡态的理想气体系统，各分子出现在哪个速率间隔内是相互独立事件。

5.2.4　概率的定义

随机事件的主要特征就是它的不确定性，即它在某一次试验中，可能出现，也可能不出现。但是在大量重复试验中，它是有内在规律的，即它出现的可能性的大小是可以"度量"的。随机事件的概率就是用来计量随机事件出现的可能性大小的一个数字。

设随机事件 A 在 N 次试验中出现了 N_A 次，则 N_A/N 称为事件 A 发生的频率。事实表明，实验次数越多，频率就越逼近一个确定值，于是定义随机事件 A 的概率为

$$P(A) = \lim_{N \to \infty} \frac{N_A}{N} \tag{5.2.1}$$

几点说明。

(1) $P(A)$ 的意义：刻画了事件 A 在试验中出现的可能性的大小。$P(A)$ 客观存在，是事件本身的一种属性。

(2) $P(A)$ 对大量的偶然事件的整体起作用，个别现象无概率可言。

(3) 可将式 (5.2.1) 推广到用其他一些量表示。例如，在布朗运动实验中，通过显微镜跟踪观察某一布朗微粒。设观察的总时间为 t，某布朗微粒在给定区域 A 停留的时间为 t_A，则布

朗微粒出现在 A 的概率可表为

$$P(A) = \lim_{t \to \infty} \frac{t_A}{t} \qquad (5.2.2)$$

又如,研究容器中气体分子的分布情况。若忽略外力场的作用,再设想将体积为 V 的容器划分为 $V_1, V_2, \cdots, V_i$,许多个体元,则任一分子出现在体元 V_i 内的概率可表为

$$P_i = \frac{V_i}{V} \quad (V_i \ll V) \qquad (5.2.3)$$

5.2.5 概率的性质

由概率的定义立刻可得

性质1 $0 \leqslant P(A) \leqslant 1$;

性质2 $P(\varPhi) = 0, P(U) = 1$;

若 $AB = \varPhi$,则 $N_{A+B} = N_A + N_B$;

由式(5.2.1)得

性质3 $P(A + B) = P(A) + P(B)$.

推论:

(1) 对 n 个互斥事件,有

$$P(A_1 + A_2 + \cdots + A_n) = P(A_1) + P(A_2) + \cdots + P(A_n) \qquad (5.2.4)$$

此即概率加法定理。

(2) 若 n 个互斥事件是必然事件,则

$$P\left(\sum_i^n A_i\right) = \sum_i^n P(A_i) = 1$$

我们称 $A_1, A_2, \cdots, A_n$ 构成一完备群。

(3) 若 A、B 是对立事件,则 $P(A) + P(B) = 1$ 或 $P(A) = 1 - P(B)$。

5.2.6 条件概率

设 A、B 是某条件组 k 下的两个事件,在 A 出现的条件下,B 出现的概率叫做事件 B 的条件概率,记作 $P(B/A)$。

下面讨论计算条件概率的公式。

设在条件组 k 下进行 N(很大)次试验,事件 A 出现 m 次,事件 B 出现 l 次,事件 (AB) 出现 k 次,根据条件概率的定义,应有

$$P(B/A) = \frac{k}{m} = \frac{k/N}{m/N} = \frac{P(AB)}{P(A)} \qquad (5.2.5)$$

讨论。

(1) 与式(5.2.5)类似,在事件 B 已出现的条件下,事件 A 的条件概率为

$$P(A/B) = \frac{k}{l} = \frac{k/N}{l/N} = \frac{P(AB)}{P(B)} \qquad (5.2.6)$$

(2) 由式(5.2.5)和式(5.2.6)可得

$$P(AB) = P(A)P(B/A) = P(B)P(A/B) \tag{5.2.7}$$

上式表明,两事件的积的概率等于其中一事件的概率与另一事件在前一事件出现下的条件概率的乘积。这称为概率乘法定理。

(3) 若事件 A、B 是相互独立的,则

$$P(AB) = P(A)P(B) \tag{5.2.8}$$

(4) 若 $A_1, A_2, \cdots, A_n$ 是相互独立的,则

$$P(A_1, A_2, \cdots, A_n) = P(A_1)P(A_2)\cdots P(A_n) \tag{5.2.9}$$

【例】　假设1个骰子在落地时每一面朝上的概率是相同的。现在同时掷5个骰子,求以下几种情况的概率。

(1) 恰好只有 1 个骰子"6"朝上;

(2) 至少有 1 个骰子"6"朝上;

(3) 恰好有 2 个骰子"6"朝上。

解:(1) 由题意可知,任 1 骰子"6"朝上的概率为 1/6,不朝上的概率为 5/6。根据乘法定理,指定某个骰子"6"朝上,另外 4 个骰子"6"不朝上的概率为

$$\left(\frac{1}{6}\right) \times \left(\frac{5}{6}\right)^4$$

但题目并不限制是哪个骰子。因而,根据概率加法定理,恰好只有 1 个骰子"6"朝上的概率为

$$P(a) = 5 \times \frac{1}{6} \times \left(\frac{5}{6}\right)^4 \approx 0.4$$

(2) 至少有 1 个骰子"6"朝上的对立事件是所有骰子的"6"都不朝上,而后者的概率是 $(5/6)^5$,所以,前者的概率是

$$P(b) = 1 - \left(\frac{5}{6}\right)^5 \approx 0.6$$

(3) 同时指定的 2 个骰子的"6"朝上,3 个骰子的"6"不朝上的概率为

$$\left(\frac{1}{6}\right)^2 \times \left(\frac{5}{6}\right)^3$$

而题目并不要求指定的哪 2 个骰子的"6"朝上,哪 3 个的"6"不朝上,所以,将 5 个骰子分为两组,其每种分法都有相同的概率。因此,恰有 2 个骰子的"6"朝上的概率为

$$P(c) = \frac{5!}{3!2!} \times \left(\frac{1}{6}\right)^2 \times \left(\frac{5}{6}\right)^3 \approx 0.16$$

5.3　随机变量的概率分布及其数字特征

前面只是一些定性的概念,为了进一步研究有关随机试验的问题,本节引进定量的概念。

5.3.1　随机变量

在一定条件下,能以确定的概率取各种不同值的变量,称为随机变量。例如,某一段时

间内,其电话总机接到的呼唤次数就是一随机变量;处在平衡态的气体系统,其分子的速率也是一随机变量。

随机变量 ξ 可分为离散型和连续型两类。

(1)离散型随机变量:它的所有可能的取值在数轴上是有限个或者是可数的分立值。

(2)连续型随机变量:它可取数轴上某区间内的一切数值。

5.3.2　随机变量的概率分布

要完全地刻画出随机变量,必须知道:① 随机变量能取些什么值(取范围值);② 随机变量以多大的概率取这些值。当随机变量的一切可能值(取范围值)以及它取这些数值的概率均为已知时,我们就说给出了这个随机变量的概率分布。

1. 离散型随机变量

设 ξ 的可能取值是 $x_1, x_2, \cdots, x_k, \cdots, x_n$,而取得每个值的概率分别为 $P_1(\xi = x_1)$, $P_2(\xi = x_2), \cdots, P_k(\xi = x_k), \cdots P_n(\xi = x_n)$,则其概率分布可表为

$$P_i = P(\xi = x_i), \quad (i = 1, 2, \cdots, k, \cdots, n) \tag{5.3.1}$$

也可表为

$$\left.\begin{matrix} x_1, x_2, \cdots, x_i, \cdots, x_n \\ P_1, P_2, \cdots, P_i, \cdots, P_n \end{matrix}\right\} \tag{5.3.2}$$

其中 P_i 满足

$$P_i \geqslant 0, \quad (P_i \text{ 的非负性}); \qquad \sum_i^n P_i = 1, \quad (P_i \text{ 的归一性}) \tag{5.3.3}$$

2. 连续型随机变量

由于连续型随机变量可能取的值是不可列的,因此不能像对离散型随机变量那样用分布列作为它的概率分布。对连续型随机变量,其概率分布由下面定义的概率密度 $\rho(\xi)$ 来描述。

将随机变量 ξ 取值在 $x \sim x + \mathrm{d}x$ 间隔内的概率 $\mathrm{d}W_{\xi=x}$ 表为

$$\mathrm{d}W_{\xi=x} = \rho(x)\mathrm{d}x \tag{5.3.4}$$

其中 $\rho(x)$ 称为概率密度,它表示 ξ 取值在 x 处单位间隔内的概率。并且 $\rho(x)$ 满足

$$\rho(x) \geqslant 0 \quad (\text{非负性}) \tag{5.3.5a}$$

$$\int_{-\infty}^{\infty} \rho(x)\mathrm{d}x = 1 \quad (\text{归一性}) \tag{5.3.5b}$$

5.3.3　随机变量的数字特征

随机变量的概率分布给出了随机变量的完全描述。然而,在很多情况下,并不需要了解得这样完全,只需知道其主要特征就已足够了。描述随机变量主要特征的数字是统计平均值(数学期望)和方差。

1. 统计平均值(数学期望)

统计物理学认为:物质系统的宏观性质是微观粒子运动的平均性质,物质系统的宏观量

是相应微观量的统计平均值。可见,在统计物理学中,统计平均值占有极其重要的地位。

定义 ①　若离散型随机变量的概率分布为

$$P_i = P(\xi = x_i), (i = 1, 2, \cdots, k, \cdots, n)$$

且 $\sum_{i=1}^{n} x_i P_i$,绝对收敛,则称

$$\bar{\xi} = \sum_i^n x_i P_i \tag{5.3.6}$$

为 ξ 的统计平均值。

定义 ②　若连续型随机变量 ξ 的概率密度为 $\rho(x)$,且 $\int_{-\infty}^{\infty} x\rho(x)\mathrm{d}x$ 绝对收敛,则称

$$\bar{\xi} = \int_{-\infty}^{\infty} x\rho(x)\mathrm{d}x \tag{5.3.7}$$

为 ξ 的统计平均值。

定义 ③　设 $f(\xi)$ 是 ξ 的任意函数,则 $f(\xi)$ 的统计平均值为

$$\overline{f(\xi)} = \sum_{i=1}^{\infty} P_i f(x_i) \tag{5.3.8}$$

$$\overline{f(\xi)} = \int_{-\infty}^{\infty} f(x)\rho(x)\mathrm{d}x \tag{5.3.9}$$

利用统计平均值的定义可以证明其具有下列性质(其中 C 为常数)

(1) $\bar{C} = C$

(2) $\overline{\xi + C} = \bar{\xi} + C; \overline{f(\xi) + C} = \overline{f(\xi)} + C$

(3) $\overline{C\xi} = C\bar{\xi}; \overline{Cf(\xi)} = C\overline{f(\xi)}$

(4) $\overline{\xi + f(\xi)} = \bar{\xi} + \overline{f(\xi)}$

2. 方差

当人们对所研究的系统的某一宏观物理量进行测量时,每次测得的实际数值相对于它的统计平均值可能会有偏差,也称为涨落。我们用方差描述随机变量取值的分散程度。

定义:设 ξ 为一随机变量,令 $(\Delta\xi)^2 = (\xi - \bar{\xi})^2$,若 $\overline{(\Delta\xi)^2}$ 存在,则称

$$\overline{(\Delta\xi)^2} = \overline{(\xi - \bar{\xi})^2} \tag{5.3.10}$$

为 ξ 的方差。

两点说明。

(1) $[\overline{(\Delta\xi)^2}]^{1/2}$ 也称为涨落或标准误差;$[\overline{(\Delta\xi)^2}]^{1/2}/\bar{\xi}$ 称为相对涨落或相对误差。

(2) 根据统计平均值的性质有

$$\overline{(\Delta\xi)^2} = \overline{(\xi - \bar{\xi})^2} = \overline{\xi^2 - 2\bar{\xi}\xi + \bar{\xi}^2} = \overline{\xi^2} - 2\bar{\xi}^2 + \bar{\xi}^2 = \overline{\xi^2} - \bar{\xi}^2 \tag{5.3.11}$$

这是一个常用的关系式。

由统计平均值的性质,可以推出方差的性质(其中 C 为常数):

(1) $\overline{(\Delta C)^2} = 0$

(2) $\overline{[\Delta(C\xi)]^2} = C^2\ \overline{(\Delta\xi)^2}$

(3) $\overline{[\Delta(\xi+C)]^2} = \overline{(\Delta\xi)^2}$

【例 1】一质点按 $x = A\sin\omega t$ 的规律做简谐振动,当测量其位置时,试求发现它处在间隔 $x \sim x + dx$ 内的概率。

解:因为质点做周期运动,所以可把振动周期 T 看作全部观测时间。设 dt 为质点行经 $x \sim x + dx$ 一次所需的时间,则在此间隔内发现粒子的概率为

$$\rho(x)dx = \frac{2dt}{T}$$

因子 2 的引入,是因为在周期 T 内,质点有两次在上述间隔内。又因

$$dx = A\omega\cos\omega t\, dt = \frac{2\pi}{T}\sqrt{A^2 - x^2}\, dt$$

其中

$$\omega = \frac{2\pi}{T}$$

所以

$$\rho(x)dx = \frac{dx}{\pi\sqrt{A^2 - x^2}}$$

【例 2】某放射性物质在 $t = 0$ 时刻系统内具有原子数 N_0,试证明其按指数规律 $N = N_0 e^{-\lambda t}$ 蜕变,其中 λ 为一常数。

解:设 $t \sim t + dt$ 时间内蜕变的原子数为 dN,则一个原子在 dt 时间内蜕变的概率为 dN/N。显然 $dN/N \propto dt$,所以有

$$-\frac{dN}{N} = \lambda dt$$

其中负号表示原子数目是减少的。积分此式得

$$\int_{N_0}^{N} \frac{dN}{N} = -\lambda \int_0^t dt$$

即

$$N = N_0 e^{-\lambda t}$$

【例 3】已知概率分布为 $\rho(x)dx = \alpha e^{-\alpha x}dx$,$x$ 的变化范围是 $0 \sim \infty$,试求 x 的平均值 $\bar{x}$,方均根值 $\sqrt{\overline{x^2}}$,方差 $\overline{(x-\bar{x})^2}$ 和相对涨落 $\overline{(x-\bar{x})^2}/\bar{x}^2$。

解:首先验证 $\rho(x)$ 是否已归一化。

因为

$$\int_0^\infty \rho(x)dx = \alpha \int_0^\infty e^{-\alpha x}dx = 1$$

可见 $\rho(x)$ 是归一化的。

由此可得

$$(1)\bar{x} = \int_0^\infty x\rho(x)dx = \alpha \int_0^\infty xe^{-\alpha x}dx = -\alpha\frac{d}{d\alpha}\left[\int_0^\infty e^{-\alpha x}dx\right] = -\alpha\frac{d}{d\alpha}\left(\frac{1}{\alpha}\right) = \frac{1}{\alpha}$$

$$（2）\overline{x^2} = \int_0^\infty x^2 \rho(x)\,\mathrm{d}x = \alpha\int_0^\infty x^2 \mathrm{e}^{-\alpha x}\,\mathrm{d}x = \alpha\frac{\mathrm{d}^2}{\mathrm{d}\alpha^2}\left[\int_0^\infty \mathrm{e}^{-\alpha x}\,\mathrm{d}x\right] = \alpha\frac{\mathrm{d}^2}{\mathrm{d}\alpha^2}\left(\frac{1}{\alpha}\right) = \frac{2}{\alpha^2}$$

所以

$$\sqrt{\overline{x^2}} = \sqrt{2}/\alpha$$

$$（3）\overline{(x-\bar{x})^2} = \overline{x^2} - \bar{x}^2 = \frac{1}{\alpha^2}$$

$$（4）\frac{\overline{(x-\bar{x})^2}}{\bar{x}^2} = \frac{\overline{x^2} - \bar{x}^2}{\bar{x}^2} = 1$$

5.4　n 维随机变量

　　前面所讨论的随机变量都是一维的,即它们的值仅由一个数来确定。但在实际问题中,我们往往还需要同时考虑两个、三个或更多个随机变量构成的随机变量组,它们的值分别由两个、三个或更多个数来确定,这样的随机变量分别称为二维、三维或多维随机变量。

5.4.1　n 维随机变量的概率分布

　　我们只考虑连续型。将随机变量 $\xi_1, \xi_2, \cdots, \xi_n$ 的取值分别在 $x_1 \sim x_1 + \mathrm{d}x_1$, $x_2 \sim x_2 + \mathrm{d}x_2, \cdots, x_n \sim x_n + \mathrm{d}x_n$ 内的概率表为

$$\mathrm{d}W_{\{\xi_i = x_i\}} = \rho(x_1, x_2, \cdots, x_n)\,\mathrm{d}x_1\,\mathrm{d}x_2\cdots\mathrm{d}x_n \tag{5.4.1}$$

式中,$\rho(x_1, x_2, \cdots, x_n)$ 称为 n 个随机变量的概率密度,它表达了 n 个随机变量的联合分布。

　　当然,概率密度应满足

$$\begin{cases}\rho(x_1, x_2, \cdots, x_n) \geqslant 0 \\ \displaystyle\int_{-\infty}^\infty \cdots \int_{-\infty}^\infty \rho(x_1, x_2, \cdots, x_n)\,\mathrm{d}x_1\,\mathrm{d}x_2\cdots\mathrm{d}x_n = 1\end{cases} \tag{5.4.2}$$

几点讨论。

　　（1）由式（5.4.1）可知,若已知 $\rho(x_1, x_2, \cdots, x_n)$,则有

$$\mathrm{d}W_{(\xi_i = x_i)} = \left[\int_{-\infty}^\infty \cdots \int_{-\infty}^\infty \rho(x_1, x_2, \cdots, x_n)\,\mathrm{d}x_1\cdots\mathrm{d}x_{i-1}\,\mathrm{d}x_{i+1}\cdots\mathrm{d}x_n\right]\mathrm{d}x_i \tag{5.4.3}$$

这表示 n 个随机变量 $\xi_1, \xi_2, \cdots, \xi_n$ 中某一个随机变量 ξ_i 的概率分布,称为边缘分布。

　　（2）类同随机事件的相互独立性,若

$$\rho(x_1, x_2, \cdots, x_n) = \rho(x_1)\rho(x_2)\cdots\rho(x_n) \tag{5.4.4}$$

则称随机变量 $\xi_1, \xi_2, \cdots, \xi_n$ 是相互独立的。

5.4.2　n 维随机变量的统计平均值

　　n 维随机变量的统计平均值定义为

$$\bar{\xi_i} = \int_{-\infty}^\infty \cdots \int_{-\infty}^\infty x_i \rho(x_1, x_2, \cdots, x_n)\,\mathrm{d}x_1\,\mathrm{d}x_2\cdots\mathrm{d}x_n \tag{5.4.5}$$

几点讨论。

（1）对二维情况

$$\overline{\xi_i} = \int\limits_{-\infty}^{\infty}\int\limits_{-\infty}^{\infty} x_i \rho(x_1,x_2)\mathrm{d}x_1\mathrm{d}x_2 \tag{5.4.6}$$

$$\overline{\xi_1 + \xi_2} = \int\limits_{-\infty}^{\infty}\int\limits_{-\infty}^{\infty}(x_1 + x_2)\rho(x_1,x_2)\mathrm{d}x_1\mathrm{d}x_2$$

$$= \int\limits_{-\infty}^{\infty}\int\limits_{-\infty}^{\infty} x_1\rho(x_1,x_2)\mathrm{d}x_1\mathrm{d}x_2 + \int\limits_{-\infty}^{\infty}\int\limits_{-\infty}^{\infty} x_2\rho(x_1,x_2)\mathrm{d}x_1\mathrm{d}x_2$$

$$= \overline{\xi_1} + \overline{\xi_2}$$

将上式推广到 n 维

$$\overline{\sum_{i=1}^{n}\xi_i} = \sum_{i=1}^{n}\overline{\xi_i} \tag{5.4.7}$$

（2）若 ξ_1 与 ξ_2 是相互独立的，则

$$\rho(x_1,x_2) = \rho(x_1)\rho(x_2)$$

所以

$$\overline{\xi_1 \cdot \xi_2} = \int\limits_{-\infty}^{\infty}\int\limits_{-\infty}^{\infty} x_1 x_2 \rho(x_1,x_2)\mathrm{d}x_1\mathrm{d}x_2$$

$$= \int\limits_{-\infty}^{\infty} x_1\rho(x_1)\mathrm{d}x_1 \int\limits_{-\infty}^{\infty} x_2\rho(x_2)\mathrm{d}x_2$$

$$= \overline{\xi_1} \cdot \overline{\xi_2}$$

推广到 n 维，若 $\xi_1,\xi_2,\cdots,\xi_n$ 是相互独立的，则有

$$\overline{\prod_{i=1}^{n}\xi_i} = \prod_{i=1}^{n}\overline{\xi_i} \tag{5.4.8}$$

实例。

为熟悉概率理论的基本知识，我们讨论一个很有意义的例子：体积 V 内含有 N 个近独立的经典粒子，v 是 V 中的一部分体积。求在体积 v 中含有 n 个粒子的概率。

首先，由于不存在外力场，整个空间 V 是均匀的，所以任一粒子出现在 V 中各处的机会是均等的。设任一个粒子出现在 v 中的概率是 P，不出现在 v 中（即出现在 $V-v$ 中）的概率是 q。

其次，由于粒子间无相互作用，即粒子的运动可视为是彼此独立的，所以根据概率乘法定理，指定的 n 个粒子同时出现在 v 中的概率为 P^n。同理，指定的 $N-n$ 个粒子同时出现在 $V-v$ 中（不出现在 v 中）的概率为 $q^{(N-n)}$。

第三，根据概率乘法定理，同时指定 n 个粒子出现在 v 中、指定 $N-n$ 个粒子出现在 $V-v$ 中的概率为 $P^n q^{N-n}$。

第四，由于我们只关心出现在 v 中的粒子数目，并不指定要哪几个粒子出现在 v 中，所以把 N 个粒子分为两组（一组 n 个，一组 $N-n$ 个），任一种分法都能满足要求。又因经典粒子是可以区分的，因此分组方式数为 $N!/[n!(N-n)!]$。根据概率乘法定理，体积 v 中含有 n 个

粒子的概率为

$$W_N(n) = \frac{N!}{n!(N-n)!}P^n q^{N-n} \tag{5.4.9}$$

这个分布称为二项式分布。

几点讨论。

(1) 由于粒子出现在 v 中与不出现在 v 中是对立事件，因此 $q = 1 - P$。且因粒子出现在容器 V 中各处的机会是均等的，故 $P = v/V$。这样，式(5.4.9)又可表为

$$W_N(n) = \frac{N!}{n!(N-n)!}\left(\frac{v}{V}\right)^n\left(1-\frac{v}{V}\right)^{N-n} \tag{5.4.10}$$

(2) 根据二项式定理，对任意的数 P 和 q 都有

$$(P+q)^N = \sum_{n=0}^{N} \frac{N!}{n!(N-n)!}P^n q^{N-n}$$

将上式与式(5.4.9)比较，可有

$$(P+q)^N = \sum_{n=0}^{N} W_N(n)$$

又因 $P + q = 1$，可见

$$\sum_{n=0}^{N} W_N(n) = 1$$

即二项式分布是归一化的。

(3) 求 $\bar{n} = ?$　$\overline{n^2} = ?$

$$\bar{n} = \sum_{n=0}^{N} n W_N(n)$$

$$= \sum_{n=0}^{N} n \frac{N!}{n!(N-n)!}P^n q^{N-n}$$

$$= P\frac{\partial}{\partial P}\sum_{n=0}^{N} \frac{N!}{n!(N-n)!}P^n q^{N-n}$$

$$= P\frac{\partial}{\partial P}(P+q)^N$$

$$= PN$$

$$\overline{n^2} = \sum_{n=0}^{N} n^2 W_N(n)$$

$$= \sum_{n=0}^{N} n^2 \frac{N!}{n!(N-n)!}P^n q^{N-n}$$

$$= P^2\frac{\partial^2}{\partial P^2}\sum_{n=0}^{N} \frac{N!}{n!(N-n)!}P^n q^{N-n} + \bar{n}$$

$$= P^2\frac{\partial^2}{\partial P^2}(P+q)^N + \bar{n}$$

$$= P^2 N(N-1) + \bar{n}$$

$$= \bar{n}^2 - \bar{n}P + \bar{n}$$

(4) 涨落：

$$\overline{(\Delta n)^2} = \overline{(n - \bar{n})^2} = \overline{n^2} - \bar{n}^2 = \bar{n}(1 - P)$$

相对涨落：

$$\frac{\overline{(\Delta n)^2}}{\bar{n}^2} = \frac{(1 - P)}{\bar{n}}。$$

若 $v \ll V$，则

$$P = v/V \ll 1$$

$$\overline{(\Delta n)^2} \approx \bar{n}$$

$$\frac{\overline{(\Delta n)^2}}{\bar{n}^2} \approx \frac{1}{\bar{n}}$$

这说明，v 愈小，$\bar{n}$ 愈少，相对涨落愈大。

(5) 在 $P = v/V \ll 1, n \ll N$ 的条件下，二项式分布式 (5.4.10) 趋于泊松分布

$$W(n) = \frac{\bar{n}^n}{n!} \mathrm{e}^{-\bar{n}} \tag{5.4.11}$$

下面来证明这个结论。由于

$$\frac{N!}{(N - n)!} = N(N - 1)\cdots(N - n + 1)$$

$$(1 - P)^N = 1 - NP + \frac{N(N - 1)}{2!}P^2 - \cdots$$

$$\mathrm{e}^{-NP} = 1 - NP + \frac{N^2}{2!}P^2 - \cdots$$

当 $P \ll 1, n \ll N$ 时，

$$\frac{N!}{(N - n)!} \approx N^n,$$

$$(1 - P)^N \approx \mathrm{e}^{-NP} = \mathrm{e}^{-\bar{n}}$$

因此

$$W_N(n) = \frac{N!}{n!(N - n)!}P^n q^{N-n} \approx \frac{N^n}{n!}P^n (1 - P)^N \approx \frac{\bar{n}^n}{n!}\mathrm{e}^{-\bar{n}}$$

(6) 在 $N \gg 1, n \gg 1$，且 $\frac{\Delta n}{\bar{n}} = \frac{n - \bar{n}}{\bar{n}} \ll 1$（即 $n \approx \bar{n}$）的条件下，泊松分布式 (5.4.11) 趋于高斯分布（正态分布）：

$$W(n) = \frac{1}{\sqrt{2\pi\bar{n}}}\mathrm{e}^{-\frac{(n-\bar{n})^2}{2\bar{n}}} \tag{5.4.12}$$

下面对上式进行证明。

当 $n \gg 1$ 时，由附录 3 中的公式 (2)

$$\ln n! \approx n\ln n - n + \frac{1}{2}\ln(2\pi n)$$

当 $\frac{\Delta n}{\bar{n}} = \frac{n - \bar{n}}{\bar{n}} \ll 1$，即 n 在 $\bar{n}$ 附近时，可有

$$\ln\left(1+\frac{\Delta n}{\bar{n}}\right)\approx\frac{\Delta n}{\bar{n}}-\frac{1}{2}\left(\frac{\Delta n}{\bar{n}}\right)^2$$

因此

$$\begin{aligned}
\ln W(n) &= n\ln\bar{n}-\bar{n}-\ln(n!)\\
&\approx n\ln\bar{n}-\bar{n}-n\ln n+n-\frac{1}{2}\ln(2\pi n)\\
&=-(\bar{n}+\Delta n)\ln\left(1+\frac{\Delta n}{\bar{n}}\right)+\Delta n-\frac{1}{2}\ln(2\pi n)\\
&\approx-(\bar{n}+\Delta n)\left[\frac{\Delta n}{\bar{n}}-\frac{1}{2}\left(\frac{\Delta n}{\bar{n}}\right)^2\right]+\Delta n-\frac{1}{2}\ln(2\pi n)\\
&\approx-\frac{(\Delta n)^2}{2\bar{n}}+\ln\frac{1}{\sqrt{2\pi n}}\\
&=-\frac{(n-\bar{n})^2}{2\bar{n}}+\ln\frac{1}{\sqrt{2\pi n}}
\end{aligned}$$

即

$$W(n)=\frac{1}{\sqrt{2\pi n}}\mathrm{e}^{-\frac{(n-\bar{n})^2}{2\bar{n}}}$$

因 $n\approx\bar{n}$，故

$$W(n)=\frac{1}{\sqrt{2\pi\bar{n}}}\mathrm{e}^{-\frac{(n-\bar{n})^2}{2\bar{n}}}$$

应当指出：对任意的 $n\ll N$，二项式分布公式都能适用；在 $n\ll N,P\ll 1$ 的情况下，才能用泊松分布公式；而当 n 较大，且 n 在 $\bar{n}$ 附近时，才能用高斯分布。

还应当指出，我们是从二项式分布的近似导出泊松分布的，但泊松分布绝不仅是二项式分布的近似，很多物理问题如电子的热辐射、光电效应、放射性蜕变、阳光在大气中的散射等，都可用泊松分布来描述。高斯分布是从泊松分布近似导出的，也可以从二项式分布的近似导出，但高斯分布绝不仅是二项式分布或泊松分布的近似。一般说来，对于很多的随机试验，在试验的次数 N 很大时，常常符合或接近高斯分布，高斯分布在概率论中占有极其重要的地位。

统计物理学的基本概念

第 6 章

在绪论中已经指出,统计物理学研究的对象是由大量微观粒子组成的宏观物质系统。它是从物质的微观结构出发,依据微观粒子所遵循的力学规律,再用概率统计的方法求出系统的宏观性质及其变化规律。

我们知道,如果研究单个微观粒子的运动,或者研究少数几个粒子的运动,那么可以应用力学的方法,列出粒子的运动方程和初始条件,然后求解运动方程,便可得到粒子运动的规律。然而,对由大量微观粒子组成的系统,这种方法是行不通的。首先,因为宏观系统中包含大量的微观粒子,粒子间的相互作用又非常复杂,我们不可能列出所有微观粒子的运动方程,即使列出了所有微观粒子的运动方程,也无从求解。另外,更为重要的是,由于组成系统的粒子数目极大,组成系统的粒子间的相互作用及系统与外界之间的相互作用总是存在着无法控制与无法判知的随机因素,使得系统在某一时刻究竟处于何种运动状态具有随机性,即在某一时刻,系统处于某种运动状态只具有某种可能性。理论和实验都表明,由大量微观粒子组成的系统呈现出一种完全不同于力学规律性的新的规律性 —— 统计规律性。统计规律不能肯定地预言在某一时刻系统处于何种运动状态,而是认为在一定的宏观条件下,虽然在某一时刻系统处于何种运动状态是偶然的,但系统的各种运动状态均有一定的出现机会,即均有一定的出现概率。只要条件一定,这种概率的分布就是完全确定的。统计物理学就是要找出由大量粒子组成的系统在一定宏观条件下所遵从的统计规律,并用统计方法找出系统的宏观性质及其变化规律。

6.1 粒子运动状态的描述

本节讨论粒子运动状态的描述。这里的粒子是广义地指组成宏观物质系统的基本单位,例如气体的分子,金属中的离子或自由电子,辐射场的光子,晶体中的声子,等等。粒子的运动状态是指它的力学运动状态。

6.1.1 经典粒子的特征及其运动状态的描述

凡在运动中遵从经典力学规律的粒子,称为经典粒子。对这类粒子运动状态的描述称为经典描述。

1. 经典粒子的特征

(1) 经典粒子具有"颗粒性":在经典力学中谈到一个"粒子"时,总意味着这样一个客体,它具有一定的质量、电荷等属性,此即其"颗粒性"(或"原子性")。一个经典粒子在任何时候都应当有确定的位置和动量。另外,在经典力学中,把质点(或粒子)的振动在介质中的传播叫做波。例如声波、水波、弹性波等都是振动被介质传播的表现。波是传播能量的一种方式,在振动传播过程中带走了能量,而不是带走了粒子。经典的波动总意味着某种实际的物理量的空间分布在做周期性变化。但波的主要特征是呈现干涉和衍射现象,其本质在于机械波的叠加性。在经典概念下,粒子与波不能统一到一个客体上。

(2)经典粒子的运动是轨道运动:根据经典力学规律,对于一个经典粒子,当给出初始时刻的坐标和动量后,通过解运动方程,便可得出它在任何时刻的坐标和动量,即确切地知道其运动轨迹。

(3)全同的经典粒子是可以区分的:具有完全相同的属性(质量、电荷、自旋等)的同类粒子称为全同粒子,由于经典粒子的运动是轨道运动,因此原则上是可以被"跟踪"的。只要确知每一个粒子在初始时刻的位置和动量,原则上就可以确定每一个粒子在其后任一时刻的位置和动量。所以尽管全同粒子的属性完全相同,原则上仍然可以加以辨认。

(4)经典粒子的能量一定是连续的:按照经典力学的观点,在允许的能量范围内,粒子的能量可取任何值。也就是说,经典粒子的能量状态是连续变化的。

2. 经典粒子运动状态的描述　μ 空间

设粒子的自由度为 r。经典力学告诉我们,粒子在任一时刻的力学运动状态由 r 个广义坐标 $q_1, q_2, \cdots, q_r$ 和相应的 r 个广义动量 $p_1, p_2, \cdots, p_r$ 在该时刻的数值所确定。粒子的能量 ε 是其广义坐标和广义动量的函数:

$$\varepsilon = \varepsilon(q_1, q_2, \cdots, q_r; p_1, p_2, \cdots, p_r)$$

当存在外场时(例如外电场、外磁场等),ε 还是描述外场参量的函数

$$\varepsilon = \varepsilon(q_1, \cdots, q_r; p_1, \cdots, p_r; y_1, \cdots, y_n)$$

其中 $y_1, \cdots, y_n$ 是所有描述外场的参量。

为了形象地描述粒子的力学运动状态,我们用 $q_1, q_2, \cdots, q_r; p_1, p_2, \cdots, p_r$ 共 $2r$ 个参量做成直角坐标,构成一个 $2r$ 维空间,称为 μ 空间(或粒子相空间)。

几点讨论。

(1)μ 空间的意义:μ 空间中的一个点与粒子的一个运动状态一一对应,称为代表点。当粒子的运动状态随时间变化时,代表点相应地在 μ 空间中移动形成一条轨迹,称为相轨迹。但相轨迹并非粒子运动的实际轨迹,它只是运动状态的变化过程。

(2)相体积元:由于经典粒子的能量连续取值,所以描写经典粒子的运动状态的广义坐标和广义动量也连续取值,即 μ 空间是一个连续的相空间。在 $2r$ 维 μ 空间中的体积元表为

$$\mathrm{d}\omega = \mathrm{d}q_1 \mathrm{d}q_2 \cdots \mathrm{d}q_r \cdot \mathrm{d}p_1 \mathrm{d}p_2 \cdots \mathrm{d}p_r$$

(3)相格:为了讨论问题方便起见,往往还把相体积元 $\mathrm{d}\omega$ 再划分成许多大小相同的更小的体积元,这些更小的相等体积元称为相格。划分相格的原则是,在同一相格内各点的坐标、动量的误差可以忽略,就是说在同一相格内各代表点只对应于粒子的一个运动状态,不同的相格代表不同的运动状态。显然,一个相格的大小就是粒子的一个运动状态在 μ 空间中占据的相体积的大小。实际上,相格大小的划分是任意的,可规定为任意一个值。在下面量

子粒子运动状态的描述中将看到,由于不确定关系的限制,每个相格的大小为 h^r(h 为普朗克常数,r 为粒子的自由度)。为了统一起见,在 $2r$ 维 μ 空间中,一个相格的大小就取为 h^r。

(4) 相格数(状态数):由上述讨论得出,在 $2r$ 维 μ 空间中,处于 $(q_1,\cdots,q_r;p_1,\cdots,p_r)$ 附近 $\mathrm{d}\omega$ 内的相格数(粒子的运动状态数目)为

$$\frac{\mathrm{d}\omega}{h^r} = \frac{\mathrm{d}q_1 \mathrm{d}q_2 \cdots \mathrm{d}q_r \cdot \mathrm{d}p_1 \mathrm{d}p_2 \cdots \mathrm{d}p_r}{h^r} \tag{6.1.1}$$

【例1】自由粒子 —— 不受力的作用而自由运动的粒子。当不存在外场时,理想气体的分子、金属的自由电子都可看作自由粒子。

对于一维自由粒子,自由度 $r=1$,μ 空间是二维的。我们用 x 和 p_x 表示粒子的坐标和动量,μ 空间如图 6-1 所示。设一维容器的长度为 L,则 x 可取 $0 \sim L$ 中的任何值。对经典粒子,p_x 原则上可取 $-\infty$ 到 $+\infty$ 中的任何值。粒子的任何一个运动状态可由 μ 空间中上述范围内的一点代表。当粒子以一定的动量 p_x 在容器中运动时,相轨迹是平行于 x 轴的一条直线,直线与 x 轴的距离等于 p_x,如图 6-1 所示。在 (x,p_x) 处相体积 $\mathrm{d}\omega = \mathrm{d}x\mathrm{d}p_x$ 内粒子状态的数目为 $\dfrac{\mathrm{d}x\mathrm{d}p_x}{h}$。

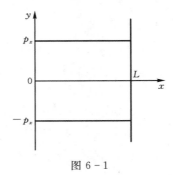

图 6-1

因为 $\varepsilon = \dfrac{p^2}{2m}$($p$ 是 p_x 的绝对值),所以在 ε 到 $\varepsilon + \mathrm{d}\varepsilon$ 中粒子状态的数目为

$$\frac{1}{h} \iint\limits_{(p,p+\mathrm{d}p)} \mathrm{d}x\mathrm{d}p_x = \frac{2L}{h}\mathrm{d}p = \frac{2L}{h}\left(\frac{m}{2\varepsilon}\right)^{1/2}\mathrm{d}\varepsilon$$

对于三维自由粒子,自由度 $r=3$,μ 空间是六维的,不可能在纸上画出其图形。我们可以把这六维的 μ 空间分为两个三维的子空间,一个是位形空间(以 x,y,z 为直角坐标轴),另一个是动量空间(以 p_x,p_y,p_z 为直角坐标轴)。因为

$$\varepsilon = \frac{1}{2m}(p_x^2 + p_y^2 + p_z^2)$$

即

$$p_x^2 + p_y^2 + p_z^2 = 2m\varepsilon$$

这说明具有某一能量值 ε 的所有可能的动量 (p_x,p_y,p_z) 的取值是在动量空间中以 $(2m\varepsilon)^{1/2}$ 为半径的球面上。在 μ 空间中 (x,y,z,p_x,p_y,p_z) 处,相体积元 $\mathrm{d}\omega = \mathrm{d}x\mathrm{d}y\mathrm{d}z\mathrm{d}p_x\mathrm{d}p_y\mathrm{d}p_z$ 内粒子状态的数目为

$$\frac{\mathrm{d}x\mathrm{d}y\mathrm{d}z\mathrm{d}p_x\mathrm{d}p_y\mathrm{d}p_z}{h^3} \tag{6.1.2}$$

设容器的体积为 V，则 $\iiint\mathrm{d}x\mathrm{d}y\mathrm{d}z = V$。所以，在体积 V 内，在 p_x 到 $p_x + \mathrm{d}p_x$，p_y 到 $p_y +$ $\mathrm{d}p_y$，p_z 到 $p_z + \mathrm{d}p_z$ 的动量范围内，三维自由粒子的状态数目为

$$\frac{V\mathrm{d}p_x\mathrm{d}p_y\mathrm{d}p_z}{h^3} \tag{6.1.3}$$

若以动量 p、极角 θ 和方位角 φ 作为动量空间的坐标轴，则在体积 V 内、动量的大小在 p 到 $p + \mathrm{d}p$、动量的方向在 θ 到 $\theta + \mathrm{d}\theta$、$\varphi$ 到 $\varphi + \mathrm{d}\varphi$ 的范围内，三维自由粒子的状态数目为

$$\frac{Vp^2\sin\theta\mathrm{d}p\mathrm{d}\theta\mathrm{d}\varphi}{h^3} \tag{6.1.4}$$

由于极角 θ 的取值范围是 0 到 π，方位角 φ 的取值范围是 0 到 2π，因而

$$\int_0^{2\pi}\mathrm{d}\varphi\int_0^{\pi}\sin\theta\mathrm{d}\theta = 4\pi$$

所以，在体积 V 内、动量的大小在 p 到 $p + \mathrm{d}p$ 内的三维自由粒子的状态数目为

$$\frac{4\pi V}{h^3}p^2\mathrm{d}p \tag{6.1.5}$$

将 $\varepsilon = p^2/2m$ 代入上式，得到体积 V 内、能量在 ε 到 $\varepsilon + \mathrm{d}\varepsilon$ 范围内的三维自由粒子的状态数目为

$$\frac{2\pi V}{h^3}(2m)^{3/2}\varepsilon^{1/2}\mathrm{d}\varepsilon \tag{6.1.6}$$

【例 2】一维线性谐振子——质量为 m 的粒子在弹性力 $f = -kx$ 的作用下，将在原点附近以角频率 $\omega = \sqrt{k/m} = 2\pi\nu$ 做一维简谐振动，称为一维线性谐振子。

线性谐振子的自由度 $r = 1$，μ 空间是 2 维的，可用坐标 x 和动量 p 为直角坐标轴构成二维 μ 空间。由于谐振子的能量可表为

$$\varepsilon = \frac{p^2}{2m} + \frac{1}{2}kx^2 = \frac{p^2}{2m} + \frac{1}{2}m\omega^2x^2 \tag{6.1.7}$$

故在给定能量下，代表点的相轨迹是椭圆曲线，振子的能量不同，椭圆的大小也就不同，如图 6-2 所示。将式 (6.1.7) 写成椭圆方程的标准形式

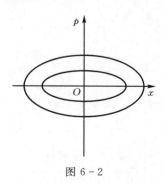

图 6-2

$$\frac{p^2}{2m\varepsilon} + \frac{x^2}{\frac{2\varepsilon}{m\omega^2}} = 1$$

可见,椭圆的两个半轴分别为 $a = \sqrt{2m\varepsilon}$ 和 $b = \sqrt{\frac{2\varepsilon}{m\omega^2}}$。给定能量 ε 所包围的相体积为

$$\sum(\varepsilon) = \iint\limits_{\frac{p^2}{2m}+\frac{1}{2}m\omega^2 x^2 \leqslant \varepsilon} \mathrm{d}x\mathrm{d}p = \pi ab = \frac{2\pi\varepsilon}{\omega}$$

在能量 ε 到 $\varepsilon + \mathrm{d}\varepsilon$ 的范围内,谐振子的状态数目为

$$\frac{1}{h} \cdot \frac{\mathrm{d}\sum(\varepsilon)}{\mathrm{d}\varepsilon}\mathrm{d}\varepsilon = \frac{2\pi}{h\omega}\mathrm{d}\varepsilon \tag{6.1.8}$$

【例 3】转子 —— 哑铃型的双原子分子绕其质心的转动可看成转子。转子的自由度 $r = 2$,μ 空间是四维的。确定其状态需要广义坐标 θ(极角)、φ(方位角)和广义动量 p_θ, p_φ。转子的能量可表为

$$\varepsilon = \frac{1}{2I}\left(p_\theta^2 + \frac{1}{\sin^2\theta}p_\varphi^2\right) \tag{6.1.9}$$

其中 I 为转子的转动惯量。在以 p_θ 和 p_φ 为直角坐标轴构成的动量空间中,转子的等能面是椭圆曲线,如图 6-3 所示。由式(6.1.9)可知该椭圆的两个半轴分别为 $a = \sqrt{2I\varepsilon}$ 和 $b = (2I\varepsilon)^{1/2}\sin\theta$。故给定能量 ε 所包围的相体积为

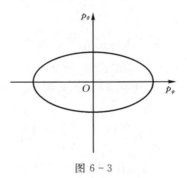

图 6-3

$$\sum(\varepsilon) = \int_0^\pi \int_0^{2\pi} \mathrm{d}\theta\mathrm{d}\varphi \iint\limits_{\frac{1}{2I}\left(p_\theta^2 + \frac{1}{\sin^2\theta}p_\varphi^2\right) \leqslant \varepsilon} \mathrm{d}p_\theta\mathrm{d}p_\varphi$$

$$= \int_0^\pi \mathrm{d}\theta \int_0^{2\pi}\mathrm{d}\varphi\left[\pi(2I\varepsilon)^{1/2} \cdot (2I\varepsilon)^{1/2} \cdot \sin\theta\right]$$

$$= 2\pi I\varepsilon \int_0^\pi \sin\theta\mathrm{d}\theta \int_0^{2\pi}\mathrm{d}\varphi$$

$$= 8\pi^2 I\varepsilon$$

在能量为 ε 到 $\varepsilon + \mathrm{d}\varepsilon$ 的范围内,转子的状态数目为

$$\frac{1}{h^2}\frac{\mathrm{d}\sum(\varepsilon)}{\mathrm{d}\varepsilon}\mathrm{d}\varepsilon = \frac{8\pi^2 I}{h^2}\mathrm{d}\varepsilon \tag{6.1.10}$$

6.1.2　量子粒子的特征及其状态的描述

凡在运动中遵从量子力学规律的粒子,称为量子粒子。这种粒子的运动状态称为量子态。对量子态的描述称为量子描述。

1. 量子粒子的特征

(1) 量子粒子的分类:量子粒子可分为定域的和非定域的两大类。被限定在其平衡位置附近做微振动的粒子称为定域的量子粒子,简称定域子,例如晶体中的原子或离子。非定域的量子粒子又分为费米子和玻色子两类。自旋为半整数的粒子称为费米子,如电子、质子、中子等,费米子遵从泡利不相容原理。自旋为整数或零的粒子称为玻色子,如光子、π 介子等,玻色子不遵从泡利不相容原理。

(2) 波粒二象性:在光的波粒二象性的启发下,德布罗意于 1924 年提出一条假设,与具有一定能量 ε 及动量 p 的粒子相联系的波(他称为物质波)的频率及波长分别为

$$\nu = \frac{\varepsilon}{h}, \lambda = \frac{h}{p} \tag{6.1.11}$$

式(6.1.11)把微观粒子(量子粒子)的波动性与颗粒性统一在一个客体上。大量的实验事实表明,波粒二象性是微观粒子的基本属性。但应注意,物质波并不像经典波那样代表实在的物理量的波动,只不过是刻画粒子在空间的概率分布而已,所以物质波又称为概率波。

(3) 不确定关系(测不准关系):量子粒子满足

$$\Delta x \Delta p_x \geqslant h \tag{6.1.12}$$

此即不确定关系。它表明,当粒子被局限在 x 方向的一个有限范围 Δx 内时,与之相应的动量分量 p_x 必然有一个不确定的数值范围 Δp_x,两者的乘积满足 $\Delta x \Delta p_x \geqslant h$。换言之,若 x 完全确定$(\Delta x \to 0)$,那么粒子动量 p_x 的数值就完全不确定$(\Delta p_x \to \infty)$;当粒子处于一个 p_x 数值完全确定的状态时$(\Delta p_x \to 0)$,我们就无法在 x 方向把粒子固定住,即粒子在 x 方向的位置是完全不确定的。

(4) 全同的量子粒子是不可区分的:由于量子粒子同时具有波粒二象性,它的运动不是轨道运动,原则上是不可能跟踪的。假设在 $t = 0$ 时确知两个粒子的位置,由于与这两个粒子相联系的波动迅速散开而相互重叠,在 $t > 0$ 时某一地点发现粒子,已经不能辨认出到底是第一个粒子还是第二粒子了,如图 6-4 所示。但应注意,对定域的量子粒子,我们可以通过识别每个粒子的位置来区别各个粒子,即定域的量子粒子是可以区分的。

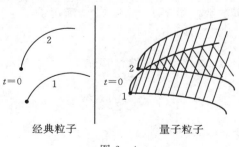

图 6-4

(5) 能量量子化:量子粒子的能量可以不连续取值,即只能处于某些特定的能量状态,这些分立的能量状态称为能级,这种现象称为能量的量子化。

2. 量子粒子运动状态的描述

由于微观粒子的波粒二象性,致使微观粒子在客观上不能同时具有确定的坐标及相应的动量,当然就不可能同时用粒子的坐标和动量的确定值来描述粒子的运动状态。那么究竟怎样描述微观粒子的运动状态呢?在量子力学中假定:微观粒子的运动状态由一个波函数 $\Psi(r,t)$ 来完全描述。

几点说明。

(1) 所谓"完全描述"是指,一旦 $\Psi(r,t)$ 给定就可以得出粒子的所有性质。

(2) $\Psi(r,t)$ 的物理意义:波函数的模平方 $\Psi \cdot \Psi = |\Psi(r,t)|^2$ 与 t 时刻在空间 r 处单位体积内发现粒子的概率成正比。

(3) $\Psi(r,t)$ 必须是单值、有限和连续的。单值:空间任一点,概率只能有一个值;有限:概率不能无限大;连续:概率不会在某处突变。

(4) 粒子的波函数满足薛定谔方程

$$\hat{H}\Psi(r,t) = i\hbar \frac{\partial}{\partial t}\Psi(r,t) \tag{6.1.13}$$

其中

$$\hat{H} = -\frac{\hbar^2}{2m}\nabla^2 + V(r)$$

是粒子的哈密顿算符。

下面举几个例子。

【例1】一维无限深势阱

粒子的势能可表示为

$$V(x) = 0(0 \leqslant x \leqslant a) \qquad V(x) = \infty(x < 0, x > a)$$

在势阱内,定态薛定谔方程为

$$-\frac{\hbar^2}{2m}\frac{d^2\psi}{dx^2} = \varepsilon\psi \tag{6.1.14}$$

求解得

$$\psi_n = \sqrt{\frac{2}{a}}\sin\frac{n\pi x}{a} \quad \varepsilon_n = \frac{n^2\pi^2\hbar^2}{2ma^2}, n = 1,2,\cdots(0 \leqslant x \leqslant a) \tag{6.1.15}$$

其中 n 称为量子数,一旦 n 的数值给定了,ψ_n 和 ε_n 就确定了。

【例2】线性谐振子

势能为 $\frac{1}{2}m\omega^2 x^2$ 的一维运动粒子称为线性谐振子。定态薛定谔方程为

$$-\frac{\hbar^2}{2m}\frac{d^2\psi}{dx^2} + \frac{1}{2}m\omega^2 x^2\psi = \varepsilon\psi \tag{6.1.16}$$

求解得

$$\begin{cases} \psi_n = \left(\dfrac{1}{2^n n! \pi^{1/2}}\right)^{1/2} H_n(y)\,\mathrm{e}^{-m\omega^2 x^2/2\hbar}, \\ \varepsilon_n = \left(n + \dfrac{1}{2}\right)\hbar\omega \qquad n = 0,1,2,\cdots. \end{cases} \tag{6.1.17}$$

式中，$y = \left(\dfrac{m\omega}{\hbar}\right)^{1/2} x, H_n(y)$ 是厄米多项式，最简单的几个为

$$\begin{cases} H_0(y) = 1, \\ H_1(y) = 2y, \\ H_2(y) = 4y^2 - 2, \\ H_3(y) = 8y^3 - 12y, \\ H_4(y) = 16y^4 - 48y^2 + 12, \\ H_5(y) = 32y^5 - 160y^3 + 120y. \end{cases} \tag{6.1.18}$$

可见，当量子数 n 给定后，ε_n 和 ψ_n 也就确定了。

【例3】 自由粒子

设粒子处于边长为 a 的立方容器里。定态薛定谔方程为

$$-\frac{\hbar^2}{2m}\nabla^2 \psi = \varepsilon\psi \tag{6.1.19}$$

求解并采用周期性边界条件（波函数在两个相对的器壁上对应的点处具有相同的值），可得

$$\varepsilon_n = \frac{2\pi^2\hbar^2}{ma^2}(n_x^2 + n_y^2 + n_z^2),$$

$$\psi_n = \frac{1}{a^{3/2}}\mathrm{e}^{i\boldsymbol{p}\cdot\boldsymbol{r}/\hbar}, \quad n_x \text{、} n_y \text{、} n_z = 0, \pm1, \pm2,\cdots \tag{6.1.20}$$

显然

$$p_x = \frac{2\pi\hbar n_x}{L}, \quad p_y = \frac{2\pi\hbar n_y}{L}, \quad p_z = \frac{2\pi\hbar n_z}{L} \tag{6.1.21}$$

可见，三维自由粒子的量子态由三个量子数 n_x, n_y, n_z 表征，而能级只取决于 $n_x^2 + n_y^2 + n_z^2$ 的数值。因此，同一能级上的量子态一般不止一个，这称为能级的简并。一个能级所具有的量子态数称为该能级的简并度。例如，$n_x^2 + n_y^2 + n_z^2 = 1$，则，$\varepsilon_1 = \dfrac{2\pi^2\hbar^2}{ma^2}$，可能的量子态是$(0, 0,1),(0,0,-1),(0,1,0),(0,-1,0),(1,0,0),(-1,0,0)$ 共 6 个。

由上述例子可见，微观粒子的量子态由一组量子数表征，量子数的数目就等于粒子的自由度数。

6.1.3　两种描述的关系

前面我们分别讨论了粒子运动状态的经典描述和量子描述。到底何时用经典描述，何时用量子描述呢？不确定关系为我们提供了判断的依据。在任何具体问题中，如 h 可以忽略不计，那么 Δx 和 Δp_x 在物理上就可同时为零，于是经典力学就完全适用于这类问题。如果 h 的大小不能忽略，那就必须应用量子理论。下面举几个实际例子。

【例 1】原子中的电子。

因为电子位置的不确定度不会超过原子的大小,即 $\Delta x \leqslant r_0 = 10^{-8}$ cm。所以利用不确定关系,电子速度的不确定度为 $\Delta v \geqslant (h/m\Delta x) \approx 6.6 \times 10^8$ cm·s^{-1}。再利用向心力 mv^2/r_0 与核引力 e^2/r_0^2 相等的条件,可得电子的速度为 $v = e/(r_0 m)^{1/2} \approx 10^8$ cm·s^{-1}。可见 Δv 与 v 同数量级。Δv 的不确定程度是如此之大,以至无法确切地说明在 r_0 范围内电子具有多大的速度,因此,要正确地讨论原子中电子的运动,必需使用量子理论。

【例 2】显像管中的电子。

设加速电压是 3 kV,经过加速,电子达到动量 $p = mv = \sqrt{2meU} \approx 3 \times 10^{-18}$ g·cm·s^{-1}。再设电子枪到荧光屏的距离是 $l = 20$ cm,电子聚焦成横向线度不超过 $x = 0.01$ cm 的细束,则电子束的扩散角 $\Delta\theta \approx x/l = 0.01/20 = 5 \times 10^{-4}$ 弧度。到达屏上时,电子横向动量的不确定度为 $\Delta p = p\Delta\theta = 3 \times 10^{-18} \times 5 \times 10^{-4} = 1.5 \times 10^{-21}$ g·cm·s^{-1}。根据不确定关系,电子横向位置的不确定度为 $\Delta x \approx 4.4 \times 10^{-6}$ cm $\ll 0.01$ cm。显然,不确定关系的限制在这里实质上不起作用,事实上,电子光学、加速器理论等都是经典理论。

【例 3】空气中的尘埃。

设一颗尘埃的质量为 10^{-12} g(这与原子、电子相比属于宏观物体),其坐标的不确定度 $\Delta x \approx 10^{-4}$ cm(对宏观现象,已相当准确了)。根据不确定关系,速度的不确定度为 $\Delta v = (h/m\Delta x) \approx 6.6 \times 10^{-11}$ cm·s^{-1},Δv 约为通常温度下微粒的布朗运动的平均速率(≈ 0.4 cm·s^{-1})的一百亿分之一。显然,空气中的尘埃也遵从经典理论。

【例 4】宏观容器内的粒子

设质量为 2×10^{-27} kg(质子的质量为 1.673×10^{-27} kg)的粒子在宏观大小的容器(例如 $a = 10^{-2}$ m)内运动。由式(6.1.20)可得粒子在 x 方向的能级为

$$\varepsilon_{n_x} \approx n_x^2 \times 10^{-36} \text{ J} \tag{6.1.22}$$

相邻两能级之差为

$$\Delta\varepsilon_{n_x} = \varepsilon_{n_x+1} - \varepsilon_{n_x} \approx (2n_x + 1) \times 10^{-36} \text{ J} \tag{6.1.23}$$

如果假设粒子的能量为 10^{-20} J(常温下分子热运动的平均能量的数量级),由式(6.1.22)可得 $n_x \approx 10^8$。因此 $\Delta\varepsilon_{n_x} \approx 10^{-28}$ J,$\Delta\varepsilon_{n_x}/\varepsilon_{n_x} \approx 10^{-8}$。可见,此时能级分立的量子特征是微不足道的。这个例子说明,当考虑分子在宏观大小的容器内的无规则热运动时,量子数很大(这相当于普朗克常数 h 很小),量子化现象是不显著的。

由上述讨论可见,若可认为普朗克常数 $h \to 0$,就不存在不确定关系,量子理论过渡到经典理论。这时,一个光子的能量 $h\nu \to 0$,光不再表现出粒子性,同时电子的德布罗意波长也趋于零,电子也不会表现出波动性了。

最后指出,在统计物理学所讨论的某些问题中,普朗克常数 h 与有关的物理量相比是一个小量,这时粒子的波动性表现得相当微弱,可以应用半经典近似理论来处理。半经典近似理论认为,量子粒子仍可用 μ 空间描述,即粒子沿着确定的轨道运动,但这个轨道不是经典力学所允许的任何轨道,而是满足量子化条件的那些轨道。例如,一维自由粒子的 μ 空间是以 x 和 p_x 为直角坐标而构成的二维平面。给定动量 p_x 时,代表点在 μ 空间的轨道是平行于 x 轴的直线,直线与 x 轴距离是 p_x。在半经典近似下,粒子可能的动量值由量子化条件式

(6.1.21) 所规定。在 μ 空间中相应的轨道是一系列直线,如图 6-5 所示。在半经典近似下,仍可把 μ 空间划分成许多相格,但相格的大小必须满足不确定关系。对于二维 μ 空间,相格的大小必须不小于 h,对于六维 μ 空间,相格的大小必须不小于 h^3,对于 $2r$ 维 μ 空间,相格的大小必须不小于 h^r。

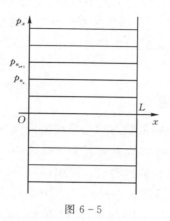

图 6-5

6.2　系统运动状态的描述

本节讨论由 N 个全同的、近独立的粒子组成的系统,更普遍的情况在第 8 章中讨论。

所谓近独立的粒子组成的系统,是指粒子之间的相互作用很弱,可以忽略不计,因此整个系统的能量可表达为单个粒子的能量之和

$$E = \sum_{i=1}^{N} \varepsilon_i \tag{6.2.1}$$

式中,ε_i 是第 i 个粒子的能量。应该注意,ε_i 只是第 i 个粒子的坐标和动量以及外参量的函数,与其他粒子的坐标和动量无关。

6.2.1　系统微观状态的描述

系统的微观状态(简称微观态)就是它的力学运动状态。

1. 系统微观状态的经典描述

设系统由 N 个自由度为 r 的近独立的全同粒子组成。在任一时刻,第 i 个粒子的力学运动状态由 r 个广义坐标 $q_{i1}, q_{i2}, \cdots, q_{ir}$ 和 r 个广义动量 $p_{i1}, p_{i2}, \cdots, p_{ir}$ 的数值确定。当组成系统的 N 个粒子在某一时刻的力学运动状态都确定时,整个系统在该时刻的微观状态也就确定了。因此,确定系统的微观状态需要 $2Nr$ 个变量 $q_{i1}, q_{i2}, \cdots, q_{ir}, p_{i1}, p_{i2}, \cdots, p_{ir} (i = 1, 2, \cdots, N)$。

一个粒子在某一时刻的力学运动状态可以在 μ 空间中用一个点表示。由 N 个全同粒子组成的系统在某一时刻的微观状态可以在 μ 空间中用 N 个点表示,即系统的一个微观态是 N 个代表点在 μ 空间的一个分布。N 个代表点在 μ 空间的不同分布相应于系统的不同微

观态。

2. 系统微观状态的量子描述

假设系统由 N 个自由度为 r 的近独立的全同粒子组成。第 i 个粒子的力学运动状态由 r 个量子数表征。N 个粒子组成的系统的微观态可用 Nr 个量子数来表征。Nr 个特定数值的一组量子数决定系统的一个微观态。例如,三维自由粒子的量子态由 n_x, n_y, n_z 共 3 个量子数表征。N 个三维自由粒子组成的系统的微观态由 $n_{1x}, n_{1y}, n_{1z}, \cdots, n_{Nx}, n_{Ny}, n_{Nz}$,共 $3N$ 个量子数表征。

6.2.2 系统宏观状态的描述

由一组独立的宏观参量所确定的状态称为系统的宏观状态(简称宏观态)。当选定一组描述系统宏观状态的参量后,所有其他表征系统宏观性质的参量都是已选定的一组参量的函数。各种不同参量都可以被选为独立参量。例如,我们可以选择 $E; N_1, N_2 \cdots, N_k; y_1, y_2, \cdots, y_n$ 作为独立参量。其中 E 是系统的能量;$N_1, N_2 \cdots, N_k$ 是 k 种成分的粒子数;$y_1, y_2, \cdots, y_n$ 是外参量。外参量是宏观上可以测量的量,其数值影响系统中粒子的运动,并因而影响系统各微观态的能量。例如,体积 V、电场强度 E、磁场强度 H 等都是外参量。

应当说明,为了叙述简明起见,本书讨论的绝大多数问题是只有一个外参量 V 及一种成分的情况,所得结果完全可以推广到多个外参量及多种成分的情况。

6.2.3 系统的宏观状态与微观状态的关系

现在设想将 μ 空间分成一个个能量层,再将每个能量层相应的相体积分成一个个相格,如图 6-6 所示,要确定系统的一个微观状态,需要确切地讲清每一个粒子的运动状态(即什么编码的粒子处在哪一个相格中),因此 N 个粒子的代表点按能量层 $\varepsilon_1, \varepsilon_2, \cdots, \varepsilon_i, \cdots$ 中相格的一种分配便是系统的一个微观态。

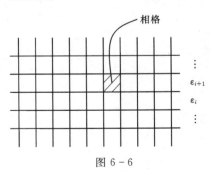

图 6-6

从宏观的角度看,确定给定宏观条件下系统的宏观状态并不需要详细知道处于某相格中的究竟是哪些具体粒子的代表点。例如孤立系,其宏观条件是总能量一定和总粒子数一定。这样,要确定其宏观态,只要知道每个能量层上的粒子数就可以了。即系统中 N 个粒子按能量层的一种分布(一套填充分布数)就是系统的一个宏观态。不同的分布(填充分布数)对应于不同的宏观态。

由上述讨论可见,系统的宏观态与微观态之间的关系为一个微观态对应于一个宏观态;一个宏观态对应于多个微观态。

那么,由 N 个全同的近独立粒子组成的孤立系(E 一定,N 一定,V 一定),其一个宏观态到底对应多少个微观态呢?由于组成系统的粒子的性质不同,这个数目是不一样的。

设 N 个粒子在各能级(能量层)的分布如下:

$$\varepsilon_1, \varepsilon_2, \cdots, \varepsilon_i, \cdots \qquad 能级(能量层)$$

$$g_1, g_2, \cdots, g_i, \cdots \qquad 简并度(相格数)$$

$$N_1, N_2, \cdots, N_i, \cdots \qquad 粒子数(代表点数)$$

根据第 5 章中式(5.1.8)、式(5.1.11)、式(5.1.13),一个宏观态(即粒子按能级的一种分布 $N_1, N_2, \cdots, N_i, \cdots$,用 $\{N_i\}$ 表示)所对应的微观状态数为

定域子或经典粒子系统

$$W_{M-B} = \frac{N!}{\prod\limits_i N_i!} \prod_i g_i^{N_i} \tag{6.2.2}$$

费米子系统

$$W_{F-D} = \prod_i \frac{g_i!}{N_i!(g_i - N_i)!} \tag{6.2.3}$$

玻色子系统

$$W_{B-E} = \prod_i \frac{(N_i + g_i - 1)!}{N_i!(g_i - 1)!} \tag{6.2.4}$$

如果在费米子系统或玻色子系统中,任一能级 ε_i 上的粒子数 N_i 均远小于该能级的量子态数(简并度)g_i,即

$$\frac{N_i}{g_i} \ll 1 \qquad (对所有的 i) \tag{6.2.5}$$

则式(6.2.3)可以近似化简为

$$
\begin{aligned}
W_{F-D} &= \prod_i \frac{g_i!}{N_i!(g_i - N_i)!} \\
&= \prod_i \frac{g_i \cdot (g_i - 1) \cdots (g_i - N_i + 1) \cdot (g_i - N_i)!}{N_i!(g_i - N_i)!} \\
&\approx \prod_i \frac{g_i^{N_i}}{N_i!} = \frac{W_{M-B}}{N!}
\end{aligned}
\tag{6.2.6}
$$

式(6.2.4)可以近似化简为

$$
\begin{aligned}
W_{B-E} &= \prod_i \frac{(g_i + N_i - 1)!}{N_i!(g_i - 1)!} \\
&= \prod_i \frac{(g_i + N_i - 1) \cdot (g_i + N_i - 2) \cdots (g_i + 1) \cdot g_i(g_i - 1)!}{N_i!(g_i - 1)!} \\
&\approx \prod_i \frac{g_i^{N_i}}{N_i!} = \frac{W_{M-B}}{N!}
\end{aligned}
\tag{6.2.7}
$$

式(6.2.5)通常称为非简并性条件,它意味着绝大多数量子态均未被占据。式(6.2.6)和式(6.2.7)则表明,当非简并性条件成立时,不论是费米子系统还是玻色子系统,与一个宏

观态相对应的微观态数都近似等于定域子系统（或经典系统）的微观态数除以 $N!$。

6.3　统计物理学的基本假设

6.3.1　等概率原理 —— 基本假设之一

由上节讨论可知，对于给定宏观条件下的某个热力学系统，一个微观态对应于一个宏观态，一个宏观态则对应于多个微观态。在某一时刻，这诸多的微观态中到底哪一个出现呢？

先看一个日常生活中的例子：投掷一枚两面对称的硬币，对投掷时究竟出现哪一面，影响因素是很多的，如"手的动作""桌面的性质"等，这些因素是变异的。而硬币两面对称是不变的因素。在少数几次试验中，变异的因素影响很大，它有时有利于一面出现，有时又有利于另一面出现。但在大量的实验中，这些变异因素产生的效果相互抵消，最终突出了"两面对称"这一不变因素的作用，致使硬币的两面以相等的概率出现。

对于满足一定宏观条件并处于平衡态的热力学系统来说，粒子间的碰撞、粒子与器壁的碰撞以及其他扰动等变异因素使系统在某时刻处于何种微观态完全是偶然的。但在平衡态时，就没有理由认为哪一个微观态比任何别的微观态更具有出现的优势。对此，玻尔兹曼在 19 世纪 70 年代提出了著名的等概率原理：对于处在平衡状态的孤立系统，系统各个可能的微观状态出现的概率是相等的。

几点说明。

（1）等概率原理是统计物理学的基本假设之一，它的正确性是由它的种种推论都与客观实际相符而得到肯定的。

（2）在同一宏观条件下，由于不同的宏观态所对应的微观态的数目是不同的，根据等概率原理可知，任一宏观态出现的概率正比于这一宏观态所对应的微观态的数目 W（就是 W_{M-B}，W_{F-D}，W_{B-E}），因此称 W 为这一宏观态的热力学概率。

（3）对应微观态数愈多的宏观态，热力学概率愈大，出现的机会愈多。对应微观状态数最多的宏观态，热力学概率最大，出现的机会最多，该宏观态称为最概然宏观态，该宏观态对应的分布 $\{N_i\}$ 称为最概然的分布。

（4）不论是近独立粒子系统还是粒子间有相互作用的系统，等概率原理都成立。

6.3.2　宏观量的观测值等于统计平均值 —— 基本假设之二

统计物理学的主要任务是从物质的微观结构和微观运动来说明物质的宏观性质。什么是宏观性质呢？就是热力学中那些可以观测的物理量，如密度、压强、内能、熵等。在统计物理学中怎么能不通过直接测量而求得这些物理量呢？

由于对任何宏观量的观测总是要在一段时间 Δt 中进行的。因此，观测到的宏观物理量 $A_{观测}$，实际上是在 Δt 内就系统经历的一切微观态所对应的微观量 $A(t)$ 取平均值 $\bar{A}$，称为时间平均值。其表达式为

$$A_{观测} = \bar{A} = \lim_{\Delta t \to \infty} \frac{1}{\Delta t} \int_t^{t+\Delta t} A(t)\mathrm{d}t \tag{6.3.1}$$

由上式可见,欲求得 $\overline{A}$,必须先求出 $A(t)$;欲求得 $A(t)$,就需要写出并在一定初始条件下求解系统的力学运动方程。对于一个具有大量自由度的宏观系统,这是不可能的。实际上,统计物理学所要解释的宏观性质是在一定的宏观条件下大量观测数值的平均结果。因此统计物理学所求的平均值将不是简单的时间平均值,而是在一定的宏观条件下对一切可能的微观态的平均值,即统计平均值。其表达式如下。

量子系统

$$\overline{A(t)} = \sum_s A_s P_s(t) \tag{6.3.2}$$

式中,$s = 1, 2, \cdots$ 标志系统的各个可能的微观态,$P_s(t)$ 表示在 t 时刻系统处在状态 s 的概率。$P_s(t)$ 满足归一化条件

$$\sum_s P_s(t) = 1 \tag{6.3.3}$$

经典系统

$$\overline{A(t)} = \iint A(q,p)\rho(q,p,t)\frac{\mathrm{d}q\mathrm{d}p}{h^f} \tag{6.3.4}$$

式中,f 是系统的自由度;q 和 p 代表系统所有的广义坐标和广义动量;$\mathrm{d}q\mathrm{d}p = \mathrm{d}q_1 \cdots \mathrm{d}q_f \mathrm{d}p_1 \cdots \mathrm{d}p_f$;$\rho(q,p,t)$ 称为概率密度,满足归一化条件

$$\iint \rho(q,p,t)\frac{\mathrm{d}q\mathrm{d}p}{h^f} = 1 \tag{6.3.5}$$

那么,时间平均值(宏观量的观测值)与统计平均值有什么关系呢?在统计物理学中引入第二个基本假设:宏观量的观测值等于统计平均值。

几点说明。

(1) 宏观量的观测是在宏观短而微观长的时间内进行的。微观长为能显示出观测量随时间的变化,宏观短为使观测值(平均值)具有稳定的数值。事实上,在通常所遇到的问题中,宏观短、微观长的条件是可以满足的。例如,气体在 0 ℃、1×10^5 Pa 的标准状况下,1 cm³ 体积内的分子在 1 s 内相互碰撞约 10^{29} 次;如果我们取一个 10^{-6} s 的时间,这个时间在宏观上看来已经是最够短了,但即使在很小的体积 10^{-9} cm³ 内,分子仍要碰撞 10^{14} 次,显然,在微观上看来,这个时间则是足够长了。

(2) 由于每一次观测都是在宏观短而微观长的时间内进行的,在观测中系统的微观态已经发生了很大的变化,所以多次观察的结果应该等于对一切可能的微观态的平均值,即基本假设二是合理的。

(3) 假设二正确与否只能由实践来验证。大量事实证明,这个假设是正确的。

思考题与习题

1. 何谓经典粒子、量子粒子、全同粒子、定域子、非定域子?
2. 何谓 μ 空间、相格、相格数?
3. 试举例说明量子描述向经典描述过渡的条件。
4. 一光子的能量 ε 与动量 p 的关系为 $\varepsilon = cp$,其中 c 为光速。若光子在容器 V 中自由运动,

试求其能量在 $\varepsilon \sim \varepsilon + \mathrm{d}\varepsilon$ 内的量子态数(对应每一个动量 p 有两个偏振方向)。

$\left[答案:\dfrac{8\pi V}{c^3 h^3}\varepsilon^2 \mathrm{d}\varepsilon\right]$

5. 已知二维谐振子的能量为 $\varepsilon = \dfrac{1}{2m}(p_x^2 + p_y^2) + \dfrac{1}{2}k(x^2 + y^2)$,试求其态密度。

$\left[答案:\dfrac{4\pi^2 m}{kh^2}\varepsilon\right]$

6. 何谓系统的微观状态、宏观状态?二者关系如何?

7. 何谓非简并性条件?非简并性条件成立时,费米子系统、玻色子系统与定域子系统三者的微观状态数有何关系?

8. 何谓等概率原理?其意义如何?

9. 何谓时间平均值?何谓统计平均值?二者有何关系?

最概然统计法

第 7 章

由上章讨论可知,系统的宏观性质由宏观物理量来表征,而宏观物理量由

$$\overline{A(t)} = \sum_s A_s P_s(t)$$

或

$$\overline{A(t)} = \iint A(q,p)\rho(q,p,t)\frac{\mathrm{d}q\mathrm{d}p}{h^f}$$

给出。由上面二式可见,因为 A_s 或 $A(q,p)$ 由力学规律给出,若要通过上式求得统计平均值 $\overline{A(t)}$,必须确定概率分布 $P_s(t)$ 或 $\rho(q,p,t)$,这是统计物理学最根本的问题。本章将用最概然统计法讨论由大量近独立的全同粒子组成的孤立系统处于平衡态时的统计理论。首先给出粒子按能级的分布规律和热力学量的统计表达式;然后将其应用于实际问题。

7.1 最概然统计法的理论基础

什么是最概然统计法呢?由上章的讨论可知,对应微观态最多的分布,热力学概率最大,出现的机会最多。在给定的宏观条件

$$N = \sum_i N_i = 恒量 \tag{7.1.1}$$

$$E = \sum_i \epsilon_i N_i = 恒量 \tag{7.1.2}$$

下,如果存在一种分布 $\{N_i\}$,它所对应的微观状态数比其余所有分布所对应的微观状态数的总和还要多得多,作为一种很好的近似,可以把这种概率最大的分布作为平衡态的唯一分布。因此,寻求系统平衡时各个单粒子能级上的分布就变为在各种分布中求对应微观状态数最多的分布,即 W 最大的分布。根据极值条件,当 W 值最大时,其变分 δW 应等于零;再利用以上约束条件式(7.1.1)和式(7.1.2)就可得出最概然分布公式,这种方法称为最概然统计法。

7.1.1 三种统计分布律

现在求三种系统的热力学概率 W,式(6.2.2)至式(6.2.4)取最概然值时所满足的条件。由于 $\ln W$ 随 W 的变化是单调的,为了方便起见,可以等价地讨论使 $\ln W$ 取极大值的分布。将式(6.2.2)至式(6.2.4)分别取对数,即得

$$\ln W_{M-B} = \ln N! + \sum_i N_i \ln g_i - \sum_i \ln N_i! \tag{7.1.3a}$$

$$\ln W_{F-D} = \sum_i \left[\ln g_i! - \ln N_i! - \ln(g_i - N_i!) \right] \tag{7.1.3b}$$

$$\ln W_{B-E} = \sum_i \left[\ln(N_i + g_i - 1)! - \ln N_i! - \ln(g_i - 1)! \right] \tag{7.1.3c}$$

在通常情况下,可以假定 $N_i \gg 1, g_i \gg 1$;对费米子系统还要求 $g_i > N_i$,且 $g_i - N_i \gg 1$。
应用斯特令公式 $\ln x! \approx x \ln x - x$,式(7.1.3) 简化为

$$\ln W_{M-B} = N \ln N - N + \sum_i N_i \ln g_i - \sum_i (N_i \ln N_i - N_i) \tag{7.1.4a}$$

$$\ln W_{F-D} = \sum_i \left[g_i \ln g_i - N_i \ln N_i - (g_i - N_i) \ln(g_i - N_i) \right] \tag{7.1.4b}$$

$$\ln W_{B-E} = \sum_i \left[(N_i + g_i) \ln(N_i + g_i) - N_i \ln N_i - g_i \ln g_i \right] \tag{7.1.4c}$$

为了求得 $\ln W$ 取最大值时的分布,令各 N_i 发生 δN_i 的变化,故 $\ln W$ 发生 $\delta \ln W$ 的变化。
使 $\ln W$ 取最大值的分布 $\{N_i\}$ 必使 $\delta \ln W = 0$,即

$$\delta \ln W_{M-B} = \sum_i \ln \frac{g_i}{N_i} \delta N_i = 0 \tag{7.1.5a}$$

$$\delta \ln W_{F-D} = \sum_i \ln \left(\frac{g_i}{N_i} - 1 \right) \delta N_i = 0 \tag{7.1.5b}$$

$$\delta \ln W_{B-E} = \sum_i \ln \left(\frac{g_i}{N_i} + 1 \right) \delta N_i = 0 \tag{7.1.5c}$$

为了方便起见,我们将上式右端的对数用一个函数 F_i 表示,则式(7.1.5)可统一写成

$$\delta \ln W = \sum_i F_i \delta N_i = 0 \tag{7.1.6}$$

上式中的 δN_i 不全是独立的,它们必须满足下列条件

$$\delta N = \sum_i \delta N_i = 0$$

$$\delta E = \sum_i \varepsilon_i \delta N_i = 0$$

用拉格朗日未定乘子 $(-\alpha)$ 和 $(-\beta)$ 分别乘两个式子,并与式(7.1.6)相加得

$$\sum_i (F_i - \alpha - \beta \varepsilon_i) \delta N_i = 0 \tag{7.1.7}$$

根据拉格朗日乘子法原理,由于每个 δN_i 的变化都是独立无关的,因此其系数都应等于
零,故得

$$F_i - \alpha - \beta \varepsilon_i = 0 \tag{7.1.8}$$

根据式(7.1.5),将 F_i 的具体形式代入,即得

麦克斯韦-玻尔兹曼分布($M-B$ 分布):

$$N_i = \frac{g_i}{e^{\alpha + \beta \varepsilon_i}} \tag{7.1.9}$$

费米-狄拉克分布($F-D$ 分布):

$$N_i = \frac{g_i}{e^{\alpha + \beta \varepsilon_i} + 1} \tag{7.1.10}$$

玻色-爱因斯坦分布($B-E$ 分布):

$$N_i = \frac{g_i}{e^{\alpha+\beta\varepsilon_i} - 1} \tag{7.1.11}$$

式(7.1.9)至式(7.1.11)分别是可区别粒子(经典粒子或定域子)、费米子和玻色子系统中粒子最概然分布公式,它们给出在最概然分布下处在能级(能层)ε_i的粒子数。能级ε_i有g_i个量子态(相格),根据等概率原理,每个量子态上的粒子数应当相同并等于

$M-B$ 分布:

$$f_s = e^{-\alpha-\beta\varepsilon_s} \tag{7.1.12}$$

$F-D$ 分布:

$$f_s = \frac{1}{e^{\alpha+\beta\varepsilon_s} + 1} \tag{7.1.13}$$

$B-E$ 分布:

$$f_s = \frac{1}{e^{\alpha+\beta\varepsilon_s} - 1} \tag{7.1.14}$$

其中 s 表示能量为 ε_s 的量子态。式(7.1.12)至式(7.1.14)式称为最概然分布公式。

几点讨论。

(1) 当式(7.1.9)至式(7.1.11)成立时,$\ln W$ 取极大值。以 $M-B$ 为例,对(7.1.5)第一式取二次变分得

$$\delta^2 \ln W_{M-B} = -\sum_i \frac{(\delta N_i)^2}{N_i} \tag{7.1.15}$$

由于 $N_i > 0, (\delta N_i)^2 > 0$,故 $\delta^2 \ln W_{M-B} < 0$,即 $\ln W_{M-B}$ 为极大值。

(2) 满足式(7.1.9)至式(7.1.11)的分布$\{N_i\}$是最概然分布。令 W 为最概然分布所对应的微观态数,$W+\Delta W$ 是与最概然分布稍有偏离的另一种分布$\{N_i+\delta N_i\}$所对应的微观态数。把 $\ln(W+\Delta W)$ 在 $\ln W$ 邻域展开成泰勒级数

$$\ln(W+\Delta W) = \ln W + \delta \ln W + \frac{1}{2}\delta^2 \ln W + \cdots$$

将式(7.1.5a)及式(7.1.15)代入,得

$$\ln(W+\Delta W) = \ln W - \frac{1}{2}\sum_i \frac{(\delta N_i)^2}{N_i}$$

假设这个分布与 $M-B$ 分布的相对偏差 $\delta N_i/N_i \approx 10^{-5}$,则

$$\ln \frac{W+\Delta W}{W} = -\frac{1}{2}\sum_i N_i \left(\frac{\delta N_i}{N_i}\right)^2 \approx -\frac{1}{2}10^{-10} N \tag{7.1.16}$$

对于 $N = 10^{23}$ 的宏观系统,可得 $\frac{W+\Delta W}{W} \approx \frac{1}{\exp(10^{13})} \approx 0$。可见,即使与最概然分布仅有极小偏差的分布,它的微观状态数与最概然分布的微观状态数相比已经微不足道。偏差越大,这个值越小。所以,对于宏观系统,在最概然分布处的微观状态数是一个非常尖锐的极大值,在它的一个极其微小的邻域内的分布所具有的微观状态数就几乎占据了全部的微观状态。因此,最概然分布完全可以代表系统真正的统计分布。

(3) 由式(7.1.10)和式(7.1.11)可见,如果满足条件

$$e^{\alpha} \gg 1 \tag{7.1.17}$$

则式(7.1.10)和式(7.1.11)分母中的 1 就可以忽略。这时 F-D 分布和 B-E 分布都过渡到 M-B 分布式(7.1.9)。当式(7.1.17)满足时,显然有 $N_i/g_i \ll 1$(对所有 i)。即任一量子态上的平均粒子数都远小于 1。这就是非简并性条件式(6.2.5)。

最后还应当说明,我们在导出最概然分布时,应用了 $N_i \gg 1, g_i \gg 1, g_i - N_i \gg 1$ 和斯特令公式等近似条件。这些条件往往不一定能满足,因此以上推导是有缺陷的,但其结论是正确的。

7.1.2 热力学量的统计表达式

1. 定域子系统

首先引入单粒子的配分函数。定域子系统满足 M-B 分布

$$N_i = g_i \mathrm{e}^{-\alpha - \beta \varepsilon_i}$$

将其代入 $N = \sum_i N_i$ 中得

$$N = \mathrm{e}^{-\alpha} \sum_i g_i \mathrm{e}^{-\beta \varepsilon_i}$$

令

$$Z = \sum_i g_i \mathrm{e}^{-\beta \varepsilon_i} \tag{7.1.18}$$

称为单粒子的配分函数,则

$$\mathrm{e}^{-\alpha} = \frac{N}{Z} \tag{7.1.19}$$

将上式代入 M-B 分布得

$$N_i = \frac{N}{Z} g_i \mathrm{e}^{-\beta \varepsilon_i} \tag{7.1.20}$$

或

$$P_i = \frac{N_i}{N} = \frac{1}{Z} g_i \mathrm{e}^{-\beta \varepsilon_i} \tag{7.1.21}$$

上式给出了在最概然分布下一个粒子处在能级 ε_i 的概率。

下面求热力学量的统计表达式。

(1)内能 —— 系统能量的平均值

$$U = \bar{E} = N\bar{\varepsilon} = N \sum_i \varepsilon_i \frac{N_i}{N} = \frac{N}{Z} \sum_i \varepsilon_i \mathrm{e}^{-\beta \varepsilon_i} g_i = \frac{N}{Z} \left(-\frac{\partial}{\partial \beta} \right) Z = -N \frac{\partial \ln Z}{\partial \beta} \tag{7.1.22}$$

(2)广义力和广义力的功

在 M-B 分布中的 ε_i 是外参量 $y_j,(j = 1, 2, \cdots)$ 的函数。今设外参量改变一微量 $\mathrm{d}y_j$,因而第 i 个能级上的能量 ε_i 发生改变

$$\varepsilon_i \to \varepsilon_i + \mathrm{d}\varepsilon_i = \varepsilon_i + \sum_j \frac{\partial \varepsilon_i}{\partial y_j} \mathrm{d}y_j \tag{7.1.23}$$

可以把这一改变看作是外界对于 i 能级上一个粒子作用的广义力

$$Y^i_j = \frac{\partial \varepsilon_i}{\partial y_j}, \quad (j = 1,2,\cdots) \tag{7.1.24}$$

在广义位移 $\mathrm{d}y_j$ 方向上所做的功引起的,即

$$\mathrm{d}\varepsilon_i = \sum_j \frac{\partial \varepsilon_i}{\partial y_j}\mathrm{d}y_j = \sum_j Y^i_j \mathrm{d}y_j \tag{7.1.25}$$

所以,外界作用于系统上的第 j 个广义力为

$$\overline{Y_j} = N\,\overline{Y^i_j} = N\sum_i Y^i_j \frac{N_i}{N} = \frac{N}{Z}\sum_i \frac{\partial \varepsilon_i}{\partial y_j}\mathrm{e}^{-\beta\varepsilon_i}g_i$$
$$= \frac{N}{Z}\left(-\frac{\partial Z}{\beta\partial y_j}\right) = -\frac{N}{\beta}\frac{\partial \ln Z}{\partial y_j} \tag{7.1.26}$$

系统的压强所对应的广义坐标为系统的体积 V,因此,系统对外界作用的压强为

$$p = \frac{N}{\beta}\frac{\partial \ln Z}{\partial V} \tag{7.1.26a}$$

外界对系统所做的微功为

$$\mathrm{d}W = \sum_j \overline{Y_j}\mathrm{d}y_j = -\frac{N}{\beta}\sum_j \frac{\partial \ln Z}{\partial y_j}\mathrm{d}y_j \tag{7.1.27}$$

(3) 熵

在热力学中曾指出,系统在过程中从外界吸收的热量与过程有关,因此 $\mathrm{d}Q$ 不是全微分,但 $\mathrm{d}Q$ 乘以 $1/T$(称为积分因子)可以得到全微分

$$\mathrm{d}S = \frac{1}{T}\mathrm{d}Q = \frac{1}{T}(\mathrm{d}U - \mathrm{d}W) \tag{7.1.28}$$

从统计物理学的角度,将式(7.1.22)和式(7.1.27)代入热力学第一定律,可得

$$\mathrm{d}Q = \mathrm{d}U - \mathrm{d}W = -N\mathrm{d}\left(\frac{\partial \ln Z}{\partial \beta}\right) + \frac{N}{\beta}\sum_j \frac{\partial \ln Z}{\partial y_j}\mathrm{d}y_j$$

为了与式(7.1.28)比较,用 β 乘以上式得

$$\beta\mathrm{d}Q = -N\beta\mathrm{d}\left(\frac{\partial \ln Z}{\partial \beta}\right) + N\sum_j \frac{\partial \ln Z}{\partial y_j}\mathrm{d}y_j = -N\mathrm{d}\left(\beta\frac{\partial \ln Z}{\partial \beta}\right) + N\left(\frac{\partial \ln Z}{\partial \beta}\mathrm{d}\beta + \sum_j \frac{\partial \ln Z}{\partial y_j}\mathrm{d}y_j\right)$$

因为 $Z = Z(y_1,y_2,\cdots,\beta)$,即 Z 是各外参量 $\{y_j\}$ 和 β 的函数,所以

$$\mathrm{d}\ln Z = \frac{\partial \ln Z}{\partial \beta}\mathrm{d}\beta + \sum_j \frac{\partial \ln Z}{\partial y_j}\mathrm{d}y_j$$

因此

$$\beta\mathrm{d}Q = N\mathrm{d}\left(\ln Z - \beta\frac{\partial \ln Z}{\partial \beta}\right) \tag{7.1.29}$$

上式右端已是全微分,说明 β 的作用与 $1/T$ 相同,β 也是 $\mathrm{d}Q$ 的积分因子。但 β 的量纲为 $[能量]^{-1}$,而 T 的量纲为$[度]$,β 与 $1/T$ 必定差一量纲为$[能量] \cdot [度]^{-1}$ 的系数 k,即

$$\beta = \frac{1}{kT} \tag{7.1.30}$$

上述的讨论对任何物质粒子都成立,所以 k 是一普适常数。在本章7.2节中将证明 k 就是玻尔兹曼常数。比较式(7.1.28)和式(7.1.29),并考虑式(7.1.30),得

$$\mathrm{d}S = Nk\mathrm{d}\left(\ln Z - \beta\frac{\partial \ln Z}{\partial \beta}\right)$$

积分得

$$S = Nk \left(\ln Z - \beta \frac{\partial \ln Z}{\partial \beta} \right) + S_0 \tag{7.1.31}$$

其中 S_0 为待定积分常数。

（4）其他热力学量

自由能

$$F = U - TS = -NkT \ln Z \tag{7.1.32}$$

焓

$$H = U + pV = -N \frac{\partial \ln Z}{\partial \beta} + \frac{NV}{\beta} \frac{\partial \ln Z}{\partial V} \tag{7.1.33}$$

吉布斯函数

$$G = U - TS + pV = -NkT \left(\ln Z - V \frac{\partial \ln Z}{\partial V} \right) \tag{7.1.34}$$

几点讨论。

（1）配分函数的性质和意义。

① 在式（7.1.18）中，$\sum\limits_i$ 是对所有的能级求和，g_i 是能级 i 的量子态数。可将式（7.1.18）改写成

$$Z = \sum_s e^{-\beta \epsilon_s} \tag{7.1.35}$$

其中 s 表示第 s 个量子态。上式中的 $\sum\limits_s$ 表示对所有的量子态求和，故 Z 称为粒子态和函数，通常称为单粒子配分函数。

② 根据式（7.1.21），某一粒子分别出现在两个能级 ϵ_i 和 ϵ_j 上的概率之比为

$$\frac{p_i}{p_j} = \frac{N_i}{N_j} = \frac{g_i e^{-\beta \epsilon_i}}{g_j e^{-\beta \epsilon_j}} \tag{7.1.36}$$

可见 $g_i e^{-\beta \epsilon_i}$ 为某粒子出现在能级 ϵ_i 上的相对概率。因此 $Z = \sum\limits_i g_i e^{-\beta \epsilon_i}$ 是粒子出现在各能级上的相对概率之和。同理 $e^{-\beta \epsilon_s}$（称为玻尔兹曼因子）为量子态 s 的相对概率，Z 也是各量子态的相对概率之和。

③ 配分函数 Z 是能量 ϵ_i 的函数，该能量包括粒子可能达到的全部能级，因此它必须包括所有运动形式的能量。例如双原子气体分子的能量可表为

$$\epsilon_i = \epsilon_t(平动) + \epsilon_r(转动) + \epsilon_v(振动) \tag{7.1.37}$$

相应于这些能级的简并度为

$$g_i = g_t \cdot g_r \cdot g_v \tag{7.1.38}$$

因此，配分函数可表为

$$Z = \sum_i e^{-\beta \epsilon_i} g_i = \sum_t e^{-\beta \epsilon_t} g_t \cdot \sum_r e^{-\beta \epsilon_r} g_r \cdot \sum_v e^{-\beta \epsilon_v} g_v = Z_t \cdot Z_r \cdot Z_v \tag{7.1.39}$$

这个结果称为配分函数的析因性。

④ 由各热力学量的统计表达式知，只要求出配分函数 Z，就可求得各热力学量，以致系统在平衡态的全部热力学性质都可确定。可见，配分函数具有特性函数的作用。若已知粒子

的能级和相应的简并度,就可通过式(7.1.18)求出 Z。

(2)由本章7.2节可知,对非定域子系统,配分函数是广延量,而 $\ln Z$ 既非强度量,又非广延量。因此式(7.1.31)表示的熵以及式(7.1.32)和式(7.1.34)分别表示的自由能和吉布斯函数都不满足广延量的要求。为了得到合理的结果,吉布斯建议在式(7.1.31)中加一项 $(-k\ln N!)$,再利用斯特令公式,可得

$$S = Nk\left(\ln Z - \beta\frac{\partial\ln Z}{\partial\beta}\right) - k\ln N! = Nk\left(\ln\frac{\mathrm{e}Z}{N} - \beta\frac{\partial\ln Z}{\partial\beta}\right) \tag{7.1.40}$$

式(7.1.40)中,因 $\mathrm{e}Z/N$ 是强度量,所以 $\ln(\mathrm{e}Z/N)$ 是强度量,因而保证了 S 的广延性。同理,在式(7.1.32)和式(7.1.34)中分别加一项 $(kT\ln N!)$,并考虑斯特令公式,可得

$$F = -NkT\ln\frac{\mathrm{e}Z}{N} \tag{7.1.41}$$

$$G = -NkT\left[\ln\frac{\mathrm{e}Z}{N} - V\frac{\partial\ln Z}{\partial V}\right] \tag{7.1.42}$$

可见,式(7.1.41)和式(7.1.42)都满足广延量的要求。

(3)在式(7.1.31)中加入 $(-k\ln N!)$ 与在式(7.1.32)和式(7.1.34)中加入 $(kT\ln N!)$ 可以这样理解:由于微观粒子是全同的,不可分辨的,因此对于在各个单粒子态上的任何一种分布,对调两个单粒子态上的粒子,系统实际上不出现新的态,而在玻尔兹曼统计中计算微观态数时,把粒子当作是有区别的,所有这些粒子对调都当作是不同的微观态,因而做了过多的计算。如果 N 个粒子占据的单粒子态都不相同,则同一个态在计算中就重复了 $N!$ 次。所以,为了得到合理的结果,做出了以上的修正。

2. 费米子系统和玻色子系统

将 F-D 分布和 B-E 分布合并写成

$$N_i = \frac{g_i}{\mathrm{e}^{\alpha+\beta\varepsilon_i}\pm 1} \tag{7.1.43}$$

式中,"+"对应 F-D 分布;"—"对应 B-E 分布。再将上式分别代入式(7.1.1)和式(7.1.2)分别可得

$$N = \sum_i N_i = \sum_i \frac{g_i}{\mathrm{e}^{\alpha+\beta\varepsilon_i}\pm 1} \tag{7.1.44}$$

$$E = \sum_i E_i = \sum_i \frac{\varepsilon_i g_i}{\mathrm{e}^{\alpha+\beta\varepsilon_i}\pm 1} \tag{7.1.45}$$

该两式中的 4 个量 N、E、α 和 β 可以这样理解:

(1)若系统是孤立系,即给定了 N 和 E,则由该两式可确定 α 和 β。

(2)若系统是闭系,即给定了 N 和 β,则由该两式可确定 α 和系统的平均能量 E。经典系统和定域子系统的热力学量就是这样给出的。

(3)若系统是开系,即给定了 α 和 β,则由该两式可确定系统的粒子数 N 和能量的平均值 E。

下面根据第(3)种理解来求费米子和玻色子系统的热力学量的统计表达式。为此,引入函数

$$\tilde{Z} = \prod_i \tilde{Z}_i = \prod_i (1\pm\mathrm{e}^{-\alpha-\beta\varepsilon_i})^{\pm g_i} \tag{7.1.46}$$

$\widetilde{Z}$ 称为巨配分函数。$\widetilde{Z}$ 的对数为

$$\ln\widetilde{Z} = \sum_i \pm g_i \ln(1 \pm e^{-\alpha-\beta\varepsilon_i}) = \sum_s \pm \ln(1 \pm e^{-\alpha-\beta\varepsilon_s}) \qquad (7.1.47)$$

式中,"$+$" 是费米子系统;"$-$" 是玻色系统;$\sum_i$ 是对所有能级求和;$\sum_s$ 是对所有量子态求和;ε_s 仅表示能级 i 上 s 态的能量,其大小等于 ε_i。

(1) 总粒子数的平均值

$$\overline{N} = \sum_i N_i = \sum_i \frac{g_i}{e^{\alpha+\beta\varepsilon_i} \pm 1}$$

因为

$$\frac{\partial\ln\widetilde{Z}}{\partial\alpha} = \sum_i (\pm)g_i \frac{(\pm)\cdot(-1)e^{-\alpha-\beta\varepsilon_i}}{1 \pm e^{-\alpha-\beta\varepsilon_i}} = -\sum_i \frac{g_i}{e^{\alpha+\beta\varepsilon_i} \pm 1} = -\overline{N}$$

所以

$$\overline{N} = -\frac{\partial\ln\widetilde{Z}}{\partial\alpha} \qquad (7.1.48)$$

(2) 内能 —— 系统能量的平均值

$$U = \overline{E} = \sum_i \varepsilon_i N_i = \sum_i \frac{\varepsilon_i g_i}{e^{\alpha+\beta\varepsilon_i} \pm 1}$$

因为

$$\frac{\partial\ln\widetilde{Z}}{\partial\beta} = \sum_i (\pm)g_i \frac{(\pm)(-\varepsilon_i)e^{-\alpha-\beta\varepsilon_i}}{1 \pm e^{-\alpha-\beta\varepsilon_i}} = -\sum_i \frac{\varepsilon_i g_i}{e^{\alpha+\beta\varepsilon_i} \pm 1} = -U$$

所以

$$U = -\frac{\partial\ln\widetilde{Z}}{\partial\beta} \qquad (7.1.49)$$

(3) 广义力和广义力的功

与定域子系统的情况类似,外界作用于系统的第 j 个广义力为

$$\overline{Y}_j = \sum_i Y_j^i N_i = \sum_i \frac{g_i}{e^{\alpha+\beta\varepsilon_i} \pm 1} \frac{\partial\varepsilon_i}{\partial y_j}$$

因为 $\varepsilon_i = \varepsilon_i(\{y_j\}), j = 1,2,\cdots$。所以

$$\frac{\partial\ln\widetilde{Z}}{\partial y_j} = \sum_i (\pm)g_i \frac{(\pm)\cdot(-\beta)}{1 \pm e^{-\alpha-\beta\varepsilon_i}} \cdot e^{-\alpha-\beta\varepsilon_i} \left(\frac{\partial\varepsilon_i}{\partial y_j}\right) = -\beta\sum_i \frac{g_i}{e^{\alpha+\beta\varepsilon_i} \pm 1} \frac{\partial\varepsilon_i}{\partial y_j} = -\beta\overline{Y}_j$$

因此

$$\overline{Y}_j = -\frac{1}{\beta} \frac{\partial\ln\widetilde{Z}}{\partial y_j} \qquad (7.1.50)$$

系统的压强为

$$p = \frac{1}{\beta} \frac{\partial\ln\widetilde{Z}}{\partial V} \qquad (7.1.51)$$

外界对系统所做的微功为

$$dW = \sum_j \bar{Y}_j dy_j = -\frac{1}{\beta} \sum_j \frac{\partial \ln \tilde{Z}}{\partial y_j} dy_j \qquad (7.1.52)$$

（4）熵

从统计物理学的角度看

$$\beta(dU - \sum_j \bar{Y}_j dy_j) = \beta \left[-d\left(\frac{\partial \ln \tilde{Z}}{\partial \beta}\right) + \frac{1}{\beta} \sum_j \frac{\partial \ln \tilde{Z}}{\partial y_j} dy_j \right]$$

$$= -d\left(\beta \frac{\partial \ln \tilde{Z}}{\partial \beta}\right) + \frac{\partial \ln \tilde{Z}}{\partial \beta} d\beta + \sum_j \frac{\partial \ln \tilde{Z}}{\partial y_j} dy_j$$

由于

$$\tilde{Z} = \tilde{Z}(\alpha, \beta, y_1, y_2 \cdots)$$

所以

$$d\ln \tilde{Z} = \frac{\partial \ln \tilde{Z}}{\partial \alpha} d\alpha + \frac{\partial \ln \tilde{Z}}{\partial \beta} d\beta + \sum_j \frac{\partial \ln \tilde{Z}}{\partial y_j} dy_j$$

因此

$$\beta(dU - \sum_j \bar{Y}_j dy_j) = -d\left(\beta \frac{\partial \ln \tilde{Z}}{\partial \beta}\right) + d\ln \tilde{Z} - \frac{\partial \ln \tilde{Z}}{\partial \alpha} d\alpha$$

$$= d\ln \tilde{Z} - d\left(\beta \frac{\partial \ln \tilde{Z}}{\partial \beta}\right) - d\left(\alpha \frac{\partial \ln \tilde{Z}}{\partial \alpha}\right) + \alpha d\left(\frac{\partial \ln \tilde{Z}}{\partial \alpha}\right)$$

利用式（7.1.48），并将上式右端最后一项移至左端，可有

$$\beta\left(dU - \sum_j \bar{Y}_j dy_j + \frac{\alpha}{\beta} d\bar{N}\right) = d\left[\ln \tilde{Z} - \beta \frac{\partial \ln \tilde{Z}}{\partial \beta} - \alpha \frac{\partial \ln \tilde{Z}}{\partial \alpha} \right]$$

上式两端同乘以 k，即得

$$k\beta\left(dU - \sum_j \bar{Y}_j dy_j + \frac{\alpha}{\beta} d\bar{N}\right) = d\left[k\left(\ln \tilde{Z} - \beta \frac{\partial \ln \tilde{Z}}{\partial \beta} - \alpha \frac{\partial \ln \tilde{Z}}{\partial \alpha} \right) \right]$$

与开系的热力学方程

$$\frac{1}{T}\left(dU - \sum_j \bar{Y}_j dy_j - \mu d\bar{N}\right) = dS$$

比较，可得

$$\beta = \frac{1}{kT} \qquad (7.1.53)$$

$$\alpha = -\frac{\mu}{kT} \qquad (7.1.54)$$

$$S = k\left(\ln \tilde{Z} - \beta \frac{\partial \ln \tilde{Z}}{\partial \beta} - \alpha \frac{\partial \ln \tilde{Z}}{\partial \alpha} \right) + S_0 \qquad (7.1.55)$$

（5）巨热力学势

$$J = F - \mu\bar{N} = U - TS - \mu\bar{N} = -kT\ln \tilde{Z} + J_0 \qquad (7.1.56)$$

注意，这里是用粒子数 $\bar{N}$ 表示物质的量，化学势 μ 应理解为使系统增加一个粒子对热力

学量的贡献。

几点说明。

(1) 由式(7.1.53)可见,拉格朗日乘子 β 仅与系统平衡时的温度 T 有关,而与系统的粒子数和其他性质无关。因此,β 也表征着系统的热平衡性质,具有和温度相当的意义。

(2) 由式(7.1.54)可见拉格朗日乘子 α 不仅与系统平衡时的温度有关,还与一个粒子的平均化学势 μ 有关,即与物质的性质有关。当给定的参量是 N,T,V 时,在式(7.1.48)中令 $\bar{N} = N$,就可解出 $\alpha = \alpha(N,T,V)$。

(3) 由上述讨论可见,如果求得巨配分函数的对数,就可求得系统的所有热力学函数,从而确定系统的全部热力学性质。所以,在费米子系统和玻色子系统中,巨配分函数的对数具有特性函数的作用。若已知粒子的能级和相应的简并度,就可通过式(7.1.47)求出 $\ln\tilde{Z}$。

3. 熵的统计意义

对经典系统和定域子系统的微观状态数式(6.2.2)两端取对数,并利用斯特令公式可得

$$\ln W_{M\text{-}B} = N\ln N - \sum_I N_i \ln N_i + \sum_i N_i \ln g_i$$

根据式(7.1.20),有

$$\ln N_i = \ln N - \ln Z + \ln g_i - \beta\varepsilon_i$$

因此

$$\ln W_{M\text{-}B} = N\ln Z - N\beta\frac{\partial \ln Z}{\partial \beta}$$

将上式与式(7.1.40)比较,得

$$S = k\ln\frac{W_{M\text{-}B}}{N!} \tag{7.1.57}$$

在推导上式的过程中,我们用了最概然分布式(7.1.20),所以此式中的微观态数 $W_{M\text{-}B}/N!$ 是最大值。若 N_i 不满足最概然分布式(7.1.20),则微观态数(用 W 表之)也就不是最大值。因此,任意宏观态的熵可表为

$$S = k\ln W \tag{7.1.58}$$

此式称为玻尔兹曼关系。它表明系统在某个宏观态的熵等于玻尔兹曼常数 k 乘以相应微观态数的对数。

几点讨论。

(1) 玻尔兹曼关系表明,系统某一宏观态熵的大小,反映出该宏观态所对应的微观态数目的多少,而微观态个数的多少则反映了系统"无序度"或"混乱度"的大小,因此,熵是系统无序程度的量度。熵大,无序度大;熵小,无序度小。反之亦然。

(2) 由热力学可知,宏观系统的自发过程(不可逆过程)总是由非平衡趋向平衡,熵值由小趋大,最后达到最大。玻尔兹曼关系指出,不可逆过程中熵的增加,乃是从微观态数少的分布变向微观态数多的分布所致;平衡态的熵最大,这是平衡态对应的微观态数最多的缘故。

(3) 由于最概然分布并非系统的唯一分布,因此在最概然分布附近发生涨落是不可避免

的;相应地,熵也会发生涨落。所以,从统计物理学的角度来看,熵增加原理不是必然的,它带有概率性。但对于任何宏观系统,在宏观上可觉察的涨落出现的概率是如此之小,以致热力学对不可逆过程所做的论断依然有效。

(4) 与式(7.1.57) 的导出类似,对费米子系统和玻色子系统分别有

$$S = k\ln W_{F\text{-}D} \tag{7.1.59}$$

$$S = k\ln W_{B\text{-}E} \tag{7.1.60}$$

可见,熵和系统的微观态数的关系与组成系统的粒子性质无关,差别仅是如何计算微观态数。请读者自行推导式(7.1.59) 和式(7.1.60)。

(5) 玻尔兹曼关系将宏观熵与微观态数联系了起来,架起了宏观与微观之间的桥梁。

7.1.3　三种分布与经典分布

1. 三种分布与经典分布的关系

由前面讨论可知,确定系统的平衡性质问题归结为计算其配分函数(或巨配分函数的对数)。要计算系统的配分函数,首先要确定单粒子的能级和相应的简并度,其次要完成求和。一般地说,这两步工作都不是简单的事情。假如在所讨论的问题中,可以应用 $M\text{-}B$ 分布,而且粒子的能级非常密集,任意两个相邻能级的能差 $\Delta\varepsilon$ 都远小于 kT,即

$$\frac{\Delta\varepsilon}{kT} \ll 1 \tag{7.1.61}$$

则粒子的能量变化可看作是连续的,此时普朗克常数的作用已很小,可用经典方法处理问题,这时的 $M\text{-}B$ 分布称为经典分布。即

$$\boxed{M\text{-}B \text{ 分布}} \xrightarrow{\frac{\Delta\varepsilon}{kT} \ll 1} \boxed{\text{经典分布}}$$

另一方面,由式(7.1.9) 至式(7.1.11) 知,当 $e^\alpha \gg 1$ 或 $N_i/g_i \ll 1$ 成立时,$F\text{-}D$ 分布和 $B\text{-}E$ 分布都分别过渡到 $M\text{-}B$ 分布。综合上述,$F\text{-}D$ 分布、$B\text{-}E$ 分布、$M\text{-}B$ 分布及经典分布之间的关系如下面所示。

$$\boxed{\begin{array}{c} F\text{-}D \text{ 分布} \\ B\text{-}E \text{ 分布} \end{array}} \xrightarrow{e^\alpha \gg 1} \boxed{M\text{-}B \text{ 分布}} \xrightarrow{\frac{\Delta\varepsilon}{kT} \ll 1} \boxed{\text{经典分布}}$$

几点说明。

(1) 式(7.1.61) 成立时,描述粒子的状态可以在 μ 空间内进行。粒子的能量由它的状态决定,即

$$\varepsilon_i \Rightarrow \varepsilon(q_1, \cdots, q_r; p_1, \cdots, p_r) \tag{7.1.62}$$

粒子能级的简并度过渡为连续情形的表示

$$g_i \Rightarrow g(\varepsilon)\mathrm{d}\varepsilon = \int_\varepsilon^{\varepsilon+\mathrm{d}\varepsilon} \frac{\mathrm{d}\omega}{h^r} \tag{7.1.63}$$

其中 $\mathrm{d}\omega = \mathrm{d}q_1\cdots\mathrm{d}q_r \cdot \mathrm{d}p_1\cdots\mathrm{d}p_r$。

单粒子的配分函数式(7.1.18)变为

$$Z = \int\cdots\int e^{-\beta\varepsilon(q\cdot p)}\,\frac{\mathrm{d}q_1\cdots\mathrm{d}q_r \cdot \mathrm{d}p_1\cdots\mathrm{d}p_r}{h^r} \tag{7.1.64}$$

（2）按照量子理论，$\Delta\varepsilon/kT \ll 1$ 表示能量量子化不重要，$e^\alpha \gg 1$ 或 $(N_i/g_i) \ll 1$ 表示粒子全同性不重要，但二者本质上都是指微观粒子的波动性不显著，普朗克常数的作用可以忽略。

（3）$\Delta\varepsilon/(kT) \ll 1$ 与 $e^\alpha \gg 1$ 适用的范围不同，就是说，二者并不总是同时成立的。

（4）不论是量子描述还是经典描述，热力学量的统计表达式都保持不变。

2. 非简并性条件

现将非简并性条件 $e^\alpha \gg 1$ 具体化。假定玻色子或费米子的能量可表示为

$$\varepsilon = \frac{1}{2m}(p_x^2 + p_y^2 + p_z^2)$$

根据式(6.1.6)，体积 V 内粒子的能量介于 ε 和 $\varepsilon + \mathrm{d}\varepsilon$ 之间的量子态数为

$$g(\varepsilon)\mathrm{d}\varepsilon = \frac{2\pi V}{h^3}j\,(2m)^{3/2}\varepsilon^{1/2}\,\mathrm{d}\varepsilon \tag{7.1.65}$$

其中 j 是粒子自旋状态的简并度。所以，系统的总粒子数可表为

$$N = e^{-\alpha}\int_0^\infty e^{-\varepsilon/(kT)}\frac{2\pi V}{h^3}j\,(2m)^{3/2}\varepsilon^{1/2}\,\mathrm{d}\varepsilon = e^{-\alpha}\frac{2\pi V}{h^3}j\,(2m)^{3/2}\int_0^\infty e^{-\varepsilon/(kT)}\varepsilon^{1/2}\,\mathrm{d}\varepsilon$$

令 $\varepsilon = x^2$，则 $\mathrm{d}\varepsilon = 2x\mathrm{d}x$，故

$$N = e^{-\alpha}\frac{4\pi V}{h^3}j\,(2m)^{3/2}\int_0^\infty e^{-x^2/(kT)}x^2\,\mathrm{d}x$$

求积分（参阅附录 4 积分公式）得

$$N = e^{-\alpha}Vj\left(\frac{2\pi mkT}{h^2}\right)^{3/2}$$

即

$$e^\alpha = \frac{V}{N}j\left(\frac{2\pi mkT}{h^2}\right)^{3/2} \tag{7.1.66}$$

可见，为了保证 $e^\alpha \gg 1$，即

$$\left(\frac{h^2}{2\pi mkT}\right)^{3/2}\frac{N}{jV} \ll 1 \tag{7.1.67}$$

必须有：① 温度高；② 密度 $n = N/V$ 小；③m 大。即由高温、低密度、大质量的粒子组成的系统才能满足非简并性条件。

定义简并温度 T^*

$$T^* = \left(\frac{h^2}{2\pi mk}\right)n^{2/3} \tag{7.1.68}$$

则条件 $e^\alpha \gg 1$ 可以写为

$$T \gg T^* \tag{7.1.69}$$

于是，对于给定的气体系统，由它的粒子数密度可以判断它的简并温度 T^*。如果系统所处的温度 T 比 T^* 高很多，则 $M-B$ 分布适用；反之，必须按气体分子的特性分别采用 $F-$

D 分布或 $B-E$ 分布。例如,单价金属中的自由电子气,已知电子质量 $m_e = 9.1 \times 10^{-28}$ g,电子密度 $n_e = 6 \times 10^{22}$ / cm³,代入式(7.1.67),可知直到 $T = 2000 \sim 3000$ K 仍不成立。所以对金属中的自由电子气来说,在常温下必须采用 $F-D$ 分布。而对半导体材料,其电子密度 $n_e = 10^{14}$ / cm³,在室温 $T \approx 300$ K 下,就有 $e^\alpha \approx 2 \times 10^4 \gg 1$。所以半导体中的自由电子气不必采用 $F-D$ 分布,而可直接用 $M-B$ 分布,又知,对氦原子,它的质量 $m_e = 6.47 \times 10^{-23}$ g,原子数密度达 $n = 10^{22}$ / cm³,可得 $T^* = 0.5$ K,因此在通常温度下,$M-B$ 分布总是适用的。计算表明,在通常温度下,一般由原子、分子组成的气体,$M-B$ 分布都是适用的。

7.2 麦克斯韦-玻尔兹曼分布的应用

7.2.1 单原子分子理想气体的热力学函数

由 7.1 节的讨论可知,一般气体(除 He 外)都满足非简并性条件 $e^\alpha \gg 1$,因而遵从 $M-B$ 分布。在统计物理学中,将单原子分子看作没有内部结构的质点。在没有外场且可以忽略分子之间的相互作用时,分子的运动就是在容器内的自由运动。根据上一章的讨论可知,在宏观大小的容器内,自由粒子的平均能量是准连续的,即 $\Delta\varepsilon_n/\varepsilon_n \ll 1$。因此,我们可用经典的 $M-B$ 分布讨论单原子分子理想气体的问题。

假定被研究的理想气体含有 N 个分子,占有的体积是 V。单原子分子有 3 个力学自由度,μ 空间的体积元 $\mathrm{d}\omega = \mathrm{d}x\mathrm{d}y\mathrm{d}z\mathrm{d}p_x\mathrm{d}p_y\mathrm{d}p_z$,每个单原子分子能量的经典表达式为

$$\varepsilon = \frac{1}{2m}(p_x^2 + p_y^2 + p_z^2)$$

代入式(7.1.64),可得单粒子的配分函数为

$$Z = \frac{1}{h^3}\int\cdots\int e^{-\beta(p_x^2+p_y^2+p_z^2)/2m}\mathrm{d}p_x\mathrm{d}p_y\mathrm{d}p_z\mathrm{d}x\mathrm{d}y\mathrm{d}z \tag{7.2.1}$$

上式积分可表示为

$$Z = \frac{1}{h^3}\iiint\mathrm{d}x\mathrm{d}y\mathrm{d}z\int_{-\infty}^{\infty}e^{-\beta p_x^2/2m}\mathrm{d}p_x\int_{-\infty}^{\infty}e^{-\beta p_y^2/2m}\mathrm{d}p_y\int_{-\infty}^{\infty}e^{-\beta p_z^2/2m}\mathrm{d}p_z$$

将积分求出(阅附录 4),即得

$$Z = V\left(\frac{2\pi m}{\beta h^2}\right)^{3/2} \tag{7.2.2}$$

可见配分函数 Z 是一广延量。

将式(7.2.2)代入式(7.1.26a),可以求得理想气体的压强为

$$p = \frac{N}{\beta}\frac{\partial \ln Z}{\partial V} = \frac{N}{\beta V} \tag{7.2.3}$$

即理想气体的状态方程。与由实验得到的理想气体状态方程 $pV = NkT$ 比较,有 $\beta = 1/kT$。这里的 k 是玻尔兹曼常数。

将式(7.2.2)代入式(7.1.22),可以求得理想气体的内能为

$$U = -N\frac{\partial \ln Z}{\partial \beta} = \frac{3}{2}NkT \tag{7.2.4}$$

这个结果是早已熟知的。

将式(7.2.2)代入式(7.1.40),可以求得理想气体的熵为

$$S = \frac{3}{2}Nk\ln T + Nk\ln\frac{V}{N} + \frac{3}{2}Nk\left[\frac{5}{3} + \ln\left(\frac{2\pi mk}{h^2}\right)\right] \tag{7.2.5}$$

由上式求得的熵值与根据热容量等实验数据求得的熵值符合得很好。

7.2.2 分子的速度分布和位置分布

对于多原子分子,如果我们把分子的质心能量分离出来,则

$$\varepsilon = \frac{1}{2m}\boldsymbol{p}^2 + V(\boldsymbol{r}) + \varepsilon^i = \varepsilon^t + \varepsilon^i, \quad g_i = g^t \cdot g^i = \frac{\mathrm{d}\boldsymbol{r}\mathrm{d}\boldsymbol{p}}{h^3}g^i \tag{7.2.6}$$

这里 $\boldsymbol{r}$ 和 $\boldsymbol{p}$ 是分子质心的坐标和动量,ε^i 和 g^i 是其余自由度的能量和简并度。于是,不论其余自由度的情况如何,欲要求质心落在区间$(\boldsymbol{r}, \boldsymbol{r}+\mathrm{d}\boldsymbol{r})$ 和 $(\boldsymbol{p}, \boldsymbol{p}+\mathrm{d}\boldsymbol{p})$ 内的分子数 $\mathrm{d}N$,则可把式(7.2.6)代入式(7.1.20),并对其余自由度的各种状态求和而得到,即

$$\mathrm{d}N\,{}_{\substack{(\boldsymbol{r}, \boldsymbol{r}+\mathrm{d}\boldsymbol{r})\\(\boldsymbol{p}, \boldsymbol{p}+\mathrm{d}\boldsymbol{p})}} = \frac{N}{Z}\mathrm{e}^{-\beta\varepsilon^t}\frac{\mathrm{d}\boldsymbol{r}\mathrm{d}\boldsymbol{p}}{h^3}\sum_i g^i \mathrm{e}^{-\beta\varepsilon^i}$$

由于

$$Z = \iint \mathrm{e}^{-\beta\varepsilon^t}\frac{\mathrm{d}\boldsymbol{r}\mathrm{d}\boldsymbol{p}}{h^3}\sum_i g^i \mathrm{e}^{-\beta\varepsilon^i}$$

所以

$$\mathrm{d}N\,{}_{\substack{(\boldsymbol{r}, \boldsymbol{r}+\mathrm{d}\boldsymbol{r})\\(\boldsymbol{p}, \boldsymbol{p}+\mathrm{d}\boldsymbol{p})}} = N\frac{\mathrm{e}^{-\beta\varepsilon^t}\mathrm{d}\boldsymbol{r}\mathrm{d}\boldsymbol{p}}{\iint \mathrm{e}^{-\beta\varepsilon^t}\mathrm{d}\boldsymbol{r}\mathrm{d}\boldsymbol{p}}$$

或每个分子质心处于区间$(\boldsymbol{r}, \boldsymbol{r}+\mathrm{d}\boldsymbol{r})$、$(\boldsymbol{p}, \boldsymbol{p}+\mathrm{d}\boldsymbol{p})$ 内的概率为

$$\mathrm{d}W\,{}_{\substack{(\boldsymbol{r}, \boldsymbol{r}+\mathrm{d}\boldsymbol{r})\\(\boldsymbol{p}, \boldsymbol{p}+\mathrm{d}\boldsymbol{p})}} = \mathrm{d}N\,{}_{\substack{(\boldsymbol{r}, \boldsymbol{r}+\mathrm{d}\boldsymbol{r})\\(\boldsymbol{p}, \boldsymbol{p}+\mathrm{d}\boldsymbol{p})}}/N = \frac{\mathrm{e}^{-\beta p^2/2m}\mathrm{d}\boldsymbol{p}\cdot \mathrm{e}^{-\beta V(r)}\mathrm{d}\boldsymbol{r}}{\int \mathrm{e}^{-\beta p^2/2m}\mathrm{d}\boldsymbol{p}\int \mathrm{e}^{-\beta V(r)}\mathrm{d}\boldsymbol{r}} \tag{7.2.7}$$

上式表明,分子按动量的概率分布与按坐标的概率分布是相乘的关系,即两者是相互独立事件。

如果只求分子质心的动量落在$(\boldsymbol{p}, \boldsymbol{p}+\mathrm{d}\boldsymbol{p})$ 以内的概率,则可将式(7.2.7)对 $\boldsymbol{r}$ 积分求得,即

$$\begin{aligned}
\mathrm{d}W_{(\boldsymbol{p}, \boldsymbol{p}+\mathrm{d}\boldsymbol{p})} &= \int_r \mathrm{d}W\,{}_{\substack{(\boldsymbol{r}, \boldsymbol{r}+\mathrm{d}\boldsymbol{r})\\(\boldsymbol{p}, \boldsymbol{p}+\mathrm{d}\boldsymbol{p})}} = \frac{\mathrm{e}^{-\beta p^2/(2m)}\mathrm{d}\boldsymbol{p}}{\int \mathrm{e}^{-\beta p^2/(2m)}\mathrm{d}\boldsymbol{p}} \\
&= \frac{\mathrm{e}^{-\beta(p_x^2+p_y^2+p_z^2)/(2m)}\mathrm{d}p_x\mathrm{d}p_y\mathrm{d}p_z}{\displaystyle\iiint_{-\infty}^{\infty} \mathrm{e}^{-\beta(p_x^2+p_y^2+p_z^2)/(2m)}\mathrm{d}p_x\mathrm{d}p_y\mathrm{d}p_z} \\
&= \left(\frac{1}{2\pi mkT}\right)^{3/2}\mathrm{e}^{-p^2/(2mkT)}\mathrm{d}p_x\mathrm{d}p_y\mathrm{d}p_z
\end{aligned} \tag{7.2.8}$$

做变量代换 $p_x = mv_x$、$p_y = mv_y$、$p_z = mv_z$,可得分子按速度的概率分布

$$\mathrm{d}W_{(v, v+\mathrm{d}v,)} = \left(\frac{m}{2\pi kT}\right)^{3/2}\mathrm{e}^{-mv^2/(2kT)}\mathrm{d}v_x\mathrm{d}v_y\mathrm{d}v_z \tag{7.2.9}$$

这就是我们熟知的麦克斯韦速度分布律。以球坐标的速度体元 $v^2\,\mathrm{d}v\sin\theta\mathrm{d}\theta\mathrm{d}\varphi$ 代替直角坐标的速度体元 $\mathrm{d}v_x\mathrm{d}v_y\mathrm{d}v_z$，并对 θ,φ 积分，可得麦克斯韦速率分布律

$$\mathrm{d}W_{(v,v+\mathrm{d}v)} = 4\pi\left(\frac{m}{2\pi kT}\right)^{3/2}\mathrm{e}^{-mv^2/(2kT)}v^2\,\mathrm{d}v \tag{7.2.10}$$

如果待求的是分子质心在外场中按位置的概率分布而不问其速度如何，则可将式（7.2.7）对动量 p 进行积分求得，即

$$\mathrm{d}W_{(r,r+\mathrm{d}r)} = \int_p \mathrm{d}N^{(r,r+\mathrm{d}r)}_{(p,p+\mathrm{d}p)}/N = \frac{\mathrm{e}^{-V(r)/kT}\,\mathrm{d}r}{\int \mathrm{e}^{-V(r)/kT}\mathrm{d}r} = \frac{\mathrm{e}^{-V/kT}\,\mathrm{d}x\mathrm{d}y\mathrm{d}z}{\iiint \mathrm{e}^{-V/kT}\mathrm{d}x\mathrm{d}y\mathrm{d}z} \tag{7.2.11}$$

或在外场中的分子密度分布

$$n(\boldsymbol{r}) = \int_p \mathrm{d}N^{(r,r+\mathrm{d}r)}_{(p,p+\mathrm{d}p)}/\mathrm{d}x\mathrm{d}y\mathrm{d}z = \frac{N\mathrm{e}^{-V(r)/kT}}{\int \mathrm{e}^{-V(r)/kT}\mathrm{d}r} \tag{7.2.12}$$

若外力场为重力场，并且 $V(r)$ 可近似用 $V(r) = mgz$ 表示，则得到

$$n(z) = n_0\,\mathrm{e}^{-mgz/(kT)} \tag{7.2.13}$$

利用 $p = nkT$，即可得等温气压公式

$$p = p_0\,\mathrm{e}^{-mgz/(kT)} \tag{7.2.14}$$

几点说明。

（1）由上述讨论可知，粒子按速度或动量的概率分布与外力场无关。或者说，外力场的存在不改变粒子按速度（或动量）的概率分布，只是改变按空间位置的概率分布。

（2）麦克斯韦速度分布律不仅适用于理想气体，对处于平衡态的任何宏观物体，如实际气体、液体、固体等都适用。它的推导方法与前面的讨论相同，只要把 $V(r)$ 理解为分子间的相互作用势能即可。

（3）麦克斯韦速度分布律已被近代许多实验（例如热电子发射实验、分子射线实验等直接证实），它有着广泛的应用。

7.2.3 能量均分定理 —— 气体和固体热容量的经典理论

能量均分定理可表述为：在给定的温度 T 下，处于平衡态的经典系统中，粒子能量 ε 的表达式中每一个独立平方项的平均值均等于 $kT/2$。

什么是"独立平方项"呢？一般来说，一个粒子可能有 r 个自由度，其广义坐标和广义动量分别为 $q_1,\cdots,q_r$ 和 $p_1,\cdots,p_r$。若粒子的能量表为

$$\varepsilon = \frac{1}{2}a_ip_i^2 + \varepsilon' \tag{7.2.15}$$

其中 ε' 和 a_i 都与 p_i 无关。或者

$$\varepsilon = \frac{1}{2}b_iq_i^2 + \varepsilon' \tag{7.2.16}$$

其中 ε' 和 b_i 都与 q_i 无关。则 $\frac{1}{2}a_ip_i^2$ 或 $\frac{1}{2}b_iq_i^2$ 就称为一个"独立平方项"。不过应该注意，a_i 和 b_i 可能是常数，也可能是除 p_i 或 q_i 以外的其他广义坐标和广义动量的函数。能量均分定理的数学形式为

$$\overline{\frac{1}{2}a_i p_i^2} = \overline{\frac{1}{2}b_i q_i^2} = \frac{1}{2}kT \tag{7.2.17}$$

证明：

为具体起见，下面证明 $\overline{\frac{1}{2}a_i p_i^2} = \frac{1}{2}kT$。根据平均值的定义，利用式(7.1.21)并考虑式(7.1.63)可有

$$\begin{aligned}
\overline{\frac{1}{2}a_i p_i^2} &= \int \frac{1}{2}a_i p_i^2 \cdot \mathrm{d}P \\
&= \frac{1}{Z}\int \frac{1}{2}a_i p_i^2 \mathrm{e}^{-\beta\varepsilon} \frac{\mathrm{d}\omega}{h^r} \\
&= \frac{1}{Z}\iint \frac{1}{2}a_i p_i^2 \mathrm{e}^{-a_i p_i^2/(2kT)}\mathrm{d}p_i \mathrm{e}^{-\varepsilon'/(kT)} \frac{\mathrm{d}\omega'}{h^r}
\end{aligned}$$

式中 $\mathrm{d}\omega = \mathrm{d}q_1\cdots\mathrm{d}q_r\mathrm{d}p_1\cdots\mathrm{d}p_r$，$\mathrm{d}\omega' = \mathrm{d}q_1\cdots\mathrm{d}q_r\mathrm{d}p_1\cdots\mathrm{d}p_{i-1}\mathrm{d}p_{i+1}\cdots\mathrm{d}p_r$。

分部积分得

$$\int_{-\infty}^{\infty} \frac{1}{2}a_i p_i^2 \mathrm{e}^{-a_i p_i^2/(2kT)}\mathrm{d}p_i = \left[-\frac{1}{2}kT p_i \mathrm{e}^{-a_i p_i^2/(2kT)}\right]_{-\infty}^{\infty} + \frac{1}{2}kT\int_{-\infty}^{\infty} \mathrm{e}^{-a_i p_i^2/(2kT)}\mathrm{d}p_i$$

由于 $a_i > 0$，上式右方第一项为零，故有

$$\overline{\frac{1}{2}a_i p_i^2} = \frac{1}{2}kT \cdot \frac{1}{Z}\int \mathrm{e}^{-\beta\varepsilon} \frac{\mathrm{d}\omega}{h^r} = \frac{1}{2}kT$$

如果独立平方项的变量不是 p_i 而是 q_i，其证明完全相同。

利用能量均分定理很容易得出：单原子理想气体、双原子理想气体、理想固体中的一个分子的能量平均值及它们的定容、定压热容量。如表 7-2-1 所示。

表 7-2-1　一个分子的能量平均值及定容、定压热容量

系统	一个分子的能量公式	一个分子的平均能量 $\bar{\varepsilon}$	定容摩尔热容	定压摩尔热容
单原子分子理想气体	$\varepsilon = \frac{1}{2m}(p_x^2 + p_y^2 + p_z^2)$	$\frac{3}{2}kT$	$\frac{3}{2}R$	$\frac{5}{2}R$
双原子分子（刚性）理想气体	$\varepsilon = \frac{1}{2m}(p_x^2 + p_y^2 + p_z^2) + \frac{1}{2I}\left(p_\theta^2 + \frac{1}{\sin^2\theta}p_\varphi^2\right)$	$\frac{5}{2}kT$	$\frac{5}{2}R$	$\frac{7}{2}R$
双原子分子（弹性）理想气体	$\varepsilon = \frac{1}{2m}(p_x^2 + p_y^2 + p_z^2) + \frac{1}{2I}\left(p_\theta^2 + \frac{1}{\sin^2\theta}p_\varphi^2\right) + \frac{1}{2\mu}p_r^2 + \frac{1}{2}\mu\omega_0^2 r^2$	$\frac{7}{2}kT$	$\frac{7}{2}R$	$\frac{9}{2}R$
理想固体	$\varepsilon = \frac{1}{2m}(p_x^2 + p_y^2 + p_z^2) + \frac{1}{2}m\omega_0^2(x^2 + y^2 + z^2)$	$3kT$	$3R$	

* 理想固体是指组成固体的原子排列成一定的空间点阵，既不存在杂质原子，也不存在缺陷。

　　将能量均分定理的结果与实验结果比较后发现:在室温和高温范围内二者符合得很好;但在低温范围,二者却并不符合。例如,低温范围,实验发现固体热容量随温度降低得很快,当温度趋于绝对零度时,热容量也趋于零。这与能量均分定理的结果是矛盾的。此外,金属中存在大量自由电子,如果将能量均分定理应用于金属中的自由电子,自由电子的热容量与离子振动的热容量将具有相同的数量级。然而实验结果表明,当温度在 3 K 以上,自由电子的热容量与离子振动的热容量相比可以忽略不计。二者也是不相符的。

　　最后,对能量均分定理的适用条件再做几点说明。

　　(1) 应用能量均分定理必须同时满足以下两个条件:① 温度足够高,粒子的能量近似连续取值,可以采用经典描述;② 粒子的能量表达式中可以分离出独立平方项。

　　(2) 虽然我们是用 $M-B$ 分布导出能量均分定理的,但能量均分定理对处于平衡态的任何经典系统都是适用的。

　　(3) 能量均分定理不仅对宏观系统中的微观粒子有效,对于做无规则运动的宏观粒子,如布朗微粒、悬线电流计中的线圈等也是适用的(详见第 9 章)。

7.2.4　固体热容量的爱因斯坦理论

　　第一个从理论上正确给出固体在所有温度(极低温度除外)下定性行为的是爱因斯坦。他假定固体是理想固体,由 $3N$ 个独立的可分辨的同频率的量子振子组成,单个量子振子的能量为

$$\varepsilon_n = \left(n + \frac{1}{2}\right)h\nu, \qquad n = 0,1,2,\cdots \tag{7.2.18}$$

　　由于每一个振子都定域在平衡位置附近振动,振子又是可以分辨的,因而遵从 $M-B$ 分布,其配分函数为

$$Z = \sum_0^\infty e^{-\beta\left(n+\frac{1}{2}\right)h\nu} \tag{7.2.19}$$

将上式中的因子 $e^{-\beta h\nu}$ 看作 x,并利用公式

$$1 + x + x^2 + \cdots + x^n = \frac{1}{1-x} \quad (|x| < 1)$$

可以将配分函数 Z 表为

$$Z = \frac{e^{-\beta h\nu/2}}{1 - e^{-\beta h\nu}} \tag{7.2.20}$$

根据式(7.1.22),固体的内能为

$$U = -3N \frac{\partial \ln Z}{\partial \beta} = \frac{3}{2}Nh\nu + \frac{3Nh\nu}{e^{\beta h\nu} - 1} \tag{7.2.21}$$

式中,右端第一项是 $3N$ 个振子的零点能量,与温度无关;第二项是温度为 T 时 $3N$ 个振子的热激发能量。

　　定容热容量为

$$C_V = \left(\frac{\partial U}{\partial T}\right)_V = 3Nk\left(\frac{h\nu}{kT}\right)^2 \frac{e^{h\nu/(kT)}}{(e^{h\nu/(kT)} - 1)^2} \tag{7.2.22}$$

　　引入爱因斯坦特征温度:

$$\theta_E = h\nu/k \tag{7.2.23}$$

可将热容量表为

$$C_V = 3Nk \left(\frac{\theta_E}{T}\right)^2 \frac{e^{\theta_E/T}}{(e^{\theta_E/T}-1)^2} \tag{7.2.24}$$

几点讨论。

(1) 高温极限：$T \gg \theta_E$，即 $kT \gg h\nu$。

利用公式

$$e^x = 1 + x + \frac{x^2}{2!} + \cdots$$

可以近似地认为

$$e^{\theta_E/T} - 1 \approx \frac{\theta_E}{T}。$$

由式(7.2.24)得

$$C_V \approx 3Nk \tag{7.2.25}$$

式(7.2.25)与能量均分定理的结果一致。这是因为当 $T \gg \theta_E$ 时，能级间距 $h\nu$ 远小于 kT，能量量子化的效应可以忽略，因此经典近似是适用的。

(2) 低温极限：$T \ll \theta_E$，即 $kT \ll h\nu$。可以近似地认为 $e^{\theta_E/T} - 1 \approx e^{\theta_E/T}$。

由式(7.2.24)得

$$C_V \approx 3Nk \left(\frac{\theta_E}{T}\right)^2 e^{-\theta_E/T} \tag{7.2.26}$$

式(7.2.26)表明，当 $T \to 0$ 时，$C_V \to 0$。这个结论与实验结果定性地符合。

(3) 爱因斯坦的固体热容量理论在定量上与实验符合得不够好。实验表明 C_V 随 T 趋于零的速度较式(7.2.26)要慢。这是由于"$3N$ 个振子具有相同的频率"这一假设过于粗略。虽然如此，这一十分简单的近似对固体的热容量提供了一个相当好的描述，并且从本质上解释了固体热容量随温度降低而减小的事实，在7.3节将进一步讨论固体热容量问题。

7.2.5 气体热容量的量子理论

以双原子分子理想气体为例。如果暂不考虑电子的运动，双原子分子有3个平动自由度，2个转动自由度，1个振动自由度。前5个自由度属整体的、刚体型的。最后一个是内部的、非刚体型的。作为初级近似，将各个自由度的运动视为相互独立的。这样，分子的能量可写成三部分之和：

$$\varepsilon_i = \varepsilon^t + \varepsilon^r + \varepsilon^v \tag{7.2.27}$$

简并度是各自由度的简并度的乘积：

$$g_i = g^t \cdot g^r \cdot g^v \tag{7.2.28}$$

这里的 ε^t、ε^r、ε^v 和 g^t、g^r、g^v 分别代表平动自由度、转动自由度、振动自由度的能量和相应的简并度。把式(7.2.27)和式(7.2.28)代入配分函数式(7.1.18)，可得

$$Z = \sum_i e^{-\beta\varepsilon_i} g_i = \sum_i e^{-\beta(\varepsilon^t + \varepsilon^r + \varepsilon^v)} g^t \cdot g^r \cdot g^v$$

$$= \sum_t e^{-\beta\varepsilon_t} g^t \cdot \sum_r e^{-\beta\varepsilon_r} g^r \cdot \sum_v e^{-\beta\varepsilon_v} g^v = Z^t \cdot Z^r \cdot Z^v \tag{7.2.29}$$

即总的配分函数是各个自由度的配分函数的乘积。将式(7.2.29)代入式(7.1.22),可以得到双原子分子理想气体的内能为

$$U = -N \frac{\partial \ln Z}{\partial \beta} = -N \frac{\partial}{\partial \beta}(\ln Z^t + \ln Z^r + \ln Z^v) = U^t + U^r + U^v \quad (7.2.30)$$

定容热容量为

$$C_V = \left(\frac{\partial U}{\partial T}\right)_V = \left(\frac{\partial U^t}{\partial T}\right)_V + \left(\frac{\partial U^r}{\partial T}\right)_V + \left(\frac{\partial U^v}{\partial T}\right)_V = C_V^t + C_V^r + C_V^v \quad (7.2.31)$$

即内能和定容热容量是各个自由度分别贡献的总和。

1. 平动部分

由于平动部分能级很密集,在实际问题所涉及的温度范围内都有 $\Delta \varepsilon \ll kT$,因为经典近似的能量均分定理对于平动是适用的。根据式(7.2.2)有

$$Z^t = V \left(\frac{2\pi m k T}{h^2}\right)^{3/2} \quad (7.2.32)$$

所以,平动对内能和定容热容量的贡献分别为

$$U^t = \frac{3}{2} NkT \quad (7.2.33)$$

$$C_V^t = \frac{3}{2} Nk \quad (7.2.34)$$

2. 转动部分

在讨论双原子分子的转动时,需要区分双原子分子是同核(例如 H_2、O_2、N_2 等)还是异核(例如 CO、NO、HCl 等)。对于同核双原子分子,必须考虑粒子全同性原理对转动的影响,较为复杂,这里我们只讨论异核双原子分子的情况。根据量子理论,分子的转动能级和对应的简并度分别为

$$\varepsilon^r = \frac{l(l+1)h^2}{8\pi^2 I}, \quad g^r = 2l+1, \quad (l = 0, 1, 2, \cdots) \quad (7.2.35)$$

式中,l 称为角量子数;I 是分子的转动惯量,$I = m\overline{r^2}$,m 是折合质量,它等于原子质量的一半,$\overline{r^2}$ 是两个原子之间距离平方的平均值。因此转动配分函数为

$$Z^r = \sum_{l=0}^{\infty} (2l+1) e^{-l(l+1)h^2/(8\pi^2 I kT)} \quad (7.2.36)$$

定义转动特征温度为

$$\theta_r = \frac{h^2}{8\pi^2 Ik} \quad (7.2.37)$$

于是 Z^r 可表为

$$Z^r = \sum_{l=0}^{\infty} (2l+1) e^{-l(l+1)\theta_r/T} \quad (7.2.38)$$

两种极限情况。

(1) 高温极限:$T \gg \theta_r$,即 $kT \gg h^2/8\pi^2 I$。转动能级的间距可看成是很小的,量子效应不起作用,式(7.2.38)可用积分代替求和

$$Z^r = \int_0^{\infty} (2l+1) e^{-l(l+1)\theta_r/T} \mathrm{d}l$$

令 $x = l(l+1)$，则

$$Z^r = \int_0^\infty e^{-\theta_r x/T} dx = \frac{T}{\theta_r} = \frac{8\pi^2 IkT}{h^2} \tag{7.2.39}$$

于是转动对内能和定容热容量的贡献分别为

$$U^r = -N\frac{\partial \ln Z^r}{\partial \beta} = NkT \tag{7.2.40}$$

$$C_V^r = \left(\frac{\partial U^r}{\partial T}\right)_V = Nk \tag{7.2.41}$$

这正是能量均分定理的结果。

需要指出，由光谱实验测得 θ_r 仅为几 K（对大部分气体），即在常温范围有 $T \gg \theta_r$。因此，在常温范围，转动自由度对定容热容量的贡献为 Nk。

低温极限：$T \ll \theta_r$，即 $kT \ll h^2/(8\pi^2 I)$，在 Z^r 的取和中只保留前面两项，即

$$Z^r = 1 + 3e^{-2\theta_r/T} \tag{7.2.42}$$

其中第二项是小量，所以

$$\ln Z^r = \ln(1 + 3e^{-2\theta_r/T}) \approx 3e^{-2\theta_r/T} = 3e^{-h^2/(4\pi^2 IkT)}$$

因此

$$U^r = -N\frac{\partial \ln Z^r}{\partial \beta} = 3N\frac{h^2}{4\pi^2 I} \cdot e^{-h^2/(4\pi^2 IkT)} \tag{7.2.43}$$

$$C_V^r = \left(\frac{\partial U^r}{\partial T}\right)_V = 3N\left(\frac{h^2}{4\pi^2 I}\right)^2 \frac{1}{kT^2} e^{-h^2/(4\pi^2 IkT)} \tag{7.2.44}$$

可见，U^r 和 C_V^r 随温度 T 的减小指数趋于零。

3. 振动部分

双原子分子中两原子的相对振动可以看成线性谐振子。按照与讨论固体热容量相似的方法，可以求得温度为 T 时 N 个频率为 ν 的振子的内能和定容热容量分别为

$$U^v = \frac{1}{2}Nh\nu + \frac{Nh\nu}{e^{h\nu/kT}-1} \tag{7.2.45}$$

$$C_V^v = Nk\left(\frac{h\nu}{kT}\right)^2 \frac{e^{h\nu/kT}}{(e^{h\nu/kT}-1)^2} \tag{7.2.46}$$

引入振动特征温度为

$$\theta_v = \frac{h\nu}{k} \tag{7.2.47}$$

可将 C_V^v 表示为

$$C_V^v = Nk\left(\frac{\theta_v}{T}\right)^2 \frac{e^{\theta_v/T}}{(e^{\theta_v/T}-1)^2} \tag{7.2.48}$$

并且，在高温极限 $T \gg \theta_v$，即 $kT \gg h\nu$ 时，有

$$C_V^v = Nk \tag{7.2.49}$$

与经典理论一致。

在低温极限 $T \ll \theta_v$，即 $kT \ll h\nu$ 时，有

$$C_V^v = Nk\left(\frac{\theta_v}{T}\right)^2 e^{-\theta_v/T} \tag{7.2.50}$$

可见,振动对热容量的贡献也会随温度下降而指数地降低,最后趋于零。

需要指出,由光谱实验测得 $\theta_v \approx 10^3\,\text{K}$,即在常温范围内 $T \ll \theta_v$。因此,在常温范围内振动自由度对热容量的贡献为零。

最后,简单地说明为什么一般情况下可以不考虑电子对气体热容量的贡献。量子理论指出,在原子核势场中,电子的激发态能量与基态能量之差大约是 $10^{-19} \sim 10^{-18}\,\text{J}$ 的数量级,相应的特征温度为 $10^4 \sim 10^5\,\text{K}$。由此可见,常温已可视作很好的低温,因而热运动不足以使电子取得足够的能量而跃迁到激发态。所以电子冻结在基态,对热容量没有贡献。

7.3　费米-狄拉克分布和玻色-爱因斯坦分布的应用

7.3.1　金属中自由电子气的热容

金属的自由电子模型认为,组成金属的原子都分解为离子实(原子核加上核外的内壳层电子)及价电子,离子实处于一定的空间点阵的结点上形成金属骨架,而价电子则已脱离原来所属的离子实的束缚在空间点阵内自由运动。如果认为离子实所形成的势场是均匀的,并且忽略电子之间的库仑相互作用,则自由电子就像装在容器中的气体一样做无规则运动,这些自由电子的集合就称为电子气。

在历史上,洛伦兹曾把金属中的自由电子气看作是理想气体,服从经典分布。按能量均分定理,N 个自由电子具有 $3N$ 个自由度,它们对热容量的贡献是 $3Nk/2$,这是与实际不符的。实验发现,除了在极低温度下,金属中自由电子气的热容量基本上可以忽略。1928年,索末菲根据 $F\text{-}D$ 分布成功地解决了上述矛盾,得出了在体积 V 内,由 N 个自由电子组成的系统在给定温度 T 下的热容量。

根据定容热容量的定义,确定 $C_V = (\partial U/\partial T)_V$ 的关键是确定系统的内能 U,这里的 U 就是 N 个电子的总能量。而确定 U 有两条途径:其一是根据式(7.1.47)先求出系统的巨配分函数的对数 $\ln\tilde{Z}$,然后根据式(7.1.49)求出系统的总能量 U;其二是直接根据式(7.1.45)

$$U = \sum_i \frac{\varepsilon_i g_i}{e^{a+\beta\varepsilon_i}+1} = \sum_s \frac{\varepsilon_s}{e^{(\varepsilon_s-\mu)/(kT)}+1} \tag{7.3.1}$$

求出系统的总能量。式(7.3.1)中的化学势由式(7.1.44)

$$N = \sum_i \frac{g_i}{e^{a+\beta\varepsilon_i}+1} = \sum_s \frac{1}{e^{(\varepsilon_s-\mu)/(kT)}+1} \tag{7.3.2}$$

确定。

式(7.3.1)和式(7.3.2)中 $\sum_i$ 是对电子的所有能级求和,$\sum_s$ 是对电子的所有量子态求和。直接利用后者能较容易地得出 U 的表达式。由于体积 V 具有宏观大小,根据6.1节中例4的讨论结果,自由电子的能量 $\varepsilon = p^2/(2m)$ 可视为连续的,所以式(7.3.1)和式(7.3.2)可分别表示为

$$U = \int_0^\infty \frac{\varepsilon}{e^{(\varepsilon-\mu)/kT}+1} g(\varepsilon)\,\mathrm{d}\varepsilon = \int_0^\infty \varepsilon f(\varepsilon) g(\varepsilon)\,\mathrm{d}\varepsilon \tag{7.3.3}$$

$$N = \int_0^\infty \frac{1}{e^{(\varepsilon-\mu)/(kT)}+1} g(\varepsilon)\mathrm{d}\varepsilon = \int_0^\infty f(\varepsilon)g(\varepsilon)\mathrm{d}\varepsilon \tag{7.3.4}$$

其中

$$f(\varepsilon) = \frac{1}{e^{(\varepsilon-\mu)/(kT)}+1} \tag{7.3.5}$$

是温度为 T 时、能量为 ε 的一个量子态上的平均电子数。根据式(7.1.65),并考虑到电子除平动自由度外还可以处于两种不同的自旋状态(在自旋轴上的投影可以等于 $\pm 1/2$),在体积 V 内,能量介于 ε 和 $\varepsilon + \mathrm{d}\varepsilon$ 内的量子态数为

$$g(\varepsilon)\mathrm{d}\varepsilon = \frac{4\pi V}{h^3}(2m)^{3/2}\varepsilon^{1/2}\mathrm{d}\varepsilon = A\varepsilon^{1/2}\mathrm{d}\varepsilon \tag{7.3.6}$$

其中

$$A = 4\pi V \left(\frac{2m}{h^2}\right)^{3/2}$$

1. $T = 0\,\mathrm{K}$ 的情形

设 $T = 0\,\mathrm{K}$ 时电子气的化学势为 μ_0,由式(7.3.5)可以得到在 $T \to 0\,\mathrm{K}$ 时每个单粒子态上所占据的电子数为

$$f(\varepsilon) = \begin{cases} 1 & \text{当 } \varepsilon < \mu_0 \\ 0 & \text{当 } \varepsilon > \mu_0 \end{cases} \tag{7.3.7}$$

上式表明,$T = 0\,\mathrm{K}$ 时,$\varepsilon < \mu_0$ 的全部单粒子态都被电子占满了,并且每个态上只有一个电子,而 $\varepsilon > \mu_0$ 的态全部空着,如图7-3所示。这种分布可以这样理解:在 $T = 0\,\mathrm{K}$ 时,电子将尽可能地占据能量最低的状态,但泡利不相容原理又限制每个态最多只能容纳一个电子,因此,电子只能从 $\varepsilon = 0$ 的状态起,依次填充至 μ_0 为止。将式(7.3.7)和式(7.3.6)代入式(7.3.4),可得

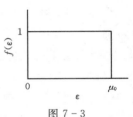

图 7 - 3

$$N = \int_0^{\mu_0} g(\varepsilon)\mathrm{d}\varepsilon = \int_0^{\mu_0} A\varepsilon^{1/2}\mathrm{d}\varepsilon = \frac{2}{3}A\mu_0^{3/2} \tag{7.3.8}$$

其中

$$\mu_0 = \left(\frac{3N}{2A}\right)^{2/3} = \frac{h^2}{2m}\left(\frac{3N}{8\pi V}\right)^{2/3} \tag{7.3.9}$$

由此即可得到 $0\,\mathrm{K}$ 时电子气体的总能量

$$U_0 = \int_0^{\mu_0} \varepsilon g(\varepsilon)\mathrm{d}\varepsilon = A\int_0^{\mu_0}\varepsilon^{3/2}\mathrm{d}\varepsilon = A\frac{2}{5}\mu_0^{5/2} = \frac{3}{5}N\mu_0 \tag{7.3.10}$$

于是 $T = 0\,\mathrm{K}$ 时,电子气的热容量为

$$C_V^\infty = \left(\frac{\partial U_0}{\partial T}\right)_V = 0 \tag{7.3.11}$$

几点讨论。

(1)$T = 0\,\mathrm{K}$ 时,电子气体的化学势是 $0\,\mathrm{K}$ 时电子的最大能量。下面以铜为例对 μ_0 的大小做一数值估计。已知铜的 $n = N/V = 8.5\times10^{28}/\mathrm{m}^3$,代入式(7.3.9)得 $\mu_0 = 1.1\times10^{-18}$ J,与室温(300 K)下的热运动能量 $kT = 4.14\times10^{-21}$ J 相比较,约高270倍,即

$$\frac{kT}{\mu_0} \approx \frac{1}{270}$$

可见 μ_0 的数值是很大的。一般温度(室温范围)下的电子气的化学势 μ 与 μ_0 具有相同的数量级,所以 $kT \ll \mu (\mu \approx \mu_0)$。

(2) 由式(7.3.10)可得 $T = 0$ K 时每个电子的平均能量为

$$\overline{\varepsilon_0} = \frac{3}{5}\mu_0 \tag{7.3.12}$$

这个能量所对应的电子速度是很大的。由式(7.3.12)及讨论(1)可知,对一般导电金属, $\overline{\varepsilon_0} \approx 10^{-19} \sim 10^{-18}$ J,从而电子速度约为

$$v_0 = \left(\frac{2\overline{\varepsilon_0}}{m}\right)^{1/2} \approx 10^6 \text{ m/s}$$

可见,由于泡利不相容原理,即使在绝对零度下,绝大部分电子也不是"沉积"在最低能级,而是被迫分布在激发态迅速地运动着。

(3) 因 $T = 0$ K 时, $F_0 = U_0 - TS = U_0$,于是由热力学方程 $dF = -SdT - pdV$ 得到电子气体的压强为

$$p_0 = -\left(\frac{\partial F_0}{\partial V}\right)_T = -\left(\frac{\partial U_0}{\partial V}\right)$$

将式(7.3.10)和式(7.3.9)代入上式,得

$$p_0 = \frac{2}{3}\frac{U_0}{V} = \frac{h^2}{5m}\left(\frac{3N}{8\pi V}\right)^{2/3}\frac{N}{V} \tag{7.3.13}$$

将讨论(1)的数据代入可得 $p_0 \approx 10^9$ Pa。

(4) 与 μ_0 对应的动量大小是

$$p_F = (2m\mu_0)^{1/2} \tag{7.3.14}$$

该动量称为费米动量,在动量空间中以 p_F 为半径的球内的所有态都被占满,球外的态全部空着。这个球又称为费米球。在绝对零度时,费米球有明确的分界面,费米球面处的电子能量 μ_0 称为费米能。

2. $T \neq 0$ K 时的情形

(1) $T > 0$ K 时电子的分布

由式(7.3.5),可知

$$f(\varepsilon)\begin{cases} = 1 & \text{当 } \varepsilon \ll \mu \\ > \frac{1}{2} & \text{当 } \varepsilon < \mu \\ = \frac{1}{2} & \text{当 } \varepsilon = \mu \\ < \frac{1}{2} & \text{当 } \varepsilon > \mu \\ 0 & \text{当 } \varepsilon \gg \mu \end{cases} \tag{7.3.15}$$

上式表明,在 $T > 0$ K(T 仍不太高)时,低能级上每个量子态平均仍有 1 个电子;较高能级上每个量子态平均不足 1 个电子;在 $\varepsilon = \mu$ 附近,每个量子态平均只有 1/2 个电子;在激发

态上$(\varepsilon > \mu)$每个量子态平均少于$1/2$个电子,如图7-4所示。应当注意,在$T > 0$K时,费米球边界处有些电子受激发逸出球外。由于$\mu \approx \mu_0 \approx 10^{-19} \sim 10^{-18}$J,而室温下$T \approx 300$ K,$kT \approx 10^{-21}$ J,所以在受到热运动能量kT的激发后,只有在费米面附近宽度为kT范围内的电子从球内逸出球外,绝大部分电子仍不参与热运动。

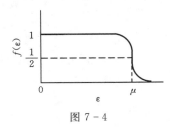

图7-4

(2) 电子气的热容量

定性估计

根据(1)中的分析,当$T > 0$K时,只有费米球面附近厚度约为$2kT$宽度内的电子才参与热运动,所以参与热运动的电子数为

$$f(\varepsilon)g(\varepsilon)\mathrm{d}\varepsilon = \frac{1}{2}A\mu^{1/2} \cdot 2kT = \frac{3N}{2} \cdot \frac{kT}{\mu}$$

其中利用了$\mu \approx \mu_0$和式(7.3.8)。

应用能量均分定理,每一个电子对热容量的贡献为$3k/2$,金属中自由电子气的热容量为

$$C_V^e \approx \frac{9}{4}Nk \cdot \frac{kT}{\mu} \tag{7.3.16}$$

可见,在室温范围内,金属中自由电子对热容量的贡献远小于经典理论的数值$3Nk/2$。

定量计算

电子总数N满足

$$N = A\int_0^\infty \frac{\varepsilon^{1/2}\,\mathrm{d}\varepsilon}{\mathrm{e}^{(\varepsilon-\mu)/(kT)} + 1} \tag{7.3.17}$$

此式确定电子气的化学势μ。电子气的内能U为

$$U = A\int_0^\infty \frac{\varepsilon^{3/2}\,\mathrm{d}\varepsilon}{\mathrm{e}^{(\varepsilon-\mu)/(kT)} + 1} \tag{7.3.18}$$

以上两个积分可以统一写成

$$I = \int_0^\infty \frac{\eta(\varepsilon)\,\mathrm{d}\varepsilon}{\mathrm{e}^{(\varepsilon-\mu)/(kT)} + 1} \tag{7.3.19}$$

称为费米-狄拉克积分。其中$\eta(\varepsilon)$是满足条件$\eta(0) = 0$任意函数。附录4式(20)给出了这一积分的结果

$$I = \int_0^\mu \eta(\varepsilon)\,\mathrm{d}\varepsilon + \frac{\pi^2}{6}(kT)^2 \eta'(\mu) + \cdots \tag{7.3.20}$$

取$\eta(\varepsilon) = \varepsilon^{1/2}$,则

$$I = \int_0^\mu \varepsilon^{1/2}\,\mathrm{d}\varepsilon + \frac{\pi^2}{6}(kT)^2 \frac{1}{2}\mu^{-1/2} + \cdots \approx \frac{2}{3}\mu^{3/2} + \frac{\pi^2}{12}(kT)^2\mu^{-1/2}$$

将上式代入式(7.3.17),可得

$$N = \frac{2}{3} A \mu^{3/2} \left[1 + \frac{\pi^2}{8} \left(\frac{kT}{\mu} \right)^2 \right] \tag{7.3.21a}$$

或

$$\mu = \left(\frac{3N}{2A} \right)^{2/3} \left[1 + \frac{\pi^2}{8} \left(\frac{kT}{\mu} \right)^2 \right]^{-2/3} \tag{7.3.21b}$$

上式右方第二项很小，且 $\mu \approx \mu_0$。将 μ 用 μ_0 代替，得

$$\mu = \left(\frac{3N}{2A} \right)^{2/3} \left[1 + \frac{\pi^2}{8} \left(\frac{kT}{\mu_0} \right)^2 \right]^{-2/3} \tag{7.3.22}$$

再取 $\eta(\varepsilon) = \varepsilon^{3/2}$，有

$$I = \int_0^\mu \varepsilon^{3/2} \mathrm{d}\varepsilon + \frac{3}{2} \cdot \frac{\pi^2}{6} (kT)^2 \mu^{1/2} + \cdots \approx \frac{2}{5} \mu^{5/2} + \frac{\pi^2}{4} (kT)^2 \mu^{1/2}$$

代入式(7.3.18)可得

$$U = \frac{2}{5} A \mu^{5/2} \left[1 + \frac{5\pi^2}{8} \left(\frac{kT}{\mu} \right)^2 \right] = \frac{2}{5} A \mu^{5/2} \left[1 + \frac{5\pi^2}{8} \left(\frac{kT}{\mu_0} \right)^2 \right]$$

其中，第二项的 $\frac{kT}{\mu}$ 已用 $\frac{kT}{\mu_0}$ 代替。

再将式(7.3.22)代入上式，并利用式(7.3.8)和近似公式 $(1+x)^n \approx (1+nx)$，可得

$$U = \frac{2}{5} A \left(\frac{3N}{2A} \right)^{5/3} \left[1 - \frac{\pi^2}{12} \left(\frac{kT}{\mu_0} \right)^2 \right]^{5/2} \left[1 + \frac{5\pi^2}{8} \left(\frac{kT}{\mu_0} \right)^2 \right]$$

$$= \frac{3}{5} N \mu_0 \left[1 + \frac{5\pi^2}{12} \left(\frac{kT}{\mu_0} \right)^2 \right] \tag{7.3.23}$$

于是可得电子气的热容量为

$$C_V^e = \left(\frac{\partial U}{\partial T} \right)_V = Nk \frac{\pi^2}{2} \left(\frac{kT}{\mu_0} \right) \tag{7.3.24}$$

这个结果与定性估计的结果只有系数的差异。

最后指出，对于金属材料，其热容量由晶格和电子两部分贡献所得。在常温下，电子部分贡献小得多（$kT/\mu_0 \ll 1$），主要是晶格部分的贡献；但是在低温下，晶格的热容量随 T^3 趋于零，而电子的热容量则随 T 趋于零，故在极低温下，电子对热容量的贡献将起主要作用。

7.3.2 平衡辐射场理论(光子气体)

第 2 章中用热力学的方法讨论了平衡辐射场的性质，利用统计物理学的方法也可得出同样的结果。统计物理学常常采用两种不同的观点进行研究：第一种称为波动观点，认为在一个温度恒定的封闭空腔中的电磁场是满足边界条件的各种频率 ν 与波矢量 $\boldsymbol{k}$ 的单色平面驻波的线性叠加。这些驻波的能量与具有相同频率的量子谐振子的能量相同，因此这个辐射场的能量可以写为

$$E = \sum_i \left(n_i + \frac{1}{2} \right) h\nu_i \quad (n = 0, 1, 2, \cdots) \tag{7.3.25}$$

第二种称为光子观点，把一个能级为 n_i、频率为 ν_i 以及波矢为 $\boldsymbol{k}$ 的电磁驻波，看成有 n_i 个能量为 $h\nu_i$ 的光子沿 $\boldsymbol{k}$ 的方向运动。某一频率为 ν_i 的电磁驻波由零点能激发到 n_i 能级，可看成激

发了 n_i 个频率为 ν_i 的光子。当驻波由原来的能级激发到高一能级时,称为激发了一个光子;由原来的能级下降到低一能级时,称为消失了一个光子。这样一来,封闭在空腔中的电磁辐射可看成一箱光子气体。两种物理图像得到的结果与实验完全一致,这正好说明光的波粒二象性。下面介绍第二种观点 —— 光子观点的主要内容。

1. 光子的性质

(1) 根据爱因斯坦关系,与光波的频率 ν、波矢 $\boldsymbol{k}$ 相对应,光子的能量和动量分别为

$$\varepsilon = h\nu, \quad \boldsymbol{p} = \hbar\boldsymbol{k} = \frac{h}{\lambda}\boldsymbol{n} \tag{7.3.26}$$

根据光波频率 ν 和光速 c 的关系 $\nu = c/\lambda$,可得光子的能量和动量的关系为

$$\varepsilon = cp \tag{7.3.27}$$

(2) 光子的自旋量子数是1。自旋在任意方向上的投影可取 ± 1 两个可能值,这是因为电磁波是横波,有两种偏振态的缘故。

(3) 根据波动传播的独立性,若有几列波同时在媒质中传播,不论它们是否相遇,它们都各自以原有的振幅、频率、波长独立传播,彼此互不影响。因此,与各列电磁波相对应的各个光子之间也是独立的,即光子间没有相互作用,光子气体是理想气体。

(4) 光子是玻色子,达到平衡后遵从 B-E 分布,由于腔壁不断发射和吸收光子,致使空腔中的光子数目不守恒(但总能量仍守恒)。根据自由能判据,光子气达到平衡时

$$\left(\frac{\partial F}{\partial N}\right)_{T,V} = 0$$

而 $(\partial F/\partial N)_{T,V} = \mu$,所以光子的化学势为零,即

$$\mu_{\text{光子}} = 0 \tag{7.3.28}$$

这一结论还可以从用最概然统计方法推导出 B-E 分布的过程看出,因为光子数不守恒,对应的待定乘子 $\alpha = 0$,而 $\alpha = -\mu/(kT)$,所以 $\mu = 0$。

(5) 把式(7.3.26)和式(7.3.28)代入式(7.1.14),得

$$f(\nu) = \frac{1}{e^{h\nu/(kT)} - 1} \tag{7.3.29}$$

上式给出每个量子态上的平均光子数。

2. 普朗克公式

普朗克公式给出了平衡辐射场中的辐射能量密度按频率(或波长)的分布。1900 年,普朗克以波动观点首次引入能量量子化的概念导出了这个公式,事实上以光子的观点用 M-B 分布也可导出这个公式。

首先求光子的量子态数。由光子的能量表达式(7.3.26)可见,一个频率对应一个能级。但通常在 kT 范围内有很多能级,可以近似地认为频率是连续分布的,即可用 μ 空间来描述光子所有可能的状态。根据式(6.1.5),并考虑光子的自旋有两个投影值,可知在辐射场的单位体积内,能量在 $\varepsilon \sim \varepsilon + \mathrm{d}\varepsilon$(或频率在 $\nu \sim \nu + \mathrm{d}\nu$)间隔内,光子的量子态数应为

$$g(\varepsilon)\mathrm{d}\varepsilon = \frac{8\pi}{h^3}p^2\mathrm{d}p = \frac{8\pi}{h^3 c^3}\varepsilon^2\mathrm{d}\varepsilon = \frac{8\pi}{c^3}\nu^2\mathrm{d}\nu \tag{7.3.30}$$

在辐射场中单位体积内、频率在 $\nu \sim \nu + \mathrm{d}\nu$ 间隔内的光子数为

$$f(\nu)g(\nu)\mathrm{d}\nu = \frac{8\pi}{c^3}\frac{\nu^2\mathrm{d}\nu}{\mathrm{e}^{h\nu/(kT)}-1} \tag{7.3.31}$$

用 $h\nu$ 乘上式，得到频率在 $\nu \sim \nu+\mathrm{d}\nu$ 间的能量密度

$$u(\nu,T)\mathrm{d}\nu = \frac{8\pi}{c^3}\frac{h\nu}{\mathrm{e}^{h\nu/(kT)}-1}\nu^2\mathrm{d}\nu \tag{7.3.32}$$

此即普朗克的黑体辐射公式。

利用频率和波长的关系 $\nu = c/\lambda$，$|\mathrm{d}\nu| = c\mathrm{d}\lambda/\lambda^2$ 可得波长在 $\lambda \sim \lambda+\mathrm{d}\lambda$ 内的能量密度为

$$u(\lambda,T)\mathrm{d}\lambda = \frac{8\pi hc}{\lambda^5}\frac{\mathrm{d}\lambda}{\mathrm{e}^{hc/(\lambda kT)}-1} \tag{7.3.33}$$

这个分布公式与实验所得到的结果完全符合。

几点讨论。

(1) 在低频区，$h\nu \ll kT$，$\mathrm{e}^{h\nu/kT} \approx 1 + h\nu/(kT)$，式(7.3.32)变为

$$u(\nu,T)\mathrm{d}\nu = \frac{8\pi}{c^3}kT\nu^2\mathrm{d}\nu \tag{7.3.34}$$

此即瑞利-金斯公式。按照这一公式，$u(\nu,T)$ 将随 ν 的增大而趋于发散，这一结论与黑体辐射具有有限能量的实验事实发生尖锐矛盾，历史上称之为"紫外灾难"，这实际上是经典物理的难题。普朗克正是以此为突破口，创立了量子论。

(2) 在高频区，$h\nu \gg kT$，式(7.3.32)过渡到维恩公式

$$u(\nu,T)\mathrm{d}\nu = \frac{8\pi h}{c^3}\mathrm{e}^{-h\nu/(kT)}\nu^3\mathrm{d}\nu \tag{7.3.35}$$

(3) 由式(7.3.33)可见，黑体辐射的能量密度随波长的分布有一个极大值，对应于能量密度最大值处的波长或最概然波长 λ_m 可由极值条件得到

$$\frac{\partial u(\lambda,T)}{\partial\lambda} = \frac{\partial}{\partial\lambda}\left(\frac{8\pi hc}{\lambda^5}\cdot\frac{1}{\mathrm{e}^{hc/(\lambda kT)}-1}\right)$$

$$= 8\pi hc\left(-\frac{5}{\lambda^6(\mathrm{e}^{hc/(\lambda kT)}-1)} + \frac{hc}{\lambda^7 kT}\cdot\frac{\mathrm{e}^{hc/(\lambda kT)}}{(\mathrm{e}^{hc/(\lambda kT)}-1)^2}\right) = 0$$

用 x 代替 $hc/(\lambda kT)$，上式可简单表示为

$$5\mathrm{e}^{-x} + x = 5 \tag{7.3.36}$$

利用数值法解此超越方程，得 $x = 4.9651$，故

$$\lambda_m T = \frac{hc}{4.9651k} = 2.897 \times 10^{-3}\mathrm{m}\cdot\mathrm{K} = 常数 \tag{7.3.37}$$

这表明最概然波长随着温度升高向短波方向移动。温度愈高，能量愈集中于高频区。这个结果称为维恩位移定律。太阳的表面温度正是根据式(7.3.37)和实验观测到的太阳辐射能量密度值而求得的。

3. 光子气体的热力学函数

我们先求巨配分函数的对数 $\ln\widetilde{Z}$。根据式(7.1.47)，并考虑式(7.3.28)得

$$\ln\widetilde{Z} = -\sum_i g_i\ln(1-\mathrm{e}^{-\beta\varepsilon_i})$$

利用公式

$$\ln(1-x) = -\left(x + \frac{x^2}{2} + \frac{x^3}{3} + \cdots\right)$$

并考虑式(7.3.30),可有

$$\ln\widetilde{Z} = \sum_i g_i \sum_{n=1}^{\infty} \frac{1}{n} e^{-n\beta\varepsilon_i} = \sum_{n=1}^{\infty} \frac{1}{n} \int_0^{\infty} \frac{8\pi V}{c^3} e^{-nh\nu/(kT)} \nu^2 \, d\nu = 8\pi V \left(\frac{kT}{hc}\right)^3 \sum_{n=1}^{\infty} \frac{1}{n^4} \int_0^{\infty} x^2 e^{-x} \, dx$$

式中 $x = nh\nu/(kT)$。再利用附录4式(4)得

$$\ln\widetilde{Z} = 16\pi V \left(\frac{kT}{hc}\right)^3 \sum_{n=1}^{\infty} \frac{1}{n^4} = \frac{8\pi^5 V}{45} \left(\frac{kT}{hc}\right)^3 \tag{7.3.38}$$

上式的第二个等号利用了公式 $\sum_{n=1}^{\infty} \frac{1}{n^4} = \frac{\pi^4}{90}$。

将式(7.3.38)代入式(7.1.49),得到内能

$$U = -\frac{\partial \ln\widetilde{Z}}{\partial \beta} = \frac{8\pi^5 V}{15} \left(\frac{kT}{hc}\right)^3 kT \tag{7.3.39}$$

将式(7.3.38)代入式(7.1.51),得到光子气体的压强

$$P = \frac{1}{\beta} \frac{\partial \ln\widetilde{Z}}{\partial V} = \frac{8\pi^5}{45} \left(\frac{kT}{hc}\right)^3 kT \tag{7.3.40}$$

几点讨论。

(1) 由式(7.3.39)可以得到辐射场的能量密度为

$$u(T) = \frac{U}{V} = \frac{8\pi^5 k^4}{15 h^3 c^3} T^4 = aT^4 \tag{7.3.41}$$

可以证明,辐射通量密度 J 与辐射能量密度 $u(T)$ 间有以下关系

$$J = cu(T)/4$$

将式(7.3.41)代入上式即得

$$J = \frac{1}{4} acT^4 = \sigma T^4 \tag{7.3.42}$$

此即由实验确定的斯特潘-玻尔兹曼定律,σ 称为斯特潘常数。

$$\sigma = \frac{1}{4} ac = \frac{2\pi^5 k^4}{15 h^3 c^2} = 5.670 \times 10^{-8} \, \text{W} \cdot \text{m}^{-2} \cdot \text{K}^{-4} \tag{7.3.43}$$

与实验结果 $\sigma = 5.669 \times 10^{-8} \, \text{W} \cdot \text{m}^{-2} \cdot \text{K}^{-4}$ 精确地吻合。

(2) 比较式(7.3.40)和式(7.3.41),得到物态方程

$$p = \frac{1}{3} u(T) \tag{7.3.44}$$

(3) 从平衡辐射的实验中可以测定维恩位移定律式(7.3.37)中的常数和式(7.3.43)中的斯特潘常数,联立这两个式子可以求得玻尔兹曼常数 k 和普朗克常数 h。当初普朗克就是利用这种方法最早确定出比较精确的 k 和 h 的值。

7.3.3 固体热容的德拜理论(声子气体)

在 7.2 节中已经指出,固体的爱因斯坦模型只是定性地给出与实验一致的结果,在温度趋近于绝对零度时,其热容量趋于零的速度大于实验给出的随 T^3 趋于零的速度。究其原因,

是爱因斯坦认为所有谐振子都取同一频率值的模型过于简化。1912 年,德拜对该模型进行修正,建立了德拜模型,得到了与实验吻合的结果。

1. 声子的概念

德拜模型认为,固体是各向同性的连续弹性介质(对低频振动产生的波,其波长远比原子间的平均距离大,这种处理是恰当的),固体中的原子或离子集体地微振动的结果,在固体中形成满足边界条件的各种频率 ν 与波矢量 $\boldsymbol{k}$ 的弹性驻波。某一频率 ν 与波矢量 $\boldsymbol{k}$ 的弹性驻波的能量表达式与同一频率的简谐振子是一样的,整个固体的热振动能量为各种弹性驻波的能量之和,即

$$E = \sum_i (n_i + \frac{1}{2})h\nu_i, \qquad (n_i = 0,1,2,\cdots) \tag{7.3.45}$$

将式(7.3.45)与式(7.3.25)比较可见,与电磁场的能量量子化一样,声波场的能量也是量子化的,以 $h\nu$ 为单位增减能量。我们把声波场能量变化的最小单位叫做"声子"。于是,可以把一个处于能量级为 n_i、频率为 ν_i 及波矢为 $\boldsymbol{k}$ 的驻波看成有 n_i 个能量为 $h\nu_i$ 的声子沿着 $\boldsymbol{k}$ 的方向运动。某一频率为 ν_i 的驻波由零点能激发到 n_i 级,可看成激发了 n_i 个能量为 $h\nu_i$ 的声子。当驻波由原来的能级激发到高一能级时,称为激发了一个声子;由原来的能级下降到低一能级时,称为消失了一个声子。于是,固体中 N 个原子或离子集体地微振动的结果与一定体积内具有 $3N$ 个不同频率的声子等效。

2. 声子的性质

(1)与声波的频率 ν 和波矢 $\boldsymbol{k}$ 相对应,声子的能量和动量分别为

$$\varepsilon = h\nu, \ p = \hbar\boldsymbol{k} = h\boldsymbol{n}/\lambda \tag{7.3.46}$$

根据声波频率 ν 和波速 v 的关系 $\nu = v/\lambda$,可得声子的能量和动量的关系为

$$\varepsilon = pv \tag{7.3.47}$$

因为固体中有纵波和横波,用 v_l 和 v_t 分别表示纵波和横波的波速,则对纵波声子和横波声子分别有

$$\varepsilon = pv_l, \varepsilon = pv_t \tag{7.3.48}$$

(2)由于在简谐近似下,各种弹性驻波是相互独立的,所有各种频率的声子之间没有相互作用,即声子气是理想气体。

(3)由于驻波的量子数 n_i 可以取零或任意正整数,所以处在某一状态(一定动量和声振动方向)的声子数是任意的,即声子是玻色子。

(4)由于声子数不断产生和湮灭,所以声子数不守恒,即声子气的化学势为零。于是,在温度 T 时处在能量为 $h\nu$ 的一个量子态上的平均声子数为

$$f(\nu) = \frac{1}{e^{h\nu/(kT)} - 1} \tag{7.3.49}$$

需要指出,声子并不是原子、分子、光子那样的真实粒子,但又具有真实粒子的全部特性,因此称为"准粒子"。

3. 德拜频谱和晶格振动的热容量

首先确定声子的频谱。现在,同样可用 μ 空间描述声子所有可能的状态。根据式

(6.1.5)，在体积 V、动量 p 和 $p+\mathrm{d}p$ 之间的声子的量子数为

$$g(p)\mathrm{d}p = 4\pi V p^2 \mathrm{d}p/h^3$$

由于声波有纵波和横波，对于给定的动量 p，纵波只有一个偏振方向，横波有两个偏振方向。因此，在体积 V 内，频率在 ν 和 $\nu+\mathrm{d}\nu$ 之间的声子（包括纵波声子和横波声子）的量子态数为

$$g(\nu)\mathrm{d}\nu = 4\pi V\left(\frac{1}{v_l^3}+\frac{2}{v_t^3}\right)\nu^2 \mathrm{d}\nu \tag{7.3.50}$$

由于固体中有 N 个原子或离子，总共有 $3N$ 个自由度，相应地有 $3N$ 个独立的弹性驻波，即声子的量子态的总数为 $3N$。因此，声子气的频率有一个上限 ν_m，$\nu > \nu_m$ 的声子是不存在的。于是

$$3N = \int_0^{\nu_m} g(\nu)\mathrm{d}\nu = \frac{1}{3}B\nu_m^3 \tag{7.3.51}$$

其中

$$B = 4\pi V\left(\frac{1}{v_l^3}+\frac{2}{v_t^3}\right) \tag{7.3.52}$$

因此

$$\nu_m = \left(\frac{9N}{B}\right)^{1/3} \tag{7.3.53}$$

式(7.3.53)给出了最大频率 ν_m 与原子密度和声波速度之间的关系，称为德拜频谱。

声子气体的总能量可表为

$$U = U_0 + \int_0^{\nu_m} f(\nu)h\nu g(\nu)\mathrm{d}\nu \tag{7.3.54}$$

其中，U_0 是绝对零度下固体的能量。将式(7.3.49)和式(7.3.50)代入式(7.3.54)，并考虑式(7.3.53)，可得

$$U = U_0 + \int_0^{\nu_m} \frac{h\nu}{\mathrm{e}^{h\nu/(kT)}-1}B\nu^2\mathrm{d}\nu = U_0 + \frac{9N}{\nu_m^3}\int_0^{\nu_m}\frac{h\nu^3}{\mathrm{e}^{h\nu/(kT)}-1}\mathrm{d}\nu \tag{7.3.55}$$

令

$$x = h\nu/(kT), \qquad x_m = h\nu_m/(kT) = \theta_D/T \tag{7.3.56}$$

其中 θ_D 称为德拜温度。于是式(7.3.55)化为

$$U = U_0 + 3NkT\cdot\frac{3}{x_m^3}\int_0^{x_m}\frac{x^3\mathrm{d}x}{\mathrm{e}^x-1} = U_0 + 3NkTD(x_m) \tag{7.3.57}$$

其中 $D(x_m)$ 叫德拜函数，定义为

$$D(x_m) = \frac{3}{x_m^3}\int_0^{x_m}\frac{x^3\mathrm{d}x}{\mathrm{e}^x-1} \tag{7.3.58}$$

下面讨论两种极限情况

高温极限：$x\ll 1$ 或 $T\gg\theta_D$，此时有 $\mathrm{e}^x\approx 1+x$，因而

$$D(x_m)\approx\frac{3}{x_m^3}\int_0^{x_m}x^2\mathrm{d}x = 1.$$

$$U = U_0 + 3NkT, \qquad C_V = 3Nk$$

这正是能量均分定理的结果。

低温极限：$x \gg 1$ 或 $T \ll \theta_D$，则式（7.3.58）的积分上限可取作无穷大，根据附录 4 式（15）有

$$D(x_m) \approx \frac{3}{x_m^3} \int_0^\infty \frac{x^3 \mathrm{d}x}{\mathrm{e}^x - 1} = \frac{3}{x_m^3} \cdot \frac{\pi^4}{15} = \frac{\pi^4}{5 x_m^3}.$$

$$U = U_0 + 3Nk \cdot \frac{\pi^4}{5} \frac{T^4}{\theta_D^3} \tag{7.3.59}$$

$$C_V = 3Nk \frac{4\pi^4}{5} \left(\frac{T}{\theta_D}\right)^3 \tag{7.3.60}$$

式（7.3.60）称为德拜 T^3 定律，与实验结果完全符合。

最后，在对准粒子的概念做几点说明。

（1）准粒子涉及的常常不是一个粒子，而是许多粒子的集体行为。例如声子，它是相互耦合着的原子系统受到激发的集体振动，虽然每个原子没有确定的能量和动量，单粒子态的概念已不适用，但作为多原子的集体振动 —— 声子，却有确定的能量和动量。

（2）准粒子是从动量和能量满足一定的关系这个意义上来说的，不必像通常的粒子（静止质量不为零的）那样在空间是局域的；而在有些情形下，它在空间是可以延展的。例如声子，在空间就是扩散分布的。

（3）准粒子的方法已成为处理相互耦合着的多粒子系统的一种很有力的方法。例如在固体中运动的电子，实际上也是一种准粒子。此外在液氦、超导、铁磁及固体物理学等其他领域中还可引入许多准粒子的概念。

7.3.4　玻色-爱因斯坦凝结

所谓玻色-爱因斯坦凝结，是指由静止质量不为零、粒子数守恒的玻色子组成的理想气体，在极低温度下，粒子中的大部分都可以占据在动量、能量为零的最低的单粒子态上的现象。

1. 理想玻色气体的化学势的特征

为简单起见，我们考虑自旋为零的玻色子，例如 $^4\mathrm{He}$。B-E 分布给出，在温度为 T 时，处在能级 ε_i 上的粒子数为

$$N_i = \frac{g_i}{\mathrm{e}^{(\varepsilon_i - \mu)/(kT)} - 1} \tag{7.3.61}$$

由于 $N_i \geqslant 0$，这就要求 $\mathrm{e}^{(\varepsilon_i - \mu)/(kT)} > 1$（对所有的 i）。以 ε_0 表示粒子的最低能级，这个要求也可表为

$$\varepsilon_0 > \mu \tag{7.3.62}$$

就是说，理想玻色气体的化学势必须低于粒子最低能级的能量。若 $\varepsilon_0 = 0$，则

$$\mu < 0 \tag{7.3.63}$$

μ 的数值由

$$n = \frac{N}{V} = \frac{1}{V} \sum_i \frac{g_i}{\mathrm{e}^{(\varepsilon_i - \mu)/kT} - 1} \tag{7.3.64}$$

确定。

由于 ε_i 和 g_i 都与温度无关,所以化学势 μ 为温度 T 和粒子数密度 n 的函数。当 n 一定时,μ 仅决定于 T。在足够高的温度下,可将式(7.3.64)的求和用积分代替。设玻色子的能量表达式为 $\varepsilon = p^2/2m$,则在体积 V 内,在 $\varepsilon \sim \varepsilon + \mathrm{d}\varepsilon$ 的能量范围内,粒子的量子态数为

$$2\pi V \left(\frac{2m}{h^2}\right)^{3/2} \varepsilon^{1/2}\mathrm{d}\varepsilon$$

因此,式(7.3.64)化为

$$n = 2\pi \left(\frac{2m}{h^2}\right)^{3/2} \int_0^\infty \frac{\varepsilon^{1/2}\mathrm{d}\varepsilon}{e^{(\varepsilon-\mu)/(kT)}-1} \tag{7.3.65}$$

应当注意,在上式积分中,分子含有因子 $\varepsilon^{1/2}$,因此 $\varepsilon = 0$ 的项就被弃了。在温度足够高时,处在能级 $\varepsilon = 0$ 上的粒子数比总粒子数少得多,这个误差可以忽略不计。但在低温情况下,就不能略去 $\varepsilon = 0$ 上的粒子数。那么这个低温究竟与哪些因素有关呢?

2. 凝结温度 T_c

由式(7.3.65)可见,n 一定时,T 升高,μ 减小;T 降低,μ 增大。设当 T 降低到 $T = T_c$ 时,μ 增大到 $\mu \rightarrow 0$。当 T 再降低,即 $T < T_c$ 时,根据式(7.3.63),μ 仍保持逼近于零。可见,这时的 n 不再是恒量。就是说 $T < T_c$ 时,由式(7.3.65)给出的 n 不是总粒子数密度,$\varepsilon = 0$ 上的粒子数不能被忽略。所以 T_c 就是总粒子数 N 和体积 V 一定的条件下开始发生 B-E 凝结时的温度,称为凝结温度。将 $T = T_c$,$\mu(T_c) = 0$ 代入式(7.3.65)即可确定 T_c。

$$n = 2\pi \left(\frac{2m}{h^2}\right)^{3/2} \int_0^\infty \frac{\varepsilon^{1/2}\mathrm{d}\varepsilon}{e^{\varepsilon/(kT_c)}-1} \tag{7.3.66}$$

令 $x = \varepsilon/(kT_c)$,上式化为

$$n = 2\pi \left(\frac{2mkT_c}{h^2}\right)^{3/2} \int_0^\infty \frac{x^{1/2}\mathrm{d}x}{e^x-1} \tag{7.3.67}$$

根据附录 4 式(16),可得

$$\int_0^\infty \frac{x^{1/2}\mathrm{d}x}{e^x-1} = \frac{\pi^{1/2}}{2} \times 2.612$$

所以有

$$T_C = \frac{h^2}{2\pi mk} \left(\frac{n}{2.612}\right)^{2/3} \tag{7.3.68}$$

对于 ^{4}He,其质量 $m = 6.65 \times 10^{-27}$ kg,设其摩尔体积为 2.76×10^{-5} m^3/mol,则 $T_C = 3.13$ K。

3. 基态粒子数随温度的变化

当 $T < T_c$ 时,基态粒子数已不能忽略,代替式(7.3.65)应有

$$n = n_0 + 2\pi \left(\frac{2m}{h^2}\right)^{3/2} \int_0^\infty \frac{\varepsilon^{1/2}\mathrm{d}\varepsilon}{e^{\varepsilon/(kT)}-1} \tag{7.3.69}$$

其中右端第一项 n_0 是温度为 T 时处在基态 $\varepsilon = 0$ 的粒子数密度,第二项为全部激发态中粒子数密度的总和 $n_{\varepsilon>0}$。令 $x = \varepsilon/kT$ 并考虑式(7.3.67),可得

$$n_{\varepsilon>0} = 2\pi \left(\frac{2m}{h^2}\right)^{3/2} \int_0^\infty \frac{\varepsilon^{1/2}\mathrm{d}\varepsilon}{e^{\varepsilon/(kT)}-1} = 2\pi \left(\frac{2mkT}{h^2}\right)^{3/2} \int_0^\infty \frac{x^{1/2}\mathrm{d}x}{e^x-1} = n\left(\frac{T}{T_C}\right)^{3/2}$$

$$\tag{7.3.70}$$

将式(7.3.70)代入式(7.3.69),可得温度为 T 时处在基态能级 $\varepsilon = 0$ 上的粒子数密度为

$$n_0 = n\left[1 - \left(\frac{T}{T_c}\right)^{3/2}\right], \qquad (T \leqslant T_c) \tag{7.3.71}$$

式(7.3.71)表明,当 $T < T_c$ 时,玻色子将在基态迅速聚集,凝结的玻色子数与总玻色子数具有相同的数量级;当 $T = 0\,\mathrm{K}$ 时,全部粒子都聚集到最低的能级,这一现象称为 $B\text{-}E$ 凝结。n_0 随温度变化如图 7-5 所示。

应该明确,$B\text{-}E$ 凝结是在动量空间的凝结,而不是在几何空间的凝结。聚集在基态的玻色子失去了能量和动量,对压强和黏滞性已无贡献,但仍将分布在全部几何空间中。

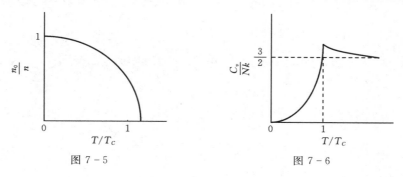

图 7-5   图 7-6

4. 凝结发生后玻色气体的热容

在 $T < T_c$ 时,已有宏观数量的玻色子聚集在基态 $\varepsilon = 0$ 上,它们对内能已无贡献,所以此时整个系统的内能仅由 $\varepsilon > 0$ 的粒子的能量总和来决定,即

$$U = \int_0^\infty \varepsilon f(\varepsilon) g(\varepsilon)\mathrm{d}\varepsilon = 2\pi V\left(\frac{2m}{h^2}\right)^{3/2}\int_0^\infty \frac{\varepsilon^{3/2}\,\mathrm{d}\varepsilon}{\mathrm{e}^{(\varepsilon-\mu)/(kT)} - 1}$$

考虑到 $T < T_c$ 时,$\mu \to 0$,上式化为

$$U = 2\pi V\left(\frac{2m}{h^2}\right)^{3/2}\int_0^\infty \frac{\varepsilon^{3/2}\,\mathrm{d}\varepsilon}{\mathrm{e}^{\varepsilon/(kT)} - 1} = 2\pi V\left(\frac{2m}{h^2}\right)^{3/2}(kT)^{5/2}\int_0^\infty \frac{x^{3/2}\,\mathrm{d}x}{\mathrm{e}^x - 1}$$

根据附录 4 式(17):

$\displaystyle\int_0^\infty \frac{x^{3/2}\,\mathrm{d}x}{\mathrm{e}^x - 1} = \frac{3}{4} \times 1.341\sqrt{\pi}$。考虑到式(7.3.68),所以系统的内能为

$$U = 0.770NkT\left(\frac{T}{T_c}\right)^{3/2} \tag{7.3.72}$$

定容热容为

$$C_V = \left(\frac{\partial U}{\partial T}\right)_V = 1.925Nk\left(\frac{T}{T_c}\right)^{3/2} \tag{7.3.73}$$

由上式可见,理想玻色气体的热容在 $T = 0$ 时为零,随温度的升高按 $T^{3/2}$ 增大,到 $T = T_c$ 时达到最大值 $1.925Nk$,比经典热容值 $3Nk/2$ 要高。在高温时趋于经典值 $3Nk/2$。如果把 $T = T_c$ 时看作是发生了某种相变,则在这种相变过程中热容 C_V 是连续的,但 C_V 对温度的导数并不连续,所以这种相变属于二级相变。

7.3.5 理想量子气体的性质[*]

在本节的前几段中,对具有代表性的理想费米气体及玻色气体的性质进行了讨论。下

面,我们利用巨配分函数讨论一般量子气体的性质。

假设无外场,只有一个外参量体积 V,并设气体只有平动自由度。由于气体分子平动的能级可以近似地看成是连续的,于是式(7.1.47)可以写成

$$\ln \widetilde{Z} = \pm \int_0^\infty \ln(1 \pm e^{-\alpha-\beta\varepsilon}) g(\varepsilon) d\varepsilon \qquad (7.3.74)$$

式中,上面的符号对应费米气体,下面的符号对应玻色气体,以下类同。

由于分子的平动动能为

$$\varepsilon = \frac{1}{2m}(P_x^2 + P_y^2 + P_z^2)$$

根据式(7.1.65), $\varepsilon \sim \varepsilon + d\varepsilon$ 中的量子态数为

$$g(\varepsilon)d\varepsilon = \frac{j}{h^3} \int dx dy dz \int_\varepsilon^{\varepsilon+d\varepsilon} dp_x dp_y dp_z = \frac{jV}{h^3} 4\pi p^2 dp = 2\pi Vj \left(\frac{2m}{h^2}\right)^{3/2} \varepsilon^{1/2} d\varepsilon$$

$$(7.3.75)$$

把式(7.3.75)代入式(7.3.74)得

$$\ln \widetilde{Z} = \pm 2\pi Vj \left(\frac{2m}{h^2}\right)^{3/2} \int_0^\infty \varepsilon^{1/2} \ln(1 \pm e^{-\alpha-\beta\varepsilon}) d\varepsilon$$

$$= \pm 2\pi Vj \left(\frac{2m}{\beta h^2}\right)^{3/2} \int_0^\infty x^{1/2} \ln(1 \pm e^{-\alpha-x}) dx \qquad (7.3.76)$$

当 $e^{-\alpha} < 1$ 时,根据附录6的级数公式,对数函数可展开为 $e^{-\alpha-x}$ 的幂级数,于是引入函数

$$g_\mp(\alpha) = \pm \frac{2}{\pi^{1/2}} \int_0^\infty x^{1/2} \ln(1 \pm e^{-\alpha-x}) dx$$

$$= \pm \frac{2}{\pi^{1/2}} \sum_{l=1}^\infty \frac{(\mp 1)^l}{l} \int_0^\infty x^{1/2} e^{-l\alpha-lx} dx = \mp \sum_{l=1}^\infty (\mp 1)^l \frac{e^{-l\alpha}}{l^{5/2}} \qquad (7.3.77)$$

其中用了附录4式(8)。

把式(7.3.77)代入式(7.3.76)得

$$\ln \widetilde{Z} = \left(\frac{2\pi m}{\beta h^2}\right)^{3/2} Vj g_\mp(\alpha) = \frac{Vj g_\mp(\alpha)}{\lambda^3} \qquad (7.3.78)$$

其中 $\lambda = \dfrac{h}{(2\pi mkT)^{1/2}}$ 称为粒子的平均热波长,它代表质量为 m 的粒子,具有热运动能量 kT 时所对应的德布罗意波长。

将式(7.3.78)分别代入式(7.1.48)、式(7.1.49)、式(7.1.51)和式(7.1.55),可得

$$N = -\frac{\partial \ln \widetilde{Z}}{\partial \alpha} = -\ln \widetilde{Z} \frac{g_\mp'(\alpha)}{g_\mp(\alpha)} = -\frac{Vj}{\lambda^3} g_\mp'(\alpha) \qquad (7.3.79)$$

$$U = -\frac{\partial \ln \widetilde{Z}}{\partial \beta} = \frac{3}{2} kT \ln \widetilde{Z} = -\frac{3}{2} NkT \frac{g_\mp(\alpha)}{g_\mp'(\alpha)} \qquad (7.3.80)$$

$$p = \frac{1}{\beta} \frac{\partial \ln \widetilde{Z}}{\partial V} = \frac{kT}{V} \ln \widetilde{Z} = -\frac{NkT}{V} \frac{g_\mp(\alpha)}{g_\mp'(\alpha)} = \frac{2U}{3V} \qquad (7.3.81)$$

$$S = k \left[\ln \widetilde{Z} - \beta \frac{\partial \ln \widetilde{Z}}{\partial \beta} - \alpha \frac{\partial \ln \widetilde{Z}}{\partial \alpha}\right] = k\left(\frac{5}{2} \ln \widetilde{Z} + \alpha N\right) = Nk\left[\alpha - \frac{5}{2} \frac{g_\mp(\alpha)}{g_\mp'(\alpha)}\right] \qquad (7.3.82)$$

其中,

$$g'_{\mp}(\alpha) = \frac{\mathrm{d}g_{\mp}(\alpha)}{\mathrm{d}\alpha} = \pm \sum_{l=1}^{\infty} (\mp 1)^l \frac{\mathrm{e}^{-l\alpha}}{l^{3/2}} \tag{7.3.83}$$

为了与熟知的结果比较,现在讨论 $\mathrm{e}^{-\alpha} \ll 1$ 成立的情形。

首先求 $\dfrac{g_{\mp}(\alpha)}{g'_{\mp}(\alpha)}$ 按 $\mathrm{e}^{-\alpha}$ 的展开式(略去高次项)

$$\frac{g_{\mp}(\alpha)}{g'_{\mp}(\alpha)} = \frac{\pm \sum_{l=1}^{\infty} (\mp 1)^l \dfrac{\mathrm{e}^{-l\alpha}}{l^{5/2}}}{\pm \sum_{l=1}^{\infty} (\mp 1)^l \dfrac{\mathrm{e}^{-l\alpha}}{l^{3/2}}} \approx -\frac{\mp \mathrm{e}^{-\alpha} + \mathrm{e}^{-2\alpha}/2^{5/2}}{\mp \mathrm{e}^{-\alpha} + \mathrm{e}^{-2\alpha}/2^{3/2}} = -\frac{\mp \mathrm{e}^{-\alpha}(1 \mp \mathrm{e}^{-\alpha}/2^{5/2})}{\mp \mathrm{e}^{-\alpha}(1 \mp \mathrm{e}^{-\alpha}/2^{3/2})}$$

$$\approx -(1 \mp \mathrm{e}^{-\alpha}/2^{5/2})(1 \pm \mathrm{e}^{-\alpha}/2^{3/2}) = -(1 \pm \mathrm{e}^{-\alpha}/2^{5/2}) \tag{7.3.84}$$

其次求 $\mathrm{e}^{-\alpha}$ 与温度 T、体积 V 及粒子数 N 的关系:将式(7.3.83)代入式(7.3.79)得

$$N = \mp \left(\frac{2\pi mkT}{h^2}\right)^{3/2} Vj \sum_{l=1}^{\infty} (\mp 1)^l \frac{\mathrm{e}^{-l\alpha}}{l^{3/2}}$$

上式可改写成

$$\sum_{l=1}^{\infty} (\mp 1)^{l+1} \mathrm{e}^{-l\alpha}/l^{3/2} = \frac{N}{jV} \left(\frac{h^2}{2\pi mkT}\right)^{3/2} = \frac{1}{j} n\lambda^3 \tag{7.3.85}$$

根据式(7.1.66),当 $\mathrm{e}^{-\alpha} \ll 1$ 时有

$$\mathrm{e}^{-\alpha} = \frac{N}{jV} \left(\frac{h^2}{2\pi mkT}\right)^{3/2} = \frac{n\lambda^3}{j} \tag{7.3.86}$$

所以,一般地由式(7.3.85)可近似解出 $\mathrm{e}^{-\alpha}$ 为

$$\mathrm{e}^{-\alpha} = \frac{1}{j} n\lambda^3 \left[1 \pm \frac{1}{2^{3/2}j}(n\lambda^3) + \cdots\right] \tag{7.3.87}$$

把式(7.3.87)代入式(7.3.84)得

$$\frac{g_{\mp}(\alpha)}{g'_{\mp}(\alpha)} = -\left[1 \pm \frac{1}{2^{5/2}j} n\lambda^3 + \cdots\right] \tag{7.3.88}$$

再将式(7.3.88)分别代入式(7.3.80)至式(7.3.82),并从式(7.3.87)中求得 α,也代入式(7.3.82),就得到高温、低密度情况下费米气体与玻色气体的热力学量

$$U = \frac{3}{2} NkT \left[1 \pm \frac{1}{2^{5/2}j}(n\lambda^3) + \cdots\right] \tag{7.3.89}$$

$$p = \frac{NkT}{V} \left[1 \pm \frac{1}{2^{5/2}j}(n\lambda^3) + \cdots\right] \tag{7.3.90}$$

$$S = Nk \left[\left(\ln\frac{1}{n\lambda^3} + \frac{5}{2}\right) \pm \frac{1}{2^{7/2}j}(n\lambda^3) + \cdots\right] \tag{7.3.91}$$

在式(7.3.89)至式(7.3.91)中,"+"号对应费米气体,"-"号对应玻色气体。

两点讨论。

(1) 式(7.3.89)至式(7.3.91)中右边第一项就是经典理想气体的结果,而第二项是在 $\mathrm{e}^{-\alpha} \ll 1$ 条件下对经典理想气体的修正。如果 $\mathrm{e}^{-\alpha} < 1$,而不是比 1 小得多,上面三式的右方还要包括许多高次项,这些将导致与经典理想气体有较大的偏差。由于这些偏离项和普朗克

常数 h 有关,所以这纯属量子的效应。

（2）由式(7.3.89)至式(7.3.91)可见,在同样温度、密度的条件下,费米气体的内能、压强和熵的值要大于经典理想气体的结果,而玻色气体相应的各量却小于经典理想气体的结果。这个差异可用量子效应来解释:因费米子服从泡利不相容原理,两个以上的粒子不能处于同一个量子态,粒子间好像有斥力存在,所以费米气体产生的压强大于经典气体产生的压强。而玻色气体不服从泡利不相容原理,同一个量子态可以被任意数目的粒子所占据,粒子之间好像有吸引力存在,所以玻色气体产生的压强要小于经典气体的压强。

思考题及习题

1. 何谓 $M-B$ 分布、$F-D$ 分布、$B-E$ 分布?何谓最概然分布?

2. 在什么条件下量子系统可用经典方法计算?什么条件下 $F-D$ 分布和 $B-E$ 分布都过渡到 $M-B$ 分布?

3. $S = k\ln W$ 的物理意义是什么?

4. 判定下列情况服从何种分布:(1)锗中的自由电子,其数密度为 $10^{14}\,\text{cm}^{-3}$;(2)银中的自由电子,其数密度为 $10^{22}\,\text{cm}^{-3}$

5. 试计算氢和氧的简并温度,设其粒子数密度与标准条件下的粒子数密度($2.678 \times 10^{-25}\,\text{m}^{-3}$)相同。

   [答案:0.136 K;0.0085 K]

6. 试问晶体中自由电子数密度为何值时,其电子气的简并温度等于 0 ℃?

   [答案:$1.2 \times 10^{25}\,\text{m}^{-3}$]

7. 一个线性谐振子,其能谱为 $\varepsilon_n = (n + \frac{1}{2})h\nu, n = 0, 1, \cdots$,且系统温度足够 ($h\nu \gg kT$)。

   (1)试求振子处于第一激发态与基态的概率之比;(2)若振子仅占据第一激发态与基态,试计算其平均能量。

   [答案:$P_1/P_0 = \mathrm{e}^{-h\nu/kT}$;$\bar{\varepsilon} = \left[(1 + 3\mathrm{e}^{-h\nu/kT})/(1 + \mathrm{e}^{-h\nu/kT})\right] \cdot \frac{1}{2}h\nu$]

8. 由单原子组成的顺磁气体,每单位体积中有 N_0 个原子,当温度不太高时可看成每个原子都处于基态,其固有磁矩 μ 在外磁场 $\boldsymbol{H}$ 中只能取平行于 $\boldsymbol{H}$ 和反行于 $\boldsymbol{H}$ 两种取向,气体服从 $M-B$ 分布。试计算:(1)一个原子处于 μ 与 $\boldsymbol{H}$ 平行状态的概率;(2)一个原子处于 μ 与 $\boldsymbol{H}$ 逆平行状态的概率;(3)一个原子的平均磁矩 $\bar{\mu}$;(4)写出气体的磁化强度,并讨论 $\mu H \ll kT$ 和 $\mu H \gg kT$ 两种极限情况。

   [答案:(1)$P_\uparrow = \frac{1}{Z}\mathrm{e}^{\mu H/(kT)}$;(2)$P_\downarrow = \frac{1}{Z}\mathrm{e}^{-\mu H/(kT)}$;(3)$\bar{\mu} = \mu\tanh(\mu H/(kT))$;

   (4)$\bar{m} = N_0\bar{\mu} = N_0\mu\tanh(\mu H/(kT))$;$\bar{m} \approx N_0\mu^2 H/(kT)$,$\bar{m} \approx N_0\mu$]

9. 考虑两个晶格格点组成的系统,每个格点上固定一个原子(自旋为1),其自旋可以取三个方向,原子能量分别为 1, 0, -1,且能级无简并,两原子之间无相互作用。试求该系统的 $\bar{E}$ 和 $\overline{E^2}$。

$$\left[答案: \bar{E} = \bar{\varepsilon}_1 + \bar{\varepsilon}_2 = -2\,\frac{e^{\beta} - e^{-\beta}}{1 + e^{\beta} + e^{-\beta}};\ \bar{E^2} = \frac{4e^{2\beta} + 4e^{-2\beta} + 2e^{\beta} + 2e^{-\beta}}{(1 + e^{\beta} + e^{-\beta})^2}.\right]$$

10. 试证明,对于理想的 $M\text{-}B$、$F\text{-}D$、$B\text{-}E$ 气体,熵可分别表示为

$$S_{M\text{-}B} = -k\sum_{\varphi} f_{\varphi}\ln f_{\varphi} + Nk;$$

$$S_{F\text{-}D} = -k\sum_{\varphi}\left[f_{\varphi}\ln f_{\varphi} + (1 - f_{\varphi})\ln(1 - f_{\varphi})\right];$$

$$S_{B\text{-}E} = -k\sum_{\varphi}\left[f_{\varphi}\ln f_{\varphi} - (1 + f_{\varphi})\ln(1 + f_{\varphi})\right]。$$

其中 f_{φ} 是能级 ε_{φ} 的量子态上的平均粒子数, $\sum\limits_{\varphi}$ 是对粒子的所有量子态取和。

11. 一粒子数 N 很大的定域子系统,处在外磁场 $\boldsymbol{H}$ 中,每个粒子的自旋为 $1/2$。求系统的微观态数与总自旋 Z 分量 M_z 的函数关系,并确定系统的微观态数最大时的 M_z 的值。

$$\left[答案: W = \frac{N!}{\left(\dfrac{N}{2} + M_z\right)!\left(\dfrac{N}{2} - M_z\right)!};\ 当\ N_{\uparrow} = N/2\ 时,W\ 最大,M_z = 0\right]$$

12. 如 12 题图所示,一个一维的链由 $N \gg 1$ 个节组成,当节和链平行时,节的长度为 a,当节和链垂直时,节的长度为零。每个节只有这两个非简并的状态,平均链长为 N_x。(1)用 x 表示出链的熵;(2)求温度 T、张力 F 和长度 N_x 之间的关系,设铰点可以自由活动;(3)什么情况下结论给出胡克定律?

12 题图

$$\left[答案:(1)S = k\ln \frac{N!}{\left(\dfrac{x}{a}N\right)!\left(N - \dfrac{x}{a}N\right)!};\right.$$

$$(2)Nx = N\bar{l} = \frac{Na\,e^{Fa/kT}}{1 + e^{Fa/kT}};$$

$$\left.(3)\ 高温下,Nx = Na\left(\frac{1}{2} + \frac{1}{2}\frac{Fa}{kT}\right),其中\ \bar{l}\ 为每个节的平均长度\right]$$

13. 如果原子脱离晶体内部的正常位置而占据表面上的位置构成新的一层,晶体将出现缺位。晶体的这种缺陷称为肖脱基缺陷,如 13 题图所示。以 N 表示晶体中的原子数,n 表示晶体中的缺位数。如果忽略晶体体积的变化,试由自由能取极小值的条件证明,当温度为 T 时,$n \approx Ne^{-W/(kT)}$,$(n \ll N)$ 其中 W 为原子在表面位置与正常位置的能量差。

13 题图

14. 某遵从 $M-B$ 统计分布的 N 个粒子组成的理想气体系统,其粒子的能量动量关系为 $\varepsilon = cp$,在不考虑其内部结构的条件下,试求其热力学函数 U、H、C_V 和 C_p。

   [答案:$U = 3NkT$,$H = 4NkT$,$C_V = 3Nk$,$C_P = 4Nk$]

15. 某满足 $M-B$ 统计的理想气体处在重力场中。设想一个很高的圆柱筒垂直地放在地面上,筒内粒子数为 N。假设筒内的理想气体处于同一温度,试求该系统的内能和定容热容量。

   [答案:$U = 5NkT/2$,$C_V = 5Nk/2$]

16. 被吸附在表面上的单原子分子,能在表面上自由运动,可看作二维的理想气体,试计算其摩尔热容,设表面的大小不变。

   [答案:$C_S = Nk$]

17. 从一容器的狭缝中射出一分子束,试求该分子束中分子的最概然速率 v_p 和最概然能量 ε_p。求得的 v_p 和 ε_p 与容器内的 v_p 和 ε_p 是否相同?为什么?

   [答案:$v_p = (3kT/M)^{1/2}$,$\varepsilon_p = kT$]

18. 假设双原子的振动是非简谐的,振动能量的经典表达式为

$$\varepsilon = p^2/2\mu + aq^2/2 - bq^3 + cq^4$$

式中后两项是非简谐的修正项,其数值远小于前面两项,$a = \mu\omega^2$,b,c 均为常数。试证明:振动的内能和定容热容量分别为

$$U^v = NkT + Nk^2T^2\delta, \quad C_V^v = Nk + Nk^2T\delta. \quad 其中 \delta = 15b^2/2a^3 - 3c/a^2.$$

19. 在室温($kT = 0.025$ eV)时,电子占据费米能级、比费米能级高 0.1 eV、比费米能级低 0.1 eV 的态的概率分别为多大?

   [答案:$0.5,0.02,0.98$]

20. 若某能级高于费米能级 0.1 eV,温度从 10^3 K 变到 300 K,问电子占有该能级的概率改变多少?

   [答案:减少为原来的 $\dfrac{1}{11.67}$]

21. 试计算 $T = 0$ K 时自由电子气体中一个电子能量的相对涨落。

   [答案:$(\overline{\varepsilon^2} - \bar{\varepsilon}^2)/\bar{\varepsilon}^2 = 0.19$]

22. 设金属中的传导电子可以近似地看成理想费米气体。再设金属宏观静止,其费米能级为 ε_F。试在绝对零度下,(1) 计算 $\bar{v}_x$ 和 $\overline{v_x^2}$ (v_x 为电子速度的 x 分量);(2)证明总能量的平均值 $\bar{E}$ 是广延量。当总体积 V 固定时,$\bar{E}$ 与总粒子数 N 并不成线性关系,为什么?

   [答案:$\bar{v}_x = 0$;$\overline{v_x^2} = \dfrac{v_F^2}{5} = \dfrac{2\varepsilon_F}{5m}$]

23. 相对论性电子气体,其能量动量关系为 $\varepsilon^2 = c^2 p^2 + m^2 c^4$(其中 c 为光速,m 为电子质量),试在 $T = 0$ K 时计算电子数密度,用费米能级 ε_F 表示。

   [答案:$n = \dfrac{8\pi (\varepsilon_F^2 - m^2 c^4)^{3/2}}{3c^3 h^3}$]

24. 某种样品中的电子服从 $F-D$ 分布,其态密度有如下特征:$\varepsilon < 0$ 时,$g(\varepsilon) = 0$;$\varepsilon \geqslant 0$ 时,$g(\varepsilon) = g_0$。设电子的总数为 N。(1)试求 $T = 0$ K 时的化学势 μ_0 和总能量 E_0;(2)试证

明系统的非简并条件为 $T \gg N/(g_0 k)$;(3)试证明当系统强烈简并(T 很低)时 $c_V \propto T$。

[答案:$\mu_0 = N/g_0, E = \mu_0 N/2$]

25. 考虑由 N 个无相互作用的电子组成的电子气体,假定电子是非相对论性的。试求出 $T = 0\,\mathrm{K}$ 时,与下列情形相应的费米能量:(1)粒子只能沿长度为 L 的线段运动;(2)粒子只能在一个面积为 A 的二维平面上运动。

$$\left[\text{答案}:\frac{h^2 N^2}{32mL^2};\frac{h^2 N}{4\pi mA}\right]$$

26. 试导出二维空间黑体辐射的普朗克公式和相应的斯特潘定律。

$$\left[\text{答案}:u(\nu, T)\mathrm{d}\nu = \frac{4\pi}{c^2}\frac{h\nu^2\,\mathrm{d}\nu}{\mathrm{e}^{h\nu/kT}-1};\frac{9.6\pi\,(kT)^3}{(ch)^2}\right]$$

27. 宇宙中充满着 $T = 3\,\mathrm{K}$ 的黑体辐射光子,这可以看作是大爆炸的痕迹。(1)试求出光子数密度依赖于温度 T 的解析表达式,可保留一个数值因子。(2)试近似计算 $T = 3\,\mathrm{K}$ 时光子的数密度。

$$\left[\text{答案}:n = 8\pi\left(\frac{kT}{hc}\right)^3\int_0^\infty\frac{x^2\,\mathrm{d}x}{\mathrm{e}^x-1};n \approx 10^3\,\mathrm{cm}^{-3}\right]$$

28. 如果声子服从 $F\text{-}D$ 统计而非 $B\text{-}E$ 统计,则固体热容量的德拜理论发生什么变化?在这样的假设下,试求远低于德拜温度和远高于德拜温度时热容与温度的关系(常数系数不必算出)。

[答案:$T \gg \theta_D$ 时,按 $B\text{-}E$ 统计 $C_V =$ 常数,按 $F\text{-}D$ 统计 $C_V \to 0$;$T \ll \theta_D$ 时,两种情形都给出 $C_V \propto T^3$]

29. 试证明:对玻色气体,$pV - NkT < 0$;对费米气体 $pV - NkT > 0$。

[提示:先求出费米气体和玻色气体的巨配分函数,并在弱简并(温度较高)情形下做近似处理]

系综统计法

第8章

第7章我们讨论的是彼此独立或近似独立的粒子系统处于平衡态时的统计规律。研究的方法是：先求出单个粒子按状态（或能量）的分布规律（在经典情况下，引入 μ 空间描述粒子的运动状态）；然后求单粒子物理量的统计平均值；再给出系统物理量的统计平均值。但是，自然界中的实际系统，如实际气体、液体、固体等，其内部粒子间的相互作用大多是不能忽略的。在这样的系统中，系统的能量除每个粒子的能量外，还存在粒子间的相互作用势能。这样，每个粒子的状态（单粒子态）已不能完全由它自身的坐标和动量来确定，它还与其他粒子所处的状态有关。而且，从原则上讲，任何一个粒子的状态发生变化时，都会影响到其余粒子的运动状态。也就是说，单粒子态已不能从整个系统的状态中分离出来。这时，"某个粒子的能量、动量是多少"已经没有意义，因而，"单个粒子如何按能量分布"也失去意义。所以上章所介绍的方法就不适用了。

本章介绍的系综统计法能够处理有相互作用的粒子组成的系统。系综统计法首先是由吉布斯提出的。他认为，人们最终需要知道的是系统的宏观性质，是系统的宏观态与微观态，而不是单粒子态。如果把整个系统所对应的每个可能的微观态集合起来进行考虑，直接从整个系统的状态出发，就不必过问个别粒子的状态了。本章将首先阐明 Γ 空间和统计系综等概念，然后讨论几种常用的系综的分布规律及其应用。

8.1 基本概念

8.1.1 Γ 空间

按照吉布斯的思想，当组成系统的粒子之间的相互作用不能忽略时，必须把系统当作一个整体来考虑。用 f 表示整个系统的自由度。根据量子理论，系统的微观状态可用一组（f 个）完全集合的力学量的量子数来表示，在经典理论适用的范围内，可用 f 个广义坐标和 f 个广义动量来表示。

为了形象地描述系统的微观状态，引入 Γ 空间的概念，以描述以系统的 f 个广义坐标 $q_1, \cdots, q_f$ 和 f 个广义动量 $p_1, \cdots, p_f$ 为基矢量而构成的一个 $2f$ 维空间，称其为 Γ 空间或系统相空间。

Γ 空间的性质。

(1) Γ 空间中的一个点代表系统的一个微观态,这个点称为代表点。不同的点代表系统的不同微观态。

(2) 在一定宏观条件下,若系统对应 Ω 个微观态,则在 Γ 空间中就有 Ω 个代表点与之相对应。

(3) 当系统的状态随时间变化时,代表点相应地在 Γ 空间中移动,从而形成相轨迹。相轨迹由哈密顿正则方程

$$\dot{q}_i = \frac{\partial H}{\partial p_i}, \quad \dot{p}_i = -\frac{\partial H}{\partial q_i}, \quad (i=1,2,\cdots,f) \tag{8.1.1}$$

确定,式中 $H(q_1,\cdots q_f;p_1,\cdots p_f)$ 是系统的哈密顿量。为了书写方便,以后我们常把 $q_1,\cdots,q_f;p_1,\cdots,p_f$ 简记为 q,p。如果系统的能量为确定值 E 时,则其广义坐标和广义动量必然满足

$$H(q,p) = E \tag{8.1.2}$$

上式在 Γ 空间中表示一个 $(2f-1)$ 维的曲面,称为能量曲面。这就是说,当系统的能量具有确定值时,代表点的轨迹一定在 Γ 空间的能量曲面上。如果系统的能量是在 $E \sim E + \Delta E$ 的范围内,则系统的广义坐标和广义动量满足条件

$$E \leqslant H(q,p) \leqslant E + \Delta E \tag{8.1.3}$$

代表点的轨迹将在上式所确定的空间中的能壳之内。

(4) 与 μ 空间类似

$$\mathrm{d}\Gamma = \mathrm{d}q_1\cdots\mathrm{d}q_f \cdot \mathrm{d}p_1\cdots\mathrm{d}p_f \tag{8.1.4}$$

为 $2f$ 维系统相空间的相体积元,也可像 μ 空间那样,将相体积元 $\mathrm{d}\Gamma$ 划分为许多大小相等的体积元,称为相格,相格的大小取为 h^f。这样,在 Γ 空间中,$q \sim q+\mathrm{d}q,p \sim p+\mathrm{d}p$ 内系统的微观态数可表为

$$\mathrm{d}\Omega = \frac{\mathrm{d}\Gamma}{N!h^f} = \frac{\mathrm{d}q\mathrm{d}p}{N!h^f} \tag{8.1.5}$$

式中,$N!$ 是考虑到组成系统的 N 个微观粒子是全同的(当其相互交换时并不产生新的态)引起的修正。系统的能量在 $E \sim E+\Delta E$ 内的微观状态数为

$$\Omega = \frac{1}{N!h^f} \int_{E \leqslant H(q,p) \leqslant E+\Delta E} \mathrm{d}q\mathrm{d}p \tag{8.1.6}$$

(4) 当系统由 N 个独立的、自由度为 r 的全同粒子组成时,可把 $2f$ 维的 Γ 空间分解为独立的 N 个 $2r$ 维 μ 空间。在这种情形下,式(8.1.5)可表为

$$\mathrm{d}\Omega = \frac{\mathrm{d}\Gamma}{N!h^{Nr}} = \frac{1}{N!h^{Nr}}\prod_{i=1}^{N}\mathrm{d}\omega_i = \frac{1}{N!h^{Nr}}(\mathrm{d}\omega)^N \tag{8.1.7}$$

式中,$\mathrm{d}\omega = \mathrm{d}q_1\cdots\mathrm{d}q_r \cdot \mathrm{d}p_1\cdots\mathrm{d}p_r$ 是 μ 空间的相体积元。可见,μ 空间是 Γ 空间的子空间。例如,一维谐振子的 μ 空间是二维的,一维谐振子系统的 Γ 空间是 $2N$ 维的。又如,单原子理想气体分子的 μ 空间是六维的,Γ 空间是 $6N$ 维的。

8.1.2 统计系综

在一定的宏观条件下,人们对一个宏观系统的某种性质进行测量时,由于宏观系统内部

的自由度非常大,即使在很短时间内,微观态也已发生了巨大的变化。图8-1(a)表示在一个微观长而宏观短的时间 Δt 内系统微观状态的变化过程,这一过程实际上是由巨大数目的微观态集合而成的,如果用"放大镜"把过程放大来观察,它实际上应是大群系统代表点的集合(见图8-1(b))。我们把这一大群微观态的集合即系统在不同时刻代表点的集合称为时间系综。这就是说,我们在时间间隔 Δt 内对系统的某一物理量 A 进行测量,实际上是在 Δt 时间间隔内就系统经历的一切微观态所对应的 $A(t)$ 求平均值 $\overline{A}$,称为时间平均值。其表达式为

$$\overline{A} = \lim_{\Delta t \to \infty} \frac{1}{\Delta t} \int_t^{t+\Delta t} A(t)\,\mathrm{d}t \qquad (8.1.8)$$

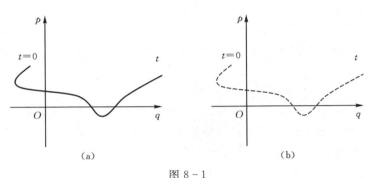

图 8 - 1

这种求平均值的方法看起来似乎是可行的,但实际上很不现实。因为,要求 $A(t)$,就必须求出包含大量粒子的宏观系统的各个瞬时态。但我们又无法确切知道如此大量粒子间的相互作用关系,即使知道了这种关系的细节,也无法一一列出它们的运动方程,并对其求解。所以用上式求物理量的平均值是行不通的。

不过我们从图8-1(b)得到启示,那些代表点虽是一个系统在 Δt 内所经历的不同状态,但可以假想有一大群完全相同的系统在同一时刻,按图中曲线所示分布在各点的位置上。有多少个微观态就复制多少个相同系统,它们的代表点在同一时刻 t 出现在相空间中。这就是说,用假想的一大群相同系统在同一时刻的状态分布来代替一个系统在一段微观长而宏观短时间内所有微观态的分布。并用对这一群微观态的统计平均来代替对时间的平均。这种大量的、完全相同的、相互独立的假想系统的集合称为统计系综,简称系综。

几点说明。

(1) 所谓"大量",是指数目相当大,适用统计方法去求平均值。

(2) 所谓"完全相同",是指组成系综的所有假想系统既有相同的内部结构,又有相同的外界条件。例如,所研究的系统是理想气体,则系综中每一个系统都是同一种化学纯的理想气体;如果所研究的系统是孤立系,则系综中每个系统都是孤立的。

(3) 所谓"集合",就是把系综中所有系统作为一个整体来看待,一旦该宏观态所对应的微观态数目 Ω 确定,则系综中的系统数目也就确定了,这 Ω 个代表点在 Γ 空间中形成某种分布。

(4) 系综不是所讨论的实际存在的客体,该实际客体是组成系综的单元 —— 热力学系统。系综是热力学系统的所有可能的微观态总和的形象化身。

8.1.3　系综平均值(统计平均值)

引入系综的概念后,就可用系综平均值代替时间平均值。所谓系综平均值,就是微观量 A(与微观态所对应的物理量)在统计系综中对一定宏观条件下系统所有可能的微观态求平均。其表达式为式(6.3.2)和式(6.3.4),即:

量子系统

$$\overline{A(t)} = \sum_s A_s P_s(t) \tag{8.1.9}$$

经典系统

$$\overline{A(t)} = \iint A(p,q)\rho(q,p,t)\frac{\mathrm{d}q\mathrm{d}p}{N!h^f} \tag{8.1.10}$$

上述替代是否合理呢?就是说系综平均值与时间平均值是否等价呢?这个问题迄今并没有得到严格证明。实际上,它可以作为统计物理学的一个基本假设而由实践去检验(见第 6章)。这里用一个熟悉的粒子来加以证明。"抛出一个骰子,问出现的平均点数是多少?"可采用两种方法进行计算:其一,将一颗骰子先后抛出大量次数(N 次),将每次出现的点数相加然后除以 N。其二,将 N 个相同的骰子分别交给大众,让众人以相同的方式一齐抛出骰子,然后计算。方法一是对单个系统进行长时间的观测,所求得的是对单个系统的时间平均值。方法二则是在同一时刻对大量系统的集合(即系综)进行观测,所求得的是系综平均值。实践表明,只要 N 很大,时间平均值和系综平均值是一致的。

由式(8.1.9)和式(8.1.10)可知,只要知道概率密度 ρ(或 P_s)的具体形式就能求出物理量的平均值。确定 ρ(或 P_s)是系综理论的根本问题。究竟如何确定 ρ 呢?由于系统所处的宏观条件不同,其微观状态的分布也就不同,所以 ρ 的形式与系统所处的宏观条件有关。根据不同的宏观约束条件,最常用的是三种系综:微正则系综、正则系综和巨正则系综。下面各节分别讨论三者的分布规律及其应用。

8.2　微正则系综

由完全相同的极大数目的孤立系统所组成的系综称为微正则系综。微正则系综的概率分布称为微正则分布。

8.2.1　微正则分布

根据定义,孤立系是与外界既无能量交换又无粒子交换的系统。即 E、N、y 均取定值的系统,其中 y 代表外参量,如体积 V 等。由于绝对的孤立系是没有的。所以更精确地说,孤立系是指能量在 E 和 $E+\Delta E$ 之间,且 $\Delta E \ll E$ 的系统。尽管 ΔE 很小,但在此范围内,系统可能具有的微观状态数仍是大量的,设其为 Ω。现在的问题是,发现该系统处在该 Ω 个可能微观态中某个特定微观态的概率为多大?由于这些微观状态满足同样的已经给定的宏观条件,因此它们之间应当是平权的。一个合理的想法是,系统处在每个微观态上的概率是相等的;或者说,每一个可能的微观态出现的概率都相等。这就是第 6 章所说的等概率原理。其粒子

表达式为

$$\rho_s = \frac{1}{\Omega} \tag{8.2.1}$$

其中 ρ_s 表示在的能量 $E \sim E + \Delta E$ 范围内,系统所有可能的微观状态 Ω 中状态 s 出现的概率。其经典表达式为

$$\rho(p,q) = \begin{cases} 1/\Omega & E \leqslant H(q,p) \leqslant E + \Delta E, \\ 0 & \Delta E \text{ 以外}. \end{cases} \tag{8.2.2}$$

$\rho(p,q)$ 是系统的某一微观态出现在 Γ 空间中 (p,q) 处的概率。式(8.2.1)和式(8.2.2)称为微正则分布。

两点说明。

(1) 式(8.2.1)和式(8.2.2)的推论:具有同一能量和同一粒子数的全部微观状态都是可以经历的;因为只有它们是可以经历的,才谈得上是等概率的。

(2) 微正则分布是平衡态统计系综理论中的唯一基本假设,其正确性由它的推论与实际结果符合而得到肯定。

8.2.2 微观状态数 Ω 和热力学量的关系

将微正则分布 ρ_s 或 $\rho(p,q)$ 代入式(8.1.9)或式(8.1.10),就可求得孤立系的任何宏观量。但也可用以下方法求得孤立系的热力学量:首先找到孤立系的熵 S 与微观态数 $\Omega(E$、V、$N)$ 的关系,然后利用热力学关系求得其余热力学量。下面就讨论 $\Omega(E$、V、$N)$ 与 $S(E$、V、$N)$ 的关系。

考虑由两个系统 A_1 和 A_2 组成的复合孤立系统 $A^{(0)}$。A_1 和 A_2 通过固定的导热壁接触,因而可彼此交换能量,但不能交换粒子和改变体积:即 A_1 和 A_2 的能量 E_1 和 E_2 是可变的,但两者的粒子数和体积 N_1、N_2、V_1、V_2 都是不变的。由于复合系统 $A^{(0)}$ 是孤立的,因此 E_1 和 E_2 的变化必须满足

$$E^{(0)} = E_1 + E_2 = \text{常量} \tag{8.2.3}$$

严格地说,应该是 $(E^{(0)} < E_1 + E_2 < E^{(0)} + \Delta E)$。

用 $\Omega_1(E_1, N_1, V_1)$ 和 $\Omega_2(E_2, N_2, V_2)$ 分别表示 A_1 和 A_2 的能量、粒子数、体积分别为 E_1,N_1,V_1 和 E_2,N_2,V 时的微观状态数。因为 A_1 的某一微观态可以和 A_2 的每一微观态结合,形成复合系统 $A^{(0)}$ 的 Ω_2 个不同的微观态,因此复合系统 $A^{(0)}$ 的总微观状态数为

$$\Omega^{(0)}(E_1, E_2) = \Omega_1(E_1)\Omega_2(E_2) \tag{8.2.4}$$

利用式(8.2.3),上式可化为

$$\Omega^{(0)}(E_1, E^{(0)} - E_1) = \Omega_1(E_1)\Omega_2(E^{(0)} - E_1) \tag{8.2.5}$$

上式表明,对于给定的 $E^{(0)}$,$\Omega^{(0)}$ 取决于 E_1。这就是说,孤立系 $A^{(0)}$ 的微观状态数 $\Omega^{(0)}$ 取决于能量 $E^{(0)}$ 在 A_1 和 A_2 两个系统之间的分配。

可以证明,对宏观系统,$\Omega \propto E^N$。因为 N 很大,所以 $\Omega(E)$ 将随 E 的增大而迅速增大。因此,式(8.2.4)中的 $\Omega_1(E_1)$ 将随 E_1 增大而增大,$\Omega_2(E^{(0)} - E_1)$ 将 E_1 随增大而减小。这样两个因子相乘的结果式(8.2.5)必将在 $E_1 = \bar{E}_1$ 时有极大值。

　　根据等概率原理,在平衡态中孤立系统的每一个可能的微观态出现的概率是相等的。在复合孤立系 $A^{(0)}$ 中,由于各种能量分配所对应的微观态数不同,它们出现的概率并不相等,且与其所对应的微观态数成正比。根据假设,当 $E_1 = \bar{E}_1$ 时,式(8.2.4)中 $\Omega^{(0)}$ 有极大值。这就意味着,A_1 具有能量 $\bar{E}_1$、A_2 具有能量 $\bar{E}_2 = E^{(0)} - \bar{E}_1$ 是一种最可几的能量分配。对于宏观系统,$\Omega^{(0)}$ 的这个极大值是非常陡的,其他能量分配出现的概率远远小于最可几的能量分配出现的概率。因此可以认为,该孤立系几乎全部处于最可几的能量分配状态,即热力学平衡态。故 $\bar{E}_1$ 和 $\bar{E}_2$ 就是系统 A_1 和 A_2 达到热平衡时分别具有的内能。

　　现在来推求确定 $\bar{E}_1$ 和 $\bar{E}_2$ 的条件。将式(8.2.4)代入 $\partial\Omega^{(0)}/\partial E_1 = 0$,可得

$$\frac{\partial\Omega_1(E_1)}{\partial E_1}\Omega_2(E_2) + \Omega_1(E_1)\frac{\partial\Omega_2(E_2)}{\partial E_2}\frac{\partial E_2}{\partial E_1} = 0$$

将上式用 $\Omega_1(E_1)\Omega_2(E_2)$ 去除,并注意到 $\frac{\partial E_2}{\partial E_1} = -1$,有

$$\left(\frac{\partial\ln\Omega_1(E_1)}{\partial E_1}\right)_{E_1=\bar{E}_1} = \left(\frac{\partial\ln\Omega_2(E_2)}{\partial E_2}\right)_{E_2=\bar{E}_2} \tag{8.2.6}$$

　　系统 A_1 和 A_2 达到热平衡时的内能 $\bar{E}_1$ 和 $\bar{E}_2$ 由式(8.2.6)决定。式(8.2.6)指出,当 A_1 和 A_2 达到热平衡时,两个系统的 $\left(\frac{\partial\ln\Omega(N,V,E)}{\partial E}\right)_{N,V}$ 值必将相等,以 β 表示

$$\beta = \left(\frac{\partial\ln\Omega(N,V,E)}{\partial E}\right)_{N,V} \tag{8.2.7}$$

则热平衡条件可以表为

$$\beta_1 = \beta_2 \tag{8.2.8}$$

　　在热力学中曾经得到类似的结果,两个系统达到热平衡时,必有

$$\left(\frac{\partial S_1}{\partial U_1}\right)_{N_1,V_1} = \left(\frac{\partial S_2}{\partial U_2}\right)_{N_2,V_2} \tag{8.2.9}$$

而 $\left(\frac{\partial S}{\partial U}\right)_{N,V} = \frac{1}{T}$。比较可知,$\beta$ 应与 $1/T$ 成正比。令二者之比为 k,即有

$$\beta = \frac{1}{kT} \tag{8.2.10}$$

比较式(8.2.6)和式(8.2.9),可得

$$S = k\ln\Omega(E,N,V) \tag{8.2.11}$$

此即玻尔兹曼关系。

　　从式(8.2.11)解出 $E(S,N,V)$,就是热力学内能 U。利用

$$T = \left(\frac{\partial U}{\partial S}\right)_{N,V}, \quad p = -\left(\frac{\partial U}{\partial V}\right)_{N,S}$$

等热力学关系就可求得系统的全部热力学量。

　　几点讨论。

　　(1)上面的讨论是普适的,不牵涉系统的具体性质。所以式(8.2.10)和式(8.2.11)的关系式是普适的。

　　(2)式(8.2.11)虽然是在孤立系处于最可几状态下导出的,但因为对于非最可几状态的微观态数也有意义,所以该式对非最可几状态也能成立。这就定义了非平衡态的熵。

（3）式(8.2.11)表明，孤立系总是从微观态数少的状态向微观态数多的状态过渡，热力学平衡态就是微观态数最多的最可几态。但应注意，最可几态并不是系统唯一可能的态，因此熵减少的可能性是存在的，只不过它的概率极小，以至在实际生活中不可能观察到而已。

（4）当 $T \to 0$ K 时，系统将处在能量最低的基态，这时的熵为

$$S(E = 0) = k\ln\Omega_0 \tag{8.2.12}$$

Ω_0 是基态 $E = 0$ 的简并度。因为理想晶体的基态是非简并的，即 $\Omega_0 = 1$；于是当 $T \to 0$ K 时，一切理想晶体的熵趋于一个共同的极限值 $S(E = 0) = 0$，这正是热力学第三定律的内容。

8.2.3 简单应用

1. 单原子分子理想气体的热力学函数

假设温度为 T 的容器 V 内含有 N 个全同的经典单原子分子。

首先求出该系统在能量 E 和 $E + \Delta E$ 之间的微观状态数 Ω。系统的哈密顿量为

$$H = \sum_{i=1}^{N} \frac{1}{2m}(p_{ix}^2 + p_{iy}^2 + p_{iz}^2) = \sum_{i=1}^{3N} \frac{p_i^2}{2m} \tag{8.2.13}$$

根据式(8.1.6)，有

$$\Omega = \frac{1}{N!h^{3N}} \int \cdots \int_{E \leqslant H \leqslant E+\Delta E} dq_1 \cdots dq_{3N} dp_1 \cdots dp_{3N} \tag{8.2.14}$$

为了求得 Ω，可以先计算能量小于某一数值 E 的系统的微观状态数，以 $\Sigma(E)$ 表示

$$\Sigma(E) = \frac{1}{N!h^{3N}} \int \cdots \int_{H(q,p) \leqslant E} dq_1 \cdots dq_{3N} dp_1 \cdots dp_{3N}$$
$$= \frac{V^N}{N!h^{3N}} \int \cdots \int_{H(q,p) \leqslant E} dp_1 \cdots dp_{3N} \tag{8.2.15}$$

由式(8.2.13)有

$$p_1^2 + p_2^2 + \cdots + p_{3N}^2 = (\sqrt{2mE})^2$$

因此式(8.2.15)的积分相当于半径为 $(2mE)^{1/2}$ 的 $3N$ 维球的体积。利用附录 5 式(8)，可得

$$V_N = \frac{\pi^{3N/2}}{\left(\frac{3N}{2}\right)!}(2mE)^{3N/2} \tag{8.2.16}$$

所以

$$\Sigma(E) = \left(\frac{V}{h^3}\right)^N \frac{(2\pi mE)^{3N/2}}{N!(3N/2)!} \tag{8.2.17}$$

能量在 E 和 $E + \Delta E$ 之间的微观态数为

$$\Omega = \frac{\partial \Sigma(E)}{\partial E}\Delta E = \frac{3N}{2}\frac{\Delta E}{E}\Sigma(E) \tag{8.2.18}$$

将式(8.2.18)代入式(8.2.11)，得

$$S = k\ln\Omega = Nk\ln\left[\frac{V}{h^3 N}\left(\frac{4\pi mE}{3N}\right)^{3/2}\right] + \frac{5}{2}Nk + k\left[\ln\left(\frac{3N}{2}\right) + \ln\left(\frac{\Delta E}{E}\right)\right]$$

其中利用了斯特令公式。再注意到 $\lim\limits_{N\to\infty}\frac{\ln N}{N} = 0$，所以上式中的最后一项远小于前面两项，可

以忽略不计。于是,理想气体的熵为

$$S = Nk \ln\left[\frac{V}{h^3 N}\left(\frac{4\pi mE}{3N}\right)^{3/2}\right] + \frac{5}{2}Nk \tag{8.2.19}$$

由 $\left(\frac{\partial S}{\partial E}\right)_{N,V} = \frac{1}{T}$ 和 $p = -\left(\frac{\partial E}{\partial V}\right)_{S,N}$,可分别得出理想气体的内能和状态方程为

$$E = \frac{3}{2}NkT, \qquad pV = NkT$$

这就是我们熟知的结果。

2. N 个频率为 ω 的三维经典谐振子系统(理想晶体爱因斯坦模型)的热容

系统的哈密顿量为

$$H = \sum_{i=1}^{N}\left[\frac{1}{2m}(p_{ix}^2 + p_{iy}^2 + p_{iz}^2) + \frac{1}{2}m\omega^2(x_i^2 + y_i^2 + z_i^2)\right]$$
$$= \sum_{i=1}^{3N}\left(\frac{1}{2m}p_i^2 + \frac{1}{2}m\omega^2 x_i^2\right) \tag{8.2.20}$$

系统 $H \leqslant E$ 的微观状态数为

$$\Sigma(E) = \frac{1}{N! h^{3N}}\int\cdots\int_{H\leqslant E}\mathrm{d}x_1\cdots\mathrm{d}x_{3N}\mathrm{d}p_1\cdots\mathrm{d}p_{3N} \tag{8.2.21}$$

引入变量变换

$$\zeta_i = \frac{p_i}{\sqrt{2mE}}, \; \eta_i = \frac{\omega x_i}{\sqrt{2E/m}}, \; i = 1,2,\cdots,3N \tag{8.2.22}$$

将式(8.2.22)代入式(8.2.21),得

$$\Sigma(E) = \frac{1}{N! h^{3N}}\left(\frac{2E}{\omega}\right)^{3N}\cdot K \tag{8.2.23}$$

其中

$$K = \int\cdots\int_{\sum_i \zeta_i^2 + \eta_i^2 \leqslant 1}\mathrm{d}\zeta_1\cdots\mathrm{d}\zeta_{3N}\mathrm{d}\eta_1\cdots\mathrm{d}\eta_{3N}$$

是半径为 1 的 $6N$ 维球体积,由附录 5 式(8)可得

$$K = \frac{\pi^{3N}}{(3N)!}$$

因此

$$\Sigma(E) = \frac{1}{N! 3N!}\left(\frac{2\pi E}{h\omega}\right)^{3N} \tag{8.2.24}$$

能量在 E 和 $E + \Delta E$ 之间的微观态数为

$$\Omega = \frac{\partial \Sigma(E)}{\partial E}\Delta E = 3N\frac{\Delta E}{E}\Sigma(E) \tag{8.2.25}$$

于是系统的熵为

$$S = k\ln\Omega = 3Nk\ln\left(\frac{2\pi E}{3h\omega N^{4/3}}\right) + 4Nk + k\ln\left(\frac{3N\Delta E}{E}\right)$$

其中利用了斯特令公式。

再考虑到 $\lim\limits_{N\to\infty}\dfrac{\ln N}{N}=0$，上式中最后一项可略去。所以

$$S = 3Nk\ln\left(\frac{2\pi E}{3h\omega N^{4/3}}\right)+4Nk \tag{8.2.26}$$

由 $\left(\dfrac{\partial S}{\partial E}\right)_{N,V}=\dfrac{1}{T}$ 和 $C_V=\left(\dfrac{\partial E}{\partial T}\right)_{N,V}$，可分别求得系统的总能量和定容热容量为

$$E = 3NkT, \qquad C_V = 3Nk$$

这也是我们熟知的结果。

最后指出，在许多实际问题中，求微观态数在数学上相当繁杂，因而微正则分布通常只用来做一般性讨论。在实际问题中用得更多的是由微正则分布导出的正则分布和巨正则分布。

8.3   正则系综

由温度 T、外参量 y（如体积 V 等）和粒子数 N 都相同且恒定的大量系统所组成的系综称为正则系综。正则系综的概率分布称为正则分布。

8.3.1   正则分布

下面用微正则分布导出正则分布。

根据定义，为了保证系统的温度 T 一定，就要使系统与一个具有恒定温度 T 的大热源进行热接触，且处于热平衡。由于系统与热源间存在热接触，两者之间可以交换能量，因而系统的能量值不确定。对大热源本身，除了很大以保证温度恒定外，在结构上没有其他要求。

我们将系统和热源合起来视为一个大孤立系统。大孤立系的总能量 E_0 是系统的能量 E 和热源的能量 E_r 以及系统和热源间的相互作用能量 E' 之和，即

$$E_0 = E + E_r + E' \tag{8.3.1}$$

由于粒子之间的相互作用力程很短，因此相互作用能量 E' 的大小与系统和热源相互接触界面上的粒子数成正比，该粒子数与界面面积成正比；系统与热源本身的能量与其各自所包含的粒子数成正比，该粒子数与系统及热源的体积成正比。当系统本身很大时，界面上的粒子数远少于系统及热源的粒子数，因此 $E\gg E',E_r\gg E'$，大孤立系的总能量可表为

$$E_0 = E + E_r \tag{8.3.2}$$

又由于热源比系统大很多，E 的任何实际值只是 E_0 的很小一部分，所以还应有 $E\ll E_0$。

当系统处在能量为 E_s 的某一微观态 s 时，热源可以处在能量为 $E_r=E_0-E_s$ 的任何一个微观态。以 $\Omega_r(E_0-E_s)$ 表示能量为 E_0-E_s 时热源的微观态数，则它就是系统处于微观态 s 时，大孤立系可能处的微观态数。根据微正则分布，处在平衡态的孤立系，其每一个可能的微观态出现的概率相等。因此系统处在确定的微观态 s 的概率 ρ_s 正比于此时大孤立系的微观态数 $\Omega_r(E_0-E_s)$，即

$$\rho_s \propto \Omega_r(E_0 - E_s) \tag{8.3.3}$$

由上节讨论可知，Ω_r 是个极大的数，它随 E 的增大而极为迅速地增加。在数学处理上，

讨论一个较小的量 $\ln\Omega_r$ 是较为方便的。因为 $E_s \ll E_0$，可将 $\ln\Omega_r(E_0 - E_s)$ 在 E_0 处展开，且只取头两项，得到

$$\ln\Omega_r(E_0 - E_s) = \ln\Omega_r(E_0) + \frac{\partial\ln\Omega_r}{\partial E_r}\bigg|_{E_r=E_0}(-E_s) = \ln\Omega_r(E_0) - \beta E_s \quad (8.3.4)$$

其中利用了上节的式(8.2.7)和式(8.2.10)，即

$$\beta = \frac{\partial\ln\Omega_r}{\partial E_r}\bigg|_{E_r=E_0} = \frac{1}{kT}$$

式中，T 是热源的温度。既然系统与热源到达热平衡，T 也就是系统的温度。因此由式(8.3.4)得

$$\Omega_r(E_0 - E_s) = \Omega_r(E_0)\mathrm{e}^{-\beta E_s}$$

由于 $\Omega_r(E_0)$ 是一个与系统无关的常量，因而式(8.3.3)化为

$$\rho_s \propto \mathrm{e}^{-\beta E_s}，\text{ 或 } \rho_s = C\mathrm{e}^{-\beta E_s} \quad (8.3.5)$$

其中 C 是与状态 s 无关的比例常数。由归一化条件

$$\sum_s \rho_s = C\sum_s \mathrm{e}^{-\beta E_s} = 1$$

可有

$$C = \frac{1}{\sum_s \mathrm{e}^{-\beta E_s}}$$

令

$$Z = \sum_s \mathrm{e}^{-\beta E_s} \quad (8.3.6)$$

称为正则系综的配分函数，也叫系统的配分函数。$\sum_s$ 是对系统的一切微观态求和。于是，恒温系统处于微观态 s 的概率为

$$\rho_s = \frac{1}{Z}\mathrm{e}^{-\beta E_s} \quad (8.3.7)$$

几点讨论。

(1) 式(8.3.7)表示的 ρ_s 只与状态 s 的能量 E_s 有关。考虑到有些微观态具有相同的能量，用 $\Omega(E_l)$ 表示能量 $E_l(l=1,2,\cdots)$ 的微观态数，则恒温系统处于能量为 E_l 的概率可以表为

$$\rho_l = \frac{1}{Z}\mathrm{e}^{-\beta E_l}\Omega(E_l) \quad (8.3.8)$$

配分函数 Z 也可表为

$$Z = \sum_l \mathrm{e}^{-\beta E_l}\Omega(E_l) \quad (8.3.9)$$

式中，$\sum_l$ 是对系统的所有能级求和。

式(8.3.7)和式(8.3.8)是正则分布的量子表达式。

(2) 在系统可用经典力学描述时，系统处于广义坐标 q 和 $q+\mathrm{d}q$ 之间、广义动量 p 和 $p+\mathrm{d}p$ 之间的概率为

$$dW = \frac{1}{Z} e^{-\beta E(q,p)} \frac{dq dp}{N! h^{Nr}} \tag{8.3.10}$$

其中配分函数 Z 为

$$Z = \frac{1}{N! h^{Nr}} \iint e^{-\beta E(q,p)} dq dp \tag{8.3.11}$$

式(8.3.10)是正则分布的经典表达式。

（3）对式(8.3.10)和式(8.3.11)中的变量 q,p 按恒温系统的能量层 $E \sim E + \Delta E$ 积分，得到恒温系统按能量的正则分布为

$$dW_E = \frac{1}{Z} e^{-\beta E} \Omega(E) dE \tag{8.3.12}$$

其中

$$Z = \int e^{-\beta E} \Omega(E) dE \tag{8.3.13}$$

8.3.2 正则分布的热力学公式

下面根据式(8.1.9)，求出恒温系统各热力学量的统计表达式。

1. 内能

由于恒温系统与热源可以交换能量，因此系统的能量是可变的，内能是系统的能量在给定 N、y、T 条件下的一切可能微观态上的统计平均值，即

$$U = \bar{E}_s = \frac{1}{Z} \sum_s E_s e^{-\beta E_s} = -\frac{1}{Z} \frac{\partial}{\partial \beta} \sum_s e^{-\beta E_s} = -\frac{\partial \ln Z}{\partial \beta} \tag{8.3.14}$$

2. 广义力

系统的能量值依赖于所处的外界条件，如外场的场强、体积（实际上体积也是由器壁产生的一种特殊的局部场）等。当外场改变时，系统的能级，如基态或第一激发态的值也要变化，所以能级 E_l 实际上是这些外参量 $\{y_i\}$ 的函数；$E_l = E_l(y_1, y_2, \cdots, y_n)$。若外参量 $y_i(i = 1,2,\cdots,n)$ 改变 dy_i，外界施于系统的各广义力 Y_i 所做功的和等于系统第 s 个微观态能量的增量，即

$$dE_s = \sum_i Y_i dy_i$$

可见

$$Y_i = \frac{\partial E_s}{\partial y_i}$$

此即广义力 Y_i 的微观表达式。

宏观广义力的统计表达式 $\partial E_s / \partial y_i$ 就是的统计平均值。即

$$Y = \bar{Y}_i = \frac{1}{Z} \sum_s \frac{\partial E_s}{\partial y_i} e^{-\beta E_s} = -\frac{1}{\beta Z} \frac{\partial}{\partial y_i} \sum_s e^{-\beta E_s} = -\frac{1}{\beta} \frac{\partial \ln Z}{\partial y_i} \tag{8.3.15}$$

其中一个重要情形是外参量体积 V 所对应的系统压强 p，其统计表达式为

$$p = -Y = \frac{1}{\beta} \frac{\partial \ln Z}{\partial V} \tag{8.3.16}$$

3. 熵

把式(8.3.14)和式(8.3.15)代入热力学基本方程 $TdS = dU - \sum_i \overline{Y_i} dy_i$，得

$$TdS = -d\left(\frac{\partial \ln Z}{\partial \beta}\right) + \sum_i \frac{1}{\beta} \frac{\partial \ln Z}{\partial y_i} dy_i$$

将上式两端同乘以 $\beta = 1/(kT)$，有

$$\frac{1}{k}dS = -\beta d\left(\frac{\partial \ln Z}{\partial \beta}\right) + \sum_i \frac{\partial \ln Z}{\partial y_i} dy_i = -d\left(\beta \frac{\partial \ln Z}{\partial \beta}\right) + \frac{\partial \ln Z}{\partial \beta} d\beta + \sum_i \frac{\partial \ln Z}{\partial y_i} dy_i$$

考虑到 $Z = Z(\beta, y_1, y_2, \cdots, y_n)$，所以

$$d\ln Z = \frac{\partial \ln Z}{\partial \beta} d\beta + \sum_i \frac{\partial \ln Z}{\partial y_i} dy_i$$

于是

$$\frac{1}{k}dS = d\left(\ln Z - \beta \frac{\partial \ln Z}{\partial \beta}\right)$$

积分上式，并取熵常数为零，可得熵的统计表达式为

$$S = k\left(\ln Z - \beta \frac{\partial \ln Z}{\partial \beta}\right) \tag{8.3.17}$$

4. 自由能

将式(8.3.14)和式(8.3.17)代入 $F = U - TS$ 中，得

$$F = -kT\ln Z \tag{8.3.18}$$

可见，对于正则系综，知道了 $Z(T, y, N)$，就可以求得以 (T, y, N) 为独立变量的特性函数自由能 $F(T, y, N)$，进而求得全部热力学量。

几点讨论。

(1) 由式(8.3.18)得

$$Z = e^{-F/(kT)} \tag{8.3.19}$$

将式(8.3.19)代入式(8.3.7)，可把正则分布写成

$$\rho_s = e^{(F-E_s)/(kT)} \tag{8.3.20}$$

(2) 将式(8.3.20)取对数，得

$$\ln \rho_s = \frac{(F - E_s)}{kT}$$

对上式再求统计平均，即得

$$\overline{\ln \rho_s} = \frac{(F - U)}{kT}$$

再利用 $F = U - TS$，则有

$$S = -k \overline{\ln \rho_s} \tag{8.3.21}$$

或

$$S = -k \sum_s \rho_s \ln \rho_s \tag{8.3.22}$$

式(8.3.21)和式(8.3.22)表明，系统的熵单值由概率分布所决定。并且，它们不仅适用

于正则系综,在形式上也适用于微正则系综和巨正则系综,是熵的一般表达式。

(3) 考虑由子系统 A 和 B 组成的复合恒温系统($A+B$)。若两个子系统的能量和微观态数分别满足下列条件:

$$E = E_A + E_B \tag{8.3.23}$$

$$\Omega(E) = \Omega_A \cdot \Omega_B \tag{8.3.24}$$

则根据式(8.3.9),复合恒温系统的配分函数为

$$Z = \sum_l e^{-\beta E_l}\Omega(E_l) = \sum_{E_A} e^{-\beta E_A}\Omega_A \cdot \sum_{E_B} e^{-\beta E_B}\Omega_B = Z_A \cdot Z_B \tag{8.3.25}$$

此即配分函数的析因性。

将式(8.3.25)分别代入式(8.3.14)、式(8.3.17)、式(8.3.18),可得

$$U = U_A + U_B, \qquad S = S_A + S_B, \qquad F = F_A + F_B$$

显然以上结果可推广到多个子系统的情况。于是,只要分别求得各子系统的配分函数,就可方便地求得整个复合系统的热力学性质。满足式(8.3.23)和式(8.3.24)的子系统可以是相互作用十分微弱的不同粒子群或单个粒子;也可以是同一群粒子或同一粒子耦合十分微弱的不同运动形式(如平动、转动、振动等)。

8.3.3 正则分布的能量涨落

正则分布所处的条件是恒温、定容,它的能量、压强都是可以变化的,但它们的平均值不变。在热力学中所述的"在平衡态中各热力学量不再变化",就是指这些平均值而言。而实际存在的涨落正是在热力学中的平衡态邻域发生变动的物理原因。式(8.3.14)至式(8.3.18)给出了这些量的平均值,平均值在多大程度上可代表真实值,还需要看每一时刻系统的这些量在平均值附近的涨落大小。关于物理量涨落的计算,在第 9 章中专门讨论。现在我们仅给出能量的涨落以示正则分布的特征。根据定义,系统的能量值与能量平均值的偏差的方均值称为能量涨落。根据式(5.3.11)有

$$\overline{(\Delta E)^2} = \overline{(E - \bar{E})^2} = \overline{E^2} - \bar{E}^2 \tag{8.3.26}$$

对于正则分布

$$\frac{\partial \bar{E}}{\partial \beta} = \frac{\partial}{\partial \beta}\frac{\sum\limits_s E_s e^{-\beta E_s}}{\sum\limits_s e^{-\beta E_s}} = -\frac{\sum\limits_s E_s^2 e^{-\beta E_s}}{\sum\limits_s e^{-\beta E_s}} + \frac{\left(\sum\limits_s E_s e^{-\beta E_s}\right)^2}{\left(\sum\limits_s e^{-\beta E_s}\right)^2} = -\left(\overline{E^2} - \bar{E}^2\right)$$

于是

$$\overline{(E - \bar{E})^2} = -\frac{\partial \bar{E}}{\partial \beta} = kT^2\frac{\partial \bar{E}}{\partial T} = kT^2 C_V \tag{8.3.27}$$

能量的相对涨落为

$$\frac{\overline{(E - \bar{E})^2}}{\bar{E}^2} = \frac{kT^2 C_V}{\bar{E}^2} \tag{8.3.28}$$

以单原子分子理想气体为例,$\bar{E} = \frac{3}{2}NkT$,$C_V = \frac{3}{2}Nk$,代入式(8.3.28)得

$$\frac{\overline{(E-\bar{E})^2}}{\bar{E}^2} = \frac{2}{3N}$$

对于宏观系统 $N \sim 10^{23}$，能量的相对涨落完全可以忽略。

由上述讨论可见，恒温系统虽然由于可与热源交换能量而具有不同的能量值，但对于宏观系统，其能量与 $\bar{E}$ 有显著差别的概率是极小的。这个事实可根据式(8.3.12)加以说明。系统与有能量 E 的概率与 $\Omega(E)\mathrm{e}^{-\beta E}$ 成正比，$\mathrm{e}^{-\beta E}$ 随能量的增加而迅速减小，但 $\Omega(E)$ 随能量的增加而迅速增大。两者的乘积使 $\rho(E)$ 在某一能量值 $\bar{E}$ 处具有尖锐的极大值，如图 8-2 所示。这就是说，系统的能量基本上在 $\bar{E}$ 附近，与 $\bar{E}$ 有显著偏离的概率极小。换句话说，在正则系综中，几乎所有系统的能量值都在 $\bar{E}$ 附近。这个事实表明正则系综和微正则系综实际上是等价的。用正则分布或微正则分布求得的热力学量是相同的。用这两个分布求热力学量实质上相当于选取不同的特性函数，即选取自变量为 N、E、V 的熵 S 或自变量为 N、V、T 的自由能 F 为特性函数。

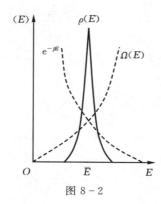

图 8-2

8.3.4　简单应用

1. 单原子分子理想气体的热力学函数

假设系统包含 N 个全同的经典单原子分子，被封闭在体积为 V 的容器内，温度为 T。系统的能量表达式为

$$E = \sum_{i=1}^{N} \frac{1}{2m}(p_{ix}^2 + p_{iy}^2 + p_{iz}^2)$$

系统的配分函数为

$$Z = \frac{1}{N!h^{3N}}\iint \mathrm{e}^{-\beta E}\,\mathrm{d}q\,\mathrm{d}p = \frac{1}{N!h^{3N}}\int \cdots \int \left[\mathrm{e}^{-\beta\sum_{i=1}^{N}\frac{1}{2m}(p_{ix}^2+p_{iy}^2+p_{iz}^2)}\prod_{i=1}^{N}\mathrm{d}x_i\,\mathrm{d}y_i\,\mathrm{d}z_i\,\mathrm{d}p_{ix}\,\mathrm{d}p_{iy}\,\mathrm{d}p_{iz}\right]$$

$$= \frac{V^N}{N!h^{3N}}\prod_{i=1}^{N}\int_{-\infty}^{\infty}\mathrm{e}^{-\beta(p_{ix}^2+p_{iy}^2+p_{iz}^2)/2m}\,\mathrm{d}p_{ix}\,\mathrm{d}p_{iy}\,\mathrm{d}p_{iz} = \frac{V^N}{N!}\left(\frac{2\pi m}{h^2\beta}\right)^{3N/2} = \frac{1}{N!}Z_0^N$$

$$(8.3.29)$$

由此可得理想气体的各热力学函数为

内能

$$U = -\frac{\partial \ln Z}{\partial \beta} = \frac{3}{2}NkT$$

压强

$$P = \frac{1}{\beta}\frac{\partial \ln Z}{\partial V} = \frac{NkT}{V}$$

熵

$$S = k\left(\ln Z - \beta\frac{\partial \ln Z}{\partial \beta}\right) = Nk\ln\left[\frac{V}{N}\left(\frac{2\pi mkT}{h^2}\right)^{3/2}\right] + \frac{5}{2}Nk$$

自由能

$$F = -kT\ln Z = -NkT\ln\left[\frac{eV}{N}\left(\frac{2\pi mkT}{h^2}\right)^{3/2}\right]$$

其中利用了斯特令公式 $\ln N! = N\ln N - N$。由自由能 F 还可求出其他热力学函数。

2. 稀薄实际气体的状态方程[*]

（1）实际气体的配分函数。假设所研究的气体包含 N 个相同的经典粒子，被封闭在温度为 T，体积为 V 的容器内。对于稀薄的实际气体，可以认为三个以上分子同时"碰撞"的机会很少，所以整个实际气体分子间的相互作用能等于所有可能分子对之间的势能 $u_{ij}(r_{ij})$ 之和。于是，稀薄气体的能量为

$$E = \sum_{i=1}^{3N}\frac{p_i^2}{2m} + \sum_{i<j}u_{ij}(r_{ij}) \tag{8.3.30}$$

式中，右端第一项表示所有分子的平动能；第二项表示分子间的相互作用势能。在相互作用势能项的求和中，i 和 j 都由 1 到 N，为保证每对分子的相互作用能只计入一次，则需保持 $i < j$。由于求状态方程时一般可不考虑分子的内部运动，所以式（8.3.30）中除势能外只包含分子的平动动能。于是，系统的配分函数为

$$\begin{aligned}Z &= \frac{1}{N!h^{3N}}\int\cdots\int e^{-\beta E}\,dq_1\cdots dq_{3N}\,dp_1\cdots dp_{3N}\\ &= \frac{1}{N!h^{3N}}\int\cdots\int e^{-\beta\sum\limits_{i=1}^{3N}p_i^2/2m}\,dp_1\cdots dp_{3N}\int\cdots\int e^{-\beta\sum\limits_{i<j}u_{ij}(r_{ij})}\,dq_1\cdots dq_{3N}\\ &= \frac{1}{N!}\left(\frac{2\pi mkT}{h^2}\right)^{3N/2}Q\end{aligned} \tag{8.3.31}$$

其中

$$Q = \int\cdots\int e^{-\beta\sum\limits_{i<j}u_{ij}(r_{ij})}\,d\tau_1\cdots d\tau_N \tag{8.3.32}$$

Q 称为位形积分或位行配分函数。

（2）位形积分的计算

为计算 Q，我们对每一对分子引进一个函数 f_{ij}，其定义为

$$f_{ij} \equiv e^{-u_{ij}/(kT)} - 1 \tag{8.3.33}$$

f_{ij} 称为梅逸函数，其意义：当 r_{ij} 较大时，u_{ij} 趋于零，分子 i，j 相互独立，$f_{ij} \to 0$；相反，当两个分子靠近时 r_{ij} 变小，u_{ij} 不等于零，分子 i，j 相互关联，f_{ij} 不等于零。所以，f_{ij} 是反映两个分子

是否存在相关性的量，它的大小可作为两个分子间相关性的量度。将式(8.3.33) 代入式(8.3.32)，可得

$$
\begin{aligned}
Q &= \int\cdots\int\prod_{i<j}(1+f_{ij})\mathrm{d}\tau_1\cdots\mathrm{d}\tau_N \\
&= \int\cdots\int[1+\sum_{i<j}f_{ij}+\sum_{i<j}f_{ij}\sum_{i'<j'}f_{ij}f_{i'j'}+\cdots]\mathrm{d}\tau_1\cdots\mathrm{d}\tau_N
\end{aligned}
\tag{8.3.34}
$$

根据 f_{ij} 的性质，式(8.3.34) 中第一个求和代表一对分子靠近而发生相互作用的项，或代表一对分子发生碰撞的项。第二个求和中含有如 $f_{12}\cdot f_{34}$ 的项，它们代表同时有两对分子碰撞的项；此外还有另一些项如 $f_{12}\cdot f_{13}$，只有 1，2，3 三个分子同时靠近发生相互作用时，这些项才不为零，它们代表三体碰撞项。对于稀薄气体，同时有两体碰撞或三体碰撞的概率是非常小的，所以除一对碰撞的项外，其余的项都可以略去。于是式(8.3.34) 中可只保留前两项，有

$$
Q=\int\cdots\int(1+\sum_{i<j}f_{ij})\mathrm{d}\tau_q\cdots\mathrm{d}\tau_N=V^N+\sum_{i<j}V^{N-2}\iint f_{ij}\,\mathrm{d}\tau_i\,\mathrm{d}\tau_j
$$

对于每一对分子，积分$\iint f_{ij}\,\mathrm{d}\tau_i\,\mathrm{d}\tau_j$ 都相同，而 N 个分子总共可组成

$$
\frac{N!}{2!(N-2)!}=\frac{N(N-1)}{2}\approx\frac{N^2}{2}
$$

个分子对，于是

$$
Q=V^N+V^{N-2}\,\frac{N^2}{2}\iint f_{12}\,\mathrm{d}\tau_1\,\mathrm{d}\tau_2 \tag{8.3.35}
$$

因为分子间的相互作用势能 u_{12} 只是 r_{ij} 的函数，从而梅逸函数 f_{12} 只是两个分子相对距离的函数，故可采用相对坐标，式(8.3.35) 的积分化为

$$
\iint f_{12}\,\mathrm{d}\tau_1\,\mathrm{d}\tau_2=\iint[f(r_{12})\,\mathrm{d}\tau_{12}]\,\mathrm{d}\tau_1
$$

由于分子力是短程(10^{-9} m) 力，所见积分$\int f(r_{12})\,\mathrm{d}\tau_{12}$ 只在分子 1 附近很小的范围内不为零，且与分子 1 的位置无关，只有当分子 1 靠近器壁时才受影响，如图 8-3 所示。但边界效应可以忽略，于是该积分可进一步化简为

$$
\iint f_{12}\,\mathrm{d}\tau_1\,\mathrm{d}\tau_2=V\int_0^{\infty}f(r)4\pi r^2\,\mathrm{d}r
$$

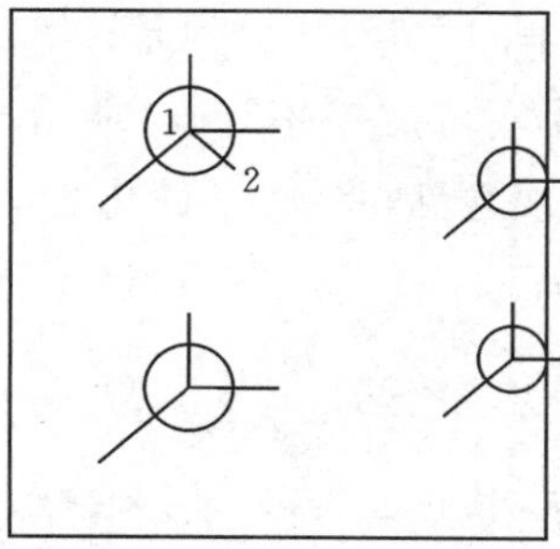

图 8-3

代入式(8.3.35)有

$$Q = V^N + \frac{N^2}{2}V^{N-1}\int_0^\infty f(r)4\pi r^2\,\mathrm{d}r = V^N\left(1 + \frac{N^2}{2V}\int_0^\infty f(r)4\pi r^2\,\mathrm{d}r\right) \quad (8.3.36)$$

（3）稀薄实际气体的状态方程

将式(8.3.36)取对数,得

$$\ln Q = N\ln V + \ln\left(1 + \frac{N^2}{2V}\int_0^\infty f(r)4\pi r^2\,\mathrm{d}r\right) \quad (8.3.37)$$

由于 $f(r)$ 只在 r 小于分子力程时才不为零,所以 $\int_0^\infty f(r)4\pi r^2\,\mathrm{d}r$ 的数量级是以分子力程为半径的球体,于是对于低密度(稀薄)气体有

$$\frac{N^2}{V}\int_0^\infty f(r)4\pi r^2\,\mathrm{d}r \ll 1$$

所以,式(8.3.37)可近似表为

$$\ln Q \approx N\ln V + \frac{N^2}{2V}\int_0^\infty f(r)4\pi r^2\,\mathrm{d}r \quad (8.3.38)$$

根据式(8.3.16),气体的压强为

$$p = kT\frac{\partial \ln Z}{\partial V} = kT\frac{\partial \ln Q}{\partial V} = \frac{NkT}{V}\left(1 - \frac{N}{2V}\int_0^\infty f(r)4\pi r^2\,\mathrm{d}r\right) = \frac{NkT}{V}\left(1 + \frac{B}{V}\right) \quad (8.3.39)$$

其中

$$B = -\frac{N}{2}\int_0^\infty f(r)4\pi r^2\,\mathrm{d}r = -\frac{N}{2}\int_0^\infty (\mathrm{e}^{-u(r)/kT} - 1)4\pi r^2\,\mathrm{d}r \quad (8.3.40)$$

称为第二位力系数,或者

$$pV = NkT\left(1 + \frac{B}{V}\right) \quad (8.3.41)$$

此即实际气体的状态方程。

（4）第二位力系数的计算

要计算 B 的值,需了解分子间相互作用势 $u(r)$ 的形式。1924 年列纳德-琼斯用下述的半经验公式表示两分子间的相互作用势

$$u(r) = u_0\left[\left(\frac{r_0}{r}\right)^{12} - 2\left(\frac{r_0}{r}\right)^6\right] \quad (8.3.42)$$

r_0 是当势能取最小值 u_0 时分子间的距离,大约是 10^{-8} cm。

当 $r > r_c$ 时,分子间的相互作用可忽略不计,r_c 叫分子作用半径,其数量级在 $10^{-7} \sim 10^{-8}$ cm,如图 8-4（a）所示。为方便起见,将 $u(r)$ 简化为

$$u(r) = \begin{cases} \infty_u & (r < r_0) \\ -u_0\left(\dfrac{r_0}{r}\right)^6_u & (r \geqslant r_0) \end{cases} \quad (8.3.43)$$

即认为分子是有吸引力的刚性小球,其直径是 r_0。当 $r > r_0$ 时,分子间有吸引势能;当 $r \leqslant r_0$ 时,有无限大的排斥势能,如图 8-4(b)所示。此即有引力的刚球模型。

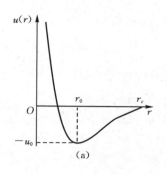 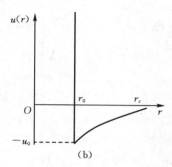

图 8 - 4

现在根据模型式(8.3.43)计算第二位力系数 B。将式(8.3.43)代入式(8.3.40)，得

$$B = -2\pi N \int_0^\infty (e^{-u(r)/kT} - 1) r^2 \, dr = 2\pi N \Big[\int_0^{r_0} r^2 \, dr - \int_{r_0}^\infty (e^{-u(r)/kT} - 1) r^2 \, dr \Big]$$

在一般温度下，$u(r) \ll kT$，所以 $e^{-u(r)/kT} \approx 1 - u(r)/kT$，则

$$B = \frac{2}{3}\pi N r_0^3 + \frac{2\pi N}{kT} \int_{r_0}^\infty u(r) r^2 \, dr \tag{8.3.44}$$

当系统为 1 mol 气体时，上式化为

$$B = b - \frac{a}{N_0 kT} \tag{8.3.45}$$

其中

$$b = \frac{2}{3}\pi N_0 r_0^3 = 4N_0 \cdot \frac{4}{3}\pi \left(\frac{r_0}{2}\right)^3, \quad a = -2\pi N_0^2 \int_{r_0}^\infty u(r) r^2 \, dr \tag{8.3.46}$$

由式(8.3.46)可见，b 相当于分子体积发 4 倍，它是分子间排斥力作用的结果；因为在 $r_0 \to \infty$ 范围内，$u(r)$ 是吸引能，所以 a 是分子间吸引作用的结果。

将式(8.3.45)代入式(8.3.41)，并考虑 1 mol 气体，可得

$$pv = N_0 kT \left(1 + \frac{B}{v}\right) = RT \left(1 + \frac{b}{v}\right) - \frac{a}{v}$$

由于 $\dfrac{b}{v} \ll 1, 1 + \dfrac{b}{v} \approx \dfrac{1}{1 - b/v}$，故有

$$pv = \frac{RT}{1 - b/v} - \frac{a}{v} \tag{8.3.47a}$$

或

$$\left(p + \frac{a}{v^2}\right)(v - b) = RT \tag{8.3.47b}$$

式(8.3.47b)就是范德瓦尔斯方程。

8.4　巨正则系综

由温度 T、体积 V 和化学势 μ 都相同且恒定的大量系统所组成的系综称为巨正则系综。巨正则系综的概率分布称为巨正则分布。

8.4.1 巨正则分布

下面由微正则分布导出巨正则分布。

根据定义,为了保证系统的 T、V 和 μ 不变,可以设想使系统与大热源和大粒子源(与系统的粒子同类)接触而达到平衡。系统与源之间可以交换能量和粒子,因而系统的能量和粒子数是不确定的。由于源很大,系统与源之间交换能量和粒子不会改变源的温度和化学势。达到平衡后系统将具有与源相同的温度和化学势。

我们将系统与热-粒子源合起来,构成一个大孤立系统。以 E_0 和 N_0、E 和 N、E_r 和 N_r 分别表示大孤立系、系统和源的能量和粒子数。根据与上节同样的理由,可认为系统和源的相互作用很弱,因此应有

$$E + E_r = E_0 = 常量, \qquad N + N_r = N_0 = 常量。 \tag{8.4.1}$$

由于源很大,必有 $E_s \ll E_0, N \ll N_0$。

当系统处在粒子数为 N、能量为 E_s 的某一微观态 s 时,源可以处在粒子数为 $N_r = N_0 - N$,能量为 $E_r = E_0 - E_s$ 的任何一个微观态。以 $\Omega_r(N_r, E_r)$ 表示粒子数为 N_r、能量为 E_r 时源的微观状态数,则它就是当系统具有 N 个粒子、处于微观态 s 时,大孤立系的可能的微观状态数。根据微正则分布,处在平衡状态的孤立系,其每一个可能的微观态出现的概率相等。因此系统具有粒子数 N、处在微观态 s 的概率为

$$\rho_{N,s} \propto \Omega_r(N_r, E_r) \tag{8.4.2}$$

对 $\Omega_r(N_r, E_r)$ 取对数,并在 N_0 和 E_0 处按 N_r 和 E_r 展开,且只取头两项(因 $E \ll E_0, N \ll N_0$),有

$$\ln\Omega_r(N_r, E_r) = \ln\Omega_r(N_0, E_0) + \left.\frac{\partial \ln\Omega_r}{\partial N_r}\right|_{N_r = N_0}(-N) + \left.\frac{\partial \ln\Omega_r}{\partial E_r}\right|_{E_r = E_0}(-E_s)$$

令

$$\left.\frac{\partial \ln\Omega_r}{\partial N_r}\right|_{N_r = N_0} = \alpha \tag{8.4.3}$$

利用式(8.2.7)和式(8.2.10),可得

$$\left.\frac{\partial \ln\Omega_r}{\partial E_r}\right|_{E_r = E_0} = \beta = \frac{1}{kT}$$

于是

$$\Omega_r(N_r, E_r) = \Omega_r(N_0, E_0)\mathrm{e}^{-\alpha N - \beta E_s} \tag{8.4.4}$$

$\Omega_r(N_0, E_0)$ 对系统来说是一常数。所以

$$\rho_{N,s} \propto \mathrm{e}^{-\alpha N - \beta E_s} \tag{8.4.5}$$

下面说明 α 的物理意义

假设有一孤立的复合系统 A_0,它由两个仅有微弱相互作用的系统 A_1 和 A_2 组成。它们的能量、粒子数、体积和微观态数分别满足下列关系:

$$E_1 + E_2 = E_0 = 常量, \quad N_1 + N_2 = N_0 = 常量, \quad V_1 + V_2 = V_0 = 常量。 \tag{8.4.6}$$

$$\Omega_0 = \Omega_1(N_1, E_1, V_1) \cdot \Omega_2(N_2, E_2, V_2) \tag{8.4.7}$$

整个复合系统处于平衡态时,必有

$$\delta\ln\Omega_0 = \delta\ln(\Omega_1 \cdot \Omega_2) = 0$$

即

$$\left(\frac{\partial\ln\Omega_1}{\partial N_1}\right)_{E_1,V_1}\delta N_1 + \left(\frac{\partial\ln\Omega_1}{\partial E_1}\right)_{N_1,V_1}\delta E_1 + \left(\frac{\partial\ln\Omega_1}{\partial V_1}\right)_{E_1,N_1}\delta V_1 +$$

$$\left(\frac{\partial\ln\Omega_2}{\partial N_2}\right)_{E_2,V_2}\delta N_2 + \left(\frac{\partial\ln\Omega_2}{\partial E_2}\right)_{N_2,V_2}\delta E_2 + \left(\frac{\partial\ln\Omega_2}{\partial V_2}\right)_{E_2,N_2}\delta V_2 = 0$$

因为 $\delta N_2 = -\delta N_1, \delta E_2 = -\delta E_1, \delta V_2 = -\delta V_1$，所以

$$\left[\left(\frac{\partial\ln\Omega_1}{\partial N_1}\right)_{E_1,V_1} - \left(\frac{\partial\ln\Omega_2}{\partial N_2}\right)_{E_2,V_2}\right]\delta N_1 + \left[\left(\frac{\partial\ln\Omega_1}{\partial E_1}\right)_{N_1,V_1} - \left(\frac{\partial\ln\Omega_2}{\partial E_2}\right)_{N_2,V_2}\right]\delta E_1 +$$

$$\left[\left(\frac{\partial\ln\Omega_1}{\partial V_1}\right)_{E_1,N_1} - \left(\frac{\partial\ln\Omega_2}{\partial V_2}\right)_{E_2,N_2}\right]\delta V_1 = 0$$

又因为 $\delta E_1, \delta N_1, \delta V_1$ 独立地变化，于是

$$\left(\frac{\partial\ln\Omega_1}{\partial N_1}\right)_{E_1,V_1} = \left(\frac{\partial\ln\Omega_2}{\partial N_2}\right)_{E_2,V_2}$$

$$\left(\frac{\partial\ln\Omega_1}{\partial E_1}\right)_{N_1,V_1} = \left(\frac{\partial\ln\Omega_2}{\partial E_2}\right)_{N_2,V_2}$$

$$\left(\frac{\partial\ln\Omega_1}{\partial V_1}\right)_{E_1,N_1} = \left(\frac{\partial\ln\Omega_2}{\partial V_2}\right)_{E_2,N_2} \tag{8.4.8}$$

此即系统 A_1 和 A_2 达到平衡时所应满足的平衡条件。

利用定义式(8.2.7)和式(8.4.3)，并定义

$$\left(\frac{\partial\ln\Omega}{\partial V}\right)_{E,N} = \gamma \tag{8.4.9}$$

则平衡条件式(8.4.8)可表为

$$\alpha_1 = \alpha_2, \beta_1 = \beta_2, \gamma_1 = \gamma_2 \tag{8.4.10}$$

这样，$\ln\Omega(N,E,V)$ 的全微分就可表为

$$d\ln\Omega = \beta dE + \gamma dV + \alpha dN$$

与开系的基本热力学方程

$$dS = \frac{dU}{T} + \frac{p}{T}dV - \frac{\mu}{T}dN$$

比较，并考虑到式(8.2.10)和式(8.2.11)，可得

$$\gamma = p/(kT), \quad \alpha = -\mu/(kT) \tag{8.4.11}$$

由上述讨论可见，式(8.4.5)中的 α 也可表为 $\alpha = -\mu/(kT)$，其中 T 和 μ 分别是源的温度和化学势。由于系统与源达到平衡，T 和 μ 分别也是系统的温度和化学势。将 $\rho_{N,s}$ 归一化，可得

$$\rho_{N,s} = \frac{1}{\widetilde{Z}}e^{-\alpha N - \beta E_s} \tag{8.4.12}$$

此即巨正则分布的量子表达式。$\widetilde{Z}$ 称为巨配分函数，其表达式为

$$\widetilde{Z} = \sum_{N=0}^{\infty}\sum_s e^{-\alpha N - \beta E_s} \tag{8.4.13}$$

式中,右端包括两重求和:在某一粒子数 N (N 可取 $0 \sim \infty$ 中任何值)下对系统所有可能的微观态求和,再对所有可能的粒子数求和。

当经典处理适用时,上面的讨论可以在 Γ 空间内进行。对于自由度为 r 的 N 个全同粒子组成的开放系统,其巨正则分布的经典表达式为

$$\mathrm{d}W(N,q,p) = \frac{1}{\widetilde{Z}} \mathrm{e}^{-aN-\beta E(q,p)} \frac{\mathrm{d}q\mathrm{d}p}{N!h^{Nr}} \qquad (8.4.14)$$

其中巨配分函数为

$$\widetilde{Z} = \sum_{N=0}^{\infty} \frac{\mathrm{e}^{-aN}}{N!h^{Nr}} \iint \mathrm{e}^{-\beta E(q,p)} \mathrm{d}q\mathrm{d}p \qquad (8.4.15)$$

8.4.2 巨正则分布的热力学公式

1. 平均粒子数

$$\begin{aligned}
\bar{N} &= \sum_N \sum_s N\rho_{N,s} = \frac{1}{\widetilde{Z}} \sum_N \sum_s N\mathrm{e}^{-aN-\beta E_s} \\
&= \frac{1}{\widetilde{Z}} \left(-\frac{\partial}{\partial a}\right) \sum_N \sum_s \mathrm{e}^{-aN-\beta E_s} = \frac{1}{\widetilde{Z}} \left(-\frac{\partial}{\partial a}\right) \widetilde{Z} = -\frac{\partial \ln\widetilde{Z}}{\partial a}
\end{aligned} \qquad (8.4.16)$$

2. 平均能量

$$\begin{aligned}
U = \bar{E} &= \sum_N \sum_s E_s\rho_{N,s} = \frac{1}{\widetilde{Z}} \sum_N \sum_s E_s\mathrm{e}^{-aN-\beta E_s} \\
&= \frac{1}{\widetilde{Z}} \left(-\frac{\partial}{\partial \beta}\right) \sum_N \sum_s \mathrm{e}^{-aN-\beta E_s} = \frac{1}{\widetilde{Z}} \left(-\frac{\partial}{\partial \beta}\right) \widetilde{Z} = -\frac{\partial \ln\widetilde{Z}}{\partial \beta}
\end{aligned} \qquad (8.4.17)$$

3. 广义力

$$\begin{aligned}
Y_i = \overline{\frac{\partial E_s}{\partial y_i}} &= \sum_N \sum_s \frac{\partial E_s}{\partial y_i}\rho_{N,s} = \frac{1}{\widetilde{Z}} \sum_N \sum_s \frac{\partial E_s}{\partial y_i}\mathrm{e}^{-aN-\beta E_s} \\
&= \frac{1}{\widetilde{Z}} \left(-\frac{1}{\beta}\frac{\partial}{\partial y_i}\right) \sum_N \sum_s \mathrm{e}^{-aN-\beta E_s} = \frac{1}{\widetilde{Z}} \left(-\frac{1}{\beta}\frac{\partial}{\partial y_i}\right) \widetilde{Z} = -\frac{1}{\beta} \frac{\partial \ln\widetilde{Z}}{\partial y_i}
\end{aligned} \qquad (8.4.18)$$

一个重要特例是系统的压强

$$p = \frac{1}{\beta} \frac{\partial \ln\widetilde{Z}}{\partial V} \qquad (8.4.19)$$

4. 熵

由于 $\widetilde{Z} = \widetilde{Z}(a,\beta\{y_i\})$,所以

$$\mathrm{d}\ln\widetilde{Z} = \frac{\partial \ln\widetilde{Z}}{\partial \beta}\mathrm{d}\beta + \sum_i \frac{\partial \ln\widetilde{Z}}{\partial y_i}\mathrm{d}y_i + \frac{\partial \ln\widetilde{Z}}{\partial a}\mathrm{d}a \qquad (8.4.20)$$

而

$$d\left(\beta\frac{\partial\ln\widetilde{Z}}{\partial\beta}\right)=\frac{\partial\ln\widetilde{Z}}{\partial\beta}d\beta+\beta d\left(\frac{\partial\ln\widetilde{Z}}{\partial\beta}\right),$$

$$d\left(\alpha\frac{\partial\ln\widetilde{Z}}{\partial\alpha}\right)=\frac{\partial\ln\widetilde{Z}}{\partial\alpha}d\alpha+\alpha d\left(\frac{\partial\ln\widetilde{Z}}{\partial\alpha}\right)$$

因此有

$$d\left(\ln\widetilde{Z}-\beta\frac{\partial\ln\widetilde{Z}}{\partial\beta}-\alpha\frac{\partial\ln\widetilde{Z}}{\partial\alpha}\right)=-\beta d\left(\frac{\partial\ln\widetilde{Z}}{\partial\beta}\right)+\sum_i\frac{\partial\ln\widetilde{Z}}{\partial y_i}dy_i-\alpha d\left(\frac{\partial\ln\widetilde{Z}}{\partial\alpha}\right)$$

$$=\beta(dU-\sum_i Y_i dy_i-\mu d\bar{N})$$

将上式与开系的热力学基本方程

$$dS=(dU-\sum_i Y_i dy_i-\mu d\bar{N})/T$$

比较,可得

$$S=k\left[\ln\widetilde{Z}-\beta\frac{\partial\ln\widetilde{Z}}{\partial\beta}-\alpha\frac{\partial\ln\widetilde{Z}}{\partial\alpha}\right] \tag{8.4.21}$$

5. 巨热力学势

将式(8.4.16)、式(8.4.17) 和式(8.4.21) 代入

$$J=F-G=U-TS-\mu\bar{N}$$

可得

$$J=-kT\ln\widetilde{Z} \tag{8.4.22}$$

几点讨论。

(1) 由上述讨论可见,对于给定 T,V,μ 的系统,只要求得巨配分函数的对数 $\ln\widetilde{Z}$,就可以根据有关公式求得系统的各项热力学函数。

(2) 由式(8.4.22) 得

$$\widetilde{Z}=e^{-J/(kT)} \tag{8.4.23}$$

将式(8.4.23) 代入式(8.4.12),可把巨正则分布写成

$$\rho_{N,s}=e^{\beta(J+\mu N-E_s)} \tag{8.4.24}$$

(3) 对式(8.4.24) 取对数,再求平均值可得

$$S=-k\overline{\ln\rho_{N,s}},S=-k\sum_{N=0}^{\infty}\sum_s\rho_{N,s}\ln\rho_{N,s} \tag{8.4.25}$$

即系统的熵单值由概率分布决定。

8.4.3　巨正则分布的粒子数涨落和能量涨落

1. 粒子数涨落

$$\overline{(N-\bar{N})^2}=\overline{N^2}-(\bar{N})^2 \tag{8.4.26}$$

因为

$$\frac{\partial \bar{N}}{\partial \alpha} = \frac{\partial}{\partial \alpha} \frac{\sum_N \sum_s N e^{-\alpha N - \beta E_s}}{\sum_N \sum_s e^{-\alpha N - \beta E_s}} = -\frac{\sum_N \sum_s N^2 e^{-\alpha N - \beta E_s}}{\sum_N \sum_s e^{-\alpha N - \beta E_s}} + \frac{\left(\sum_N \sum_s N e^{-\alpha N - \beta E_s}\right)^2}{\left(\sum_N \sum_s e^{-\alpha N - \beta E_s}\right)^2}$$

$$= -\left[\overline{N^2} - (\bar{N})^2\right]$$

所以

$$\overline{(N-\bar{N})^2} = -\frac{\partial \bar{N}}{\partial \alpha} = kT \left(\frac{\partial \bar{N}}{\partial \mu}\right)_{T,V} \tag{8.4.27}$$

粒子数的相对涨落为

$$\frac{\overline{(N-\bar{N})^2}}{(\bar{N})^2} = \frac{kT}{(\bar{N})^2} \left(\frac{\partial \bar{N}}{\partial \mu}\right)_{T,V} \tag{8.4.28}$$

2. 能量涨落

$$\overline{(E-\bar{E})^2} = \overline{E^2} - (\bar{E})^2 \tag{8.4.29}$$

经过与粒子数涨落相似的讨论,可得

$$\overline{(E-\bar{E})^2} = -\left(\frac{\partial \bar{E}}{\partial \beta}\right)_{\alpha,V} = kT^2 \left(\frac{\partial \bar{E}}{\partial T}\right)_{\mu/T,V} \tag{8.4.30}$$

根据 3.1 节例 3 公式(4) 即有(将 v 换为 $\bar{N}$)

$$\left(\frac{\partial \bar{E}}{\partial T}\right)_{\mu/T,V} = \left(\frac{\partial \bar{E}}{\partial T}\right)_{\bar{N},V} + \frac{1}{T} \left(\frac{\partial \bar{N}}{\partial \mu}\right)_{T,V} \left(\frac{\partial \bar{E}}{\partial \bar{N}}\right)^2_{T,V}$$

所以

$$\overline{(E-\bar{E})^2} = kT^2 C_V + kT \left(\frac{\partial \bar{N}}{\partial \mu}\right)_{T,V} \left(\frac{\partial \bar{E}}{\partial \bar{N}}\right)^2_{T,V} = kT^2 C_V + \overline{(N-\bar{N})^2} \left(\frac{\partial \bar{E}}{\partial \bar{N}}\right)^2_{T,V} \tag{8.4.31}$$

能量的相对涨落为

$$\frac{\overline{(E-\bar{E})^2}}{(\bar{E})^2} = \frac{kT^2 C_V}{(\bar{E})^2} + \frac{\overline{(N-\bar{N})^2}}{(\bar{E})^2} \left(\frac{\partial \bar{E}}{\partial \bar{N}}\right)^2_{T,V} \tag{8.4.32}$$

可见,巨正则系综的能量涨落等于正则系综的能量涨落加上由于粒子数涨落而引起的能量涨落。

3. 巨正则系综与微正则系综的关系

将本节单原子理想气体的结果式(8.4.39)至式(8.4.41)代入粒子数和能量的涨落公式,得

$$\frac{\overline{(N-\bar{N})^2}}{(\bar{N})^2} = -\frac{1}{(\bar{N})^2} \left(\frac{\partial \bar{N}}{\partial \alpha}\right)_{\beta,V} = \frac{1}{\bar{N}} \tag{8.4.33}$$

$$\frac{\overline{(E-\bar{E})^2}}{(\bar{E})^2} = -\frac{1}{(\bar{E})^2}\left(\frac{\partial \bar{E}}{\partial \beta}\right)_{a,V} = \frac{5}{3\bar{N}} \tag{8.4.34}$$

可见,粒子数和能量的相对涨落都与$(\bar{N})^{-1}$成正比。对于宏观系统$(\bar{N} \approx 10^{23})$来说,粒子数和能量的相对涨落是完全可以忽略的。这个结果说明,开放系统虽然由于可与热-粒子源交换能量和粒子数,致使系统的粒子和能量值可以不同,但对于宏观系统,粒子数N与其平均值$\bar{N}$、能量E与其平均值$\bar{E}$具有显著偏离的概率是极小的。换句话说,巨正则系综中,几乎所有系统的粒子数都在$\bar{N}$附近,能量值都在$\bar{E}$附近。这个事实说明,对于宏观系统,巨正则系综与微正则系综是等价的,用巨正则分布或微正则分布求得的热力学量是相同的。采用这两个分布求热力学量实质上相当于选取不同的特性函数,即分别选自变量为N、E、V的熵S或自变量为μ、V、T的巨热力学势J。

最后再对三种系综的关系做一说明。综合上述讨论可知:一方面,巨正则系综略去粒子数涨落就成了正则系综,正则系综略去能量涨落就成了微正则系综,即微正则系综是正则系综或巨正则系综的极限情况。或者说,巨正则系综"包含"正则系综或微正则系综。另一方面,由于一个大孤立系统包含了封闭系或开放系,可由微正则分布导出正则分布或巨正则分布,所以从这个意义上说微正则系综应"包含"正则系综或巨正则系综。可见,三个系综之间的关系可谓"你中有我,我中有你,景中有景"。它们各自选取不同的自变量,等效地处理宏观系统的热力学问题。

8.4.4 简单应用

1. 单原子分子理想气体的热力学函数

系统的能量表达式为

$$E = \sum_{i=1}^{N} \frac{1}{2m}(p_{ix}^2 + p_{iy}^2 + p_{iz}^2)$$

巨配分函数为

$$\widetilde{Z} = \sum_{N=0}^{\infty} e^{-aN} \iint e^{-\beta E}\frac{dq\,dp}{N!\,h^{3N}} = \sum_{N=0}^{\infty} e^{-aN} Z(N,T,V) = \sum_{N=0}^{\infty} e^{-aN}\frac{Z_d^N}{N!} \tag{8.4.35}$$

其中$Z(N,T,V)$是系统的正则配分函数,其表达式为(8.3.29)。

$$Z_d = V\left(\frac{2\pi mkT}{h^2}\right)^{3/2}$$

为单粒子的配分函数。

利用公式

$$1 + x + \frac{x^2}{2!} + \frac{x^3}{3!} + \cdots = e^x$$

可得

$$\widetilde{Z} = \sum_{N=0}^{\infty} \frac{1}{N!}(Z_d e^{-a})^N = \exp(Z_d e^{-a}) = \exp\left[V e^{-a}\left(\frac{2\pi mkT}{h^2}\right)^{3/2}\right] \tag{8.4.36}$$

$$\ln\widetilde{Z} = V e^{-a}\left(\frac{2\pi m}{\beta h^2}\right)^{3/2} \tag{8.4.37}$$

于是

$$\bar{N} = -\left(\frac{\partial \ln \widetilde{Z}}{\partial \alpha}\right)_{\beta,V} = V e^{-\alpha} \left(\frac{2\pi m}{\beta h^2}\right)^{3/2} = \ln \widetilde{Z} \tag{8.4.38}$$

$$\left(\frac{\partial \bar{N}}{\partial \alpha}\right)_{\beta,V} = \frac{\partial \ln \widetilde{Z}}{\partial \alpha} = -\bar{N} \tag{8.4.39}$$

$$U = \bar{E} = -\left(\frac{\partial \ln \widetilde{Z}}{\partial \beta}\right)_{\alpha,V} = V e^{-\alpha} \left(\frac{2\pi m}{\beta h^2}\right)^{3/2} \frac{3}{2} \beta^{-1} = \frac{3}{2} \bar{N} k T \tag{8.4.40}$$

$$\left(\frac{\partial U}{\partial \beta}\right)_{\alpha,V} = \left(\frac{\partial \bar{E}}{\partial \beta}\right)_{\alpha,V} = \frac{15}{4} \bar{N} (kT)^2 \tag{8.4.41}$$

$$S = k\left[\ln \widetilde{Z} - \alpha\left(\frac{\partial \ln \widetilde{Z}}{\partial \alpha}\right) - \beta\left(\frac{\partial \ln \widetilde{Z}}{\partial \beta}\right)\right] = \bar{N}k\ln\left[\frac{V}{N}\left(\frac{2\pi mkT}{h^2}\right)^{3/2}\right] + \frac{5}{2}\bar{N}k \tag{8.4.42}$$

$$p = \frac{1}{\beta}\frac{\partial \ln \widetilde{Z}}{\partial V} = \frac{1}{\beta V}\ln \widetilde{Z} = \frac{\bar{N}kT}{V} \tag{8.4.43}$$

$$J = -kT\ln \widetilde{Z} = -\bar{N}kT \tag{8.4.44}$$

与微正则分布、正则分布得到的结果完全相同。

2. 由巨正则分布导出 F - D 分布和 B - E 分布

由近独立的费米子或玻色子组成的系统在平衡时的统计分布,分别称为 F - D 分布或 B - E 分布。由式(7.3.13)和式(7.3.14)可得,F - D 分布和 B - E 分布可表为

$$\bar{N}_s = \frac{1}{e^{\beta(\varepsilon_s - \mu)} \pm 1}$$

其中,$\bar{N}_s$ 表示单粒子态上的平均粒子数;"$+$"相应于 F - D 分布,"$-$"相应于 B - E 分布。下面利用巨正则分布将其导出。

为了讨论简单起见,假设系统只含一种近独立粒子。设系统处于某一量子态 i,粒子数 N,能量为 $E_i(N)$,而量子态 i 由全部粒子在各个单粒子态上的分布 $\{N_s\}$ 所表征,各个 N_s 满足条件

$$N = \sum_s N_s, \quad E_i(N) = \sum_s \varepsilon_s N_s \tag{8.4.45}$$

根据式(8.4.16),开放系的平均粒子数为

$$\bar{N} = -\frac{\partial \ln \widetilde{Z}}{\partial \alpha} = \sum_s \bar{N}_s \tag{8.4.46}$$

可见,只要求出系统的巨配分函数 $\widetilde{Z}$,就可求出任一单粒子态 s 上的平均粒子数 $\bar{N}_s$。

根据式(8.4.13),巨配分函数(将 s 换为 i)可表为

$$\widetilde{Z} = \sum_{N=0}^{\infty} \sum_i e^{-\alpha N - \beta E_i} \tag{8.4.47}$$

这里 $\sum_i$ 表示 N 一定时,对系统的所有可能的量子态求和,$\sum_{N=0}^{\infty}$ 则表示对粒子数求和,这相当于对一切可能的分布 $\{N_s\}$ 求和。考虑到式(8.4.45),由式(8.4.47)可得

$$\widetilde{Z} = \sum_{N_1=0}^{\infty} \cdots \sum_{N_s=0}^{\infty} \cdots e^{-\sum\limits_{s}(\alpha+\beta\epsilon_s)N_s} = \sum_{N_1=0}^{\infty} e^{-(\alpha+\beta\epsilon_1)N_1} \cdot \sum_{N_2=0}^{\infty} e^{-(\alpha+\beta\epsilon_2)N_2} \cdots$$

$$= \prod_{s} \sum_{N_s=0}^{\infty} e^{-(\alpha+\beta\epsilon_s)N_s} = \prod_{s} Z_s \tag{8.4.48}$$

其中,

$$Z_s = \sum_{N_s=0}^{\infty} e^{-(\alpha+\beta\epsilon_s)N_s} \tag{8.4.49}$$

以上的讨论是一般情况,下面分别考虑费米子和玻色子系统。对于费米子,由于泡利不相容原理的限制,单粒子态 s 上可能的粒子数只有 0 或 1 两个值,于是

$$Z_s = 1 + e^{-(\alpha+\beta\epsilon_s)}, \quad \widetilde{Z} = \prod_{s} [1 + e^{-(\alpha+\beta\epsilon_s)}] \tag{8.4.50}$$

对于玻色子,单粒子 s 态上的粒子数没有限制,即 $N_s = 0,1,\cdots,\infty$。于是

$$Z_s = \frac{1}{1 - e^{-(\alpha+\beta\epsilon_s)}}, \quad \widetilde{Z} = \prod_{s} \frac{1}{1 - e^{-(\alpha+\beta\epsilon_s)}} \tag{8.4.51}$$

由式(8.4.50)和式(8.4.51)得

$$\ln\widetilde{Z} = \begin{cases} \sum_{s} \ln[1 + e^{-(\alpha+\beta\epsilon_s)}] & (F-D) \\ -\sum_{s} \ln[1 - e^{-(\alpha+\beta\epsilon_s)}] & (B-E) \end{cases} \tag{8.4.52}$$

将式(8.4.52)代入式(8.4.46),得

$$\overline{N} = -\frac{\partial\ln\widetilde{Z}}{\partial\alpha} = \begin{cases} \sum_{s} \dfrac{1}{e^{\alpha+\beta\epsilon_s}+1} & (F-D) \\ \sum_{s} \dfrac{1}{e^{\alpha+\beta\epsilon_s}-1} & (B-E) \end{cases} \tag{8.4.53}$$

将式(8.4.53)与式(8.4.46)比较,并考虑到 $\alpha = -\mu/kT$,可得

$$\overline{N}_s = \begin{cases} \dfrac{1}{e^{\beta(\epsilon_s-\mu)}+1} & (F-D) \\ \dfrac{1}{e^{\beta(\epsilon_s-\mu)}-1} & (B-E) \end{cases} \tag{8.4.54}$$

此即 F-D 分布和 B-E 分布。

思考题及习题

1. 何为 Γ 空间?Γ 空间与 μ 空间有什么区别和联系?

2. 何谓统计系综?引入统计系综的意义何在?

3. 请读者举出自己所熟悉的例子,说明系综平均值等于时间平均值。

4. 试证明:当 N 很大时,系统的能量在 E 和 $E+\Delta E$ 之间的状态数近似等于系统的能量小于、等于 E 的状态数。

5. 考虑 N 个自旋为 1/2,磁矩为 μ 的定域粒子,粒子间相互作用很弱,将此系统置于磁场 H

中。(1)求系统总能量为 E 时的微观态数 $\Omega(E)$；(2)求能量 E 与温度 T 的关系；(3)在什么情况下出现负温度？(4)求系统的总磁矩 M 与能量 E 的关系(用 H 和 T 将 M 表出)。

$$\left[答案:\Omega = \frac{N!}{N_1!N_2!}; E = -N\mu H\tanh\left(\frac{\mu H}{kT}\right); M = N\mu\tanh\left(\frac{\mu H}{kT}\right) \right]$$

6. 处于室温下的任一宏观系统，当其能量增加 10^{-3} eV 时，系统所有可能的微观态数增加的百分数是多少？若系统吸收一个可见光(波长为 5×10^{-5} cm)的光子，系统的状态数增加多少？

$$\left[答案:\frac{\Delta\Omega}{\Omega} = 4\%; \frac{\Omega_f}{\Omega_i} = 1.2\times10^{13} \right]$$

7. 由 N 个单原子分子组成的理想气体系统处于温度为 T 的平衡态，试求系统能量的最可几值。结果说明什么？(提示：利用式(8.2.18))。

$$\left[答案: E_P = \frac{3}{2}NkT \right]$$

8. 对正则系统，试证明：(1) $\overline{\dfrac{\mathrm{d}\ln\Omega(E)}{\mathrm{d}E}} = \dfrac{1}{kT}$；(2) 当粒子数 N 很大时 $S = k\ln z + \dfrac{U}{T} = k\ln\Omega(\bar{E})$，其中 $\bar{E} = U$。

9. 由两个相互独立的粒子组成的系统，每个粒子可处于能量分别为 $0, \varepsilon, 2\varepsilon$ 的任一态中，系统与大热源平衡。试就下列情况写出系统的配分函数。(1)服从 B-E 统计，粒子可分辨；(2)服从 F-D 统计；(3)服从 B-E 统计。

$$\left[答案:(1) z = (e^{-\beta} + e^{-\beta\varepsilon} + e^{-2\beta\varepsilon})^2; (2) z = e^{-\beta\varepsilon} + e^{-2\beta\varepsilon} + e^{-3\beta\varepsilon}; \right.$$
$$\left. (3) z = 1 + e^{-\beta\varepsilon} + 2e^{-2\beta\varepsilon} + e^{-3\beta\varepsilon} + e^{-4\beta\varepsilon} \right]$$

10. 一个固体包含有 N 个自旋为 1 的非相互作用的核，每个核可处在由量子数 $m = 0, \pm1$ 的三个态中的任一个态，由于固体内电荷与内部场的相互作用，一个核在 $m = 1$ 态或 $m = -1$ 态具有相同的能量 $\varepsilon(\varepsilon > 0)$，而在 $m = 0$ 态时其能量为零。试求系统的熵及 $\varepsilon/kT \ll 1$ 的极限情况下系统的热容量。

$$\left[答案: S = Nk\ln(1 + 2e^{-\beta\varepsilon}) + 2N\varepsilon/[T(2 + e^{\beta\varepsilon})], C_V = \frac{2}{9}Nk\left(\frac{\varepsilon}{kT}\right)^2 \right]$$

11. 一个高为 h、底面积为 A 的柱形容器中装有 N 个质量为 m 的单原子分子组成的理想气体，并处于重力场中，试由正则分布求系统的热容量。

$$\left[答案: C_V = \frac{5}{2}Nk - Nk\left(\frac{mgh}{kT}\right)^2 \frac{e^{mgh/kT}}{(e^{mgh/kT} - 1)^2}. \right]$$

12. 今有 CO_2 和 NO 两种分子组成的混合理想气体处于平衡态，试用正则系综证明道尔顿分压定律 $pV = (N_1 + N_2)kT$，其中 p 混合理想气体的压强，N_1 和 N_2 分别为两种分子的数目。

13. 设粒子的能量关系为 $\varepsilon = ap^3$，系统由 N 个这样的无相互作用的粒子组成，试求系统的体积、压强和能量之间的关系。

$$\left[答案: pV = U \right]$$

14. 对于理想费米气体和玻色气体，试证明巨正则分布 $\rho_{N,S} = e^{(J + \mu N - E_S)/kT}$ 中的巨热力学势可

以表示为

$$J = \mp kT \sum_s \ln\left[1 \pm e^{(\mu - \epsilon_s)/kT}\right]$$

式中,上行对应于费米子,下行对应于玻色子;$\epsilon_{i,s}$ 和 μ 分别为粒子的能量和化学势;$\sum_s$ 为对所有态求和。

15. 试从巨正则分布出发,证明理想费米气体的熵可以表示为

$$s = -k \sum_i \left[\bar{n}_i \ln \bar{n}_i + (1 - \bar{n}_i)\ln(1 - \bar{n}_i)\right]$$

式中,$\bar{n}_i$ 是量子态 i 中的平均粒子数。

(提示:求 $s = -(\partial J/\partial T)_{V,\mu}$,并利用 F-D 分布。)

16. 设有一单原子理想气体与一固体吸附面接触而达到平衡。被吸附的分子能够在吸附面上自由地做二维运动,其能量为 $\dfrac{p^2}{2m} - \epsilon_0$,其中 p 为二维动量,ϵ_0 为束缚能($\epsilon_0 > 0$ 为常数)。假定经典极限条件成立,试求吸附面上单位面积被吸附分子的平均数与气体压强的关系。

$\left[\text{答案:} n_p = \bar{N}_p/A = \dfrac{ph}{kT} (2\pi mkT)^{-1/2} e^{\epsilon_0/(kT)}\right]$

涨落理论

第 9 章

前面三章系统地介绍了平衡态的统计理论。在宏观量是相应的微观量的统计平均值的前提下,利用统计的方法求出了各种分布律,然后通过求统计平均值的手段,解决了如何求得平衡态的各种热力学量的问题。但是,很显然,在任一瞬间,系统的宏观量的数据不见得都必须恰好等于它的平均值,每次实际观察值都可能与它的平均值有一定的偏差,这种现象称为围绕平均值的涨落。也就是说,虽然表征系统处于平衡态的各个物理量原则上应该等于它的平均值,但离开平均值的偏差总是存在的。本章将讨论描述这种涨落现象的统计理论。

涨落理论是统计物理学的一个重要组成部分。从理论上看,涨落的研究为分子运动论的确立奠定了基础,有力地证实了统计物理学的规律;研究涨落可以使人们更深刻地认识热力学量的统计性质。从实践上看,一些自然现象要用涨落理论来解释;涨落在现代科学实验和技术中得到了广泛应用。

涨落现象可以分为两大类:即围绕平均值的涨落和布朗运动。本章将先讨论平均值的偏差,计算热力学量的涨落;然后再来研究处在气体或液体中的微小粒子由于受到周围气体或液体分子的碰撞而产生的不规则的运动,即布朗运动;最后介绍涨落的相关性问题。

9.1　围绕平均值的涨落

在第 8 章中,曾直接利用正则分布和巨正则分布求得了系统的能量涨落和粒子数涨落。但是,如果讨论系统的其他热力学量(如温度、熵等)的涨落,则直接利用概率分布公式进行计算就很不方便。本节将介绍由斯莫鲁霍夫斯基提出,后来又经爱因斯坦补充、完善的方法。该方法的要点:先求出各种略微偏离平衡态的宏观态出现的概率,然后再通过统计平均的手段求出各种热力学量的方差和相对涨落。

9.1.1　基本热力学量涨落的概率分布公式

设我们所研究的系统 1 和一个很大的源 2 接触而达到平衡。系统 1 和源 2 合起来构成一个复合系统,该复合系统是一个孤立系统。

当整个孤立系统处于平衡时,即系统 1 的能量、粒子数和体积分别取最概然值(即平均值)$\bar{E}_1$、$\bar{N}_1$ 和 $\bar{V}_1$ 时,孤立系的微观态数和熵都具有最大值。根据玻尔兹曼关系有

$$S_{\max} = k\ln W_{\max} \tag{9.1.1}$$

当系统 1 的能量、粒子数和体积相对于最概然值分别有偏离 ΔU_1、ΔN_1 和 ΔV_1 时,该孤立系的微观态数 W_f 和熵 S_f 仍遵循玻尔兹曼关系

$$S_f = k\ln W_f \tag{9.1.2}$$

由式(9.1.1)和式(9.1.2)得

$$W_f = W_{\max}\mathrm{e}^{(S_f-S_{\max})/k} = W_{\max}\mathrm{e}^{\Delta S/k} \tag{9.1.3}$$

该复合系统既然是一孤立系,在平衡态下,它的每一个可能微观态出现的概率都是相等的。所以系统 1 的能量、粒子数和体积相对于最概然值分别有偏差 ΔU_1、ΔN_1 和 ΔV_1 的概率 P 应与 W_f 成正比,即

$$P \propto W_f \propto \mathrm{e}^{\Delta S/k} \tag{9.1.4}$$

根据熵的广延性,复合系统的熵等于系统 1 与源 2 的熵之和,即

$$S = S_1 + S_2$$

则

$$\Delta S = \Delta S_1 + \Delta S_2 \tag{9.1.5}$$

将 ΔS_1 和 ΔS_2 在复合系统的平衡态附近做泰勒展开:

$$\Delta S_1 = \delta S_1 + \frac{1}{2}\delta^2 S_1 + \cdots,$$

$$\Delta S_2 = \delta S_2 + \frac{1}{2}\delta^2 S_2 + \cdots$$

把它们代入式(9.1.5),注意到孤立系出在平衡态时熵具有最大值,即

$$\delta S = \delta S_1 + \delta S_2 = 0$$

并保留二次项,则可得

$$\Delta S = \frac{1}{2}\delta^2 S_1 + \frac{1}{2}\delta^2 S_2$$

由于源很大,当系统发生涨落时,对源的影响不大,所以源的二次项 $\frac{1}{2}\delta^2 S_2$ 可以略去。这样上式可简化为

$$\Delta S = \frac{1}{2}\delta^2 S_1$$

将其代入式(9.1.4),并取归一化常数 C,得

$$P = C\mathrm{e}^{\delta^2 S_1/(2k)} = C\mathrm{e}^{\delta^2 S/(2k)} \tag{9.1.6}$$

为了书写方便,略去表征"系统"的脚标"1",把系统的熵 S 视为 U、N、V(设只有一种粒子)的函数,则有

$$\delta S = \left(\frac{\partial S}{\partial U}\right)\cdot\Delta U + \left(\frac{\partial S}{\partial V}\right)\cdot\Delta V + \left(\frac{\partial S}{\partial N}\right)\cdot\Delta N \tag{9.1.7}$$

$$\delta^2 S = \delta(\delta S) = \delta\left(\frac{\partial S}{\partial U}\right)\cdot\Delta U + \delta\left(\frac{\partial S}{\partial V}\right)\cdot\Delta V + \delta\left(\frac{\partial S}{\partial N}\right)\cdot\Delta N \tag{9.1.8}$$

将式(9.1.7)与单元开系的热力学基本方程

$$dS = \frac{1}{T}dU + \frac{p}{T}dV - \frac{\mu}{T}dN$$

比较,可得

$$\frac{\partial S}{\partial U} = \frac{1}{T}; \; \frac{\partial S}{\partial V} = \frac{p}{T}; \; \frac{\partial S}{\partial N} = -\frac{\mu}{T}.$$

把它们代入式(9.1.8),经过整理,有

$$\delta^2 S = -\frac{1}{T}(\Delta T \Delta S - \Delta p \Delta V + \Delta \mu \Delta N) \tag{9.1.9}$$

于是

$$P = Ce^{-(\Delta T \Delta S - \Delta p \Delta V + \Delta \mu \Delta N)/(2kT)} \tag{9.1.10}$$

此即基本热力学量涨落的概率分布公式,各个热力学量的涨落都可以由它求出。

9.1.2　热力学量涨落的计算

1. 闭系情形($\Delta N = 0$)

由式(9.1.10)得

$$P = Ce^{-(\Delta T \Delta S - \Delta p \Delta V)/(2kT)} \tag{9.1.11}$$

若选择 T 和 V 为状态参量,则分别可有

$$\Delta p = \left(\frac{\partial p}{\partial T}\right)_V \Delta T + \left(\frac{\partial p}{\partial V}\right)_T \Delta V = \left(\frac{\partial p}{\partial T}\right)_V \Delta T - \frac{1}{V\kappa_T}\Delta T,$$

$$\Delta S = \left(\frac{\partial S}{\partial T}\right)_V \Delta T + \left(\frac{\partial S}{\partial V}\right)_T \Delta V = \frac{C_V}{T}\Delta T + \left(\frac{\partial p}{\partial T}\right)_V \Delta V$$

式中

$$\kappa_T = -\frac{1}{V}\left(\frac{\partial V}{\partial p}\right)_T$$

为等温压缩系数。把它们代入式(9.1.11),得

$$P(\Delta T, \Delta V) = C\exp\left[-\frac{C_V}{2kT^2}(\Delta T)^2 - \frac{1}{2kTV\kappa_T}(\Delta V)^2\right] \tag{9.1.12}$$

这是以 ΔT 和 ΔV 作为随机变量的联合概率分布。由式(9.1.12)可见,ΔT 和 ΔV 是相互独立的。由统计独立性有

$$P_1(\Delta T) = C_1\exp\left[-\frac{C_V}{2kT^2}(\Delta T)^2\right] \tag{9.1.13}$$

$$P_2(\Delta V) = C_2\exp\left[-\frac{1}{2kTV\kappa_T}(\Delta V)^2\right] \tag{9.1.14}$$

式中,C_1、C_2 分别为相应的归一化常数。由此可得温度 T 及体积 V 的均方涨落(方差)为

$$\overline{(\Delta T)^2_{N,V}} = \frac{\int_{-\infty}^{\infty}(\Delta T)^2 P_1(\Delta T)d(\Delta T)}{\int_{-\infty}^{\infty}P_1(\Delta T)d(\Delta T)} = \frac{kT^2}{C_V} \tag{9.1.15}$$

$$\overline{(\Delta V)^2_{N,T}} = \frac{\int_{-\infty}^{\infty}(\Delta V)^2 P_2(\Delta V)d(\Delta V)}{\int_{-\infty}^{\infty}P_2(\Delta V)d(\Delta V)} = kTV\kappa_T \tag{9.1.16}$$

$$\overline{(\Delta T\Delta V)_N}=\frac{\iint_{-\infty}^{\infty}\Delta T\Delta VP(\Delta T,\Delta V)\mathrm{d}(\Delta T)\mathrm{d}(\Delta V)}{\iint_{-\infty}^{\infty}P(\Delta T,\Delta V)\mathrm{d}(\Delta T)\mathrm{d}(\Delta V)}=0 \tag{9.1.17}$$

几点讨论。

（1）由于 $\overline{(\Delta T)_{N,V}^2}$ 与 $\overline{(\Delta V)_{N,T}^2}$ 均为正值，故由式（9.1.15）、式（9.1.16）可知

$$C_V>0,\quad \kappa_T>0 \tag{9.1.18}$$

这就是系统平衡的稳定性条件。

（2）温度和体积的相对涨落分别为

$$\frac{\overline{(\Delta T)_{N,V}^2}}{T^2}=\frac{k}{C_V},\quad \frac{\overline{(\Delta V)_{N,T}^2}}{V^2}=\frac{kT\kappa_T}{V} \tag{9.1.19}$$

（3）以 M 表示系统的质量，$\rho=M/V$ 表示系统的质量密度。由于质量 M 是常数，于是

$$\Delta M=\rho\Delta V+V\Delta\rho=0,\qquad \frac{\Delta\rho}{\rho}=-\frac{\Delta V}{V}$$

因此 ρ 的相对涨落为

$$\overline{\left(\frac{\Delta\rho}{\rho}\right)_{N,T}^2}=\overline{\left(\frac{\Delta V}{V}\right)_{N,T}^2}=\frac{kT\kappa_T}{V} \tag{9.1.20}$$

密度涨落可以在光的散射现象中观察到。

（4）利用式（9.1.5）至式（9.1.7）可得

$$\overline{(\Delta U)_{N,V}^2}=\overline{(\Delta E)_{N,V}^2}=\left(\frac{\partial E}{\partial T}\right)_{N,V}^2\overline{(\Delta T)_{N,V}^2}=kT^2C_V \tag{9.1.21}$$

$$\overline{(\Delta S)_{N,V}^2}=\left(\frac{\partial S}{\partial T}\right)_{N,V}^2\overline{(\Delta T)_{N,V}^2}=kC_V \tag{9.1.22}$$

$$\overline{(\Delta T\Delta p)_{N,V}}=\left(\frac{\partial p}{\partial T}\right)_{N,V}\overline{(\Delta T)_{N,V}^2}=\frac{kT^2}{C_V}\left(\frac{\partial p}{\partial T}\right)_{N,V}\neq0 \tag{9.1.23}$$

$$\overline{(\Delta T\Delta S)_{N,V}}=\left(\frac{\partial S}{\partial T}\right)_{N,V}\overline{(\Delta T)_{N,V}^2}=kT\neq0 \tag{9.1.24}$$

$$\overline{(\Delta p)_{N,T}^2}=\left(\frac{\partial p}{\partial V}\right)_{N,T}^2\overline{(\Delta V)_{N,T}^2}=\frac{kT}{V\kappa_T} \tag{9.1.25}$$

$$\overline{(\Delta p\Delta V)_{N,T}}=\left(\frac{\partial p}{\partial V}\right)_{N,T}\overline{(\Delta V)_{N,T}^2}=-kT\neq0 \tag{9.1.26}$$

$$\overline{(\Delta p\Delta S)_N}=\left(\frac{\partial S}{\partial T}\right)_{N,V}\left(\frac{\partial p}{\partial T}\right)_{N,V}\overline{(\Delta T)_{N,V}^2}+\left(\frac{\partial S}{\partial V}\right)_{N,T}\left(\frac{\partial p}{\partial V}\right)_{N,T}\overline{(\Delta V\Delta T)}+$$
$$\left(\frac{\partial S}{\partial T}\right)_{N,V}\left(\frac{\partial p}{\partial V}\right)_{N,T}\overline{(\Delta T\Delta V)}+\left(\frac{\partial S}{\partial V}\right)_{N,T}\left(\frac{\partial p}{\partial V}\right)_{N,T}\overline{(\Delta V)_{N,T}^2}=0 \tag{9.1.27}$$

可见，式（9.1.21）与用正则分布求得的式（8.3.27）一样；T 与 p、T 与 S、p 与 V 的相关矩不为零，表明是统计相关的；而 S 与 p 的相关矩为零，表明是统计独立的。

若选择 p 和 S 为状态参量，则分别有

$$\Delta V=\left(\frac{\partial V}{\partial p}\right)_S\Delta p+\left(\frac{\partial V}{\partial S}\right)_p\Delta S=-V\kappa_S\Delta p+\left(\frac{\partial T}{\partial p}\right)_S\Delta S,$$

$$\Delta T=\left(\frac{\partial T}{\partial p}\right)_S\Delta p+\left(\frac{\partial T}{\partial S}\right)_p\Delta S=\left(\frac{\partial T}{\partial p}\right)_S\Delta p+\frac{T}{C_p}\Delta S$$

式中

$$\kappa_S = -\frac{1}{V}\left(\frac{\partial V}{\partial p}\right)_S$$

为绝热压缩系数。把它们代入式(9.1.11)得

$$P(\Delta S, \Delta p) = C\exp\left[-\frac{1}{2kC_p}(\Delta S)^2 - \frac{V\kappa_S}{2kT}(\Delta p)^2\right] \tag{9.1.28}$$

这是随机变量 ΔS 和 Δp 的联合概率分布,它说明 ΔS 与 Δp 是相互独立的。由统计独立性可得

$$P_3(\Delta S) = C_3\exp\left[-\frac{1}{2kC_p}(\Delta S)^2\right] \tag{9.1.29}$$

$$P_4(\Delta p) = C_4\exp\left[-\frac{V\kappa_S}{2kT}(\Delta p)^2\right] \tag{9.1.30}$$

式中,C_3、C_4 分别为相应的归一化常数。由此可得熵 S 及压强 p 的均方涨落分别为

$$\overline{(\Delta S)^2_{N,p}} = \frac{\displaystyle\int_{-\infty}^{\infty}(\Delta S)^2 P_3(\Delta S)\mathrm{d}(\Delta S)}{\displaystyle\int_{-\infty}^{\infty}P_3(\Delta S)\mathrm{d}(\Delta S)} = kC_p \tag{9.1.31}$$

$$\overline{(\Delta p)^2_{N,S}} = \frac{\displaystyle\int_{-\infty}^{\infty}(\Delta p)^2 P_4(\Delta p)\mathrm{d}(\Delta p)}{\displaystyle\int_{-\infty}^{\infty}P_4(\Delta p)\mathrm{d}(\Delta p)} = \frac{kT}{V\kappa_S} \tag{9.1.32}$$

$$\overline{(\Delta S, \Delta p)_N} = \frac{\displaystyle\iint_{-\infty}^{\infty}\Delta S\Delta p P(\Delta S, \Delta p)\mathrm{d}(\Delta S)\mathrm{d}(\Delta p)}{\displaystyle\iint_{-\infty}^{\infty}P(\Delta S, \Delta p)\mathrm{d}(\Delta S)\mathrm{d}(\Delta p)} = 0 \tag{9.1.33}$$

几点讨论。

(1) 由于 $\overline{(\Delta S)^2_{N,p}}$ 与 $\overline{(\Delta p)^2_{N,S}}$ 均为正值,故由式(9.1.31)、式(9.1.32)可知

$$C_p > 0, \quad \kappa_S > 0 \tag{9.1.34}$$

这也是系统平衡的稳定性条件。

(2) 利用式(9.1.31)至式(9.1.33)可得

$$\overline{(\Delta H)^2_{N,p}} = \left(\frac{\partial H}{\partial S}\right)^2_{N,p}\overline{(\Delta S)^2_{N,p}} = kT^2 C_p \tag{9.1.35}$$

$$\overline{(\Delta T)^2_{N,p}} = \left(\frac{\partial T}{\partial S}\right)^2_{N,p}\overline{(\Delta S)^2_{N,p}} = \frac{kT^2}{C_p} \tag{9.1.36}$$

$$\overline{(\Delta T\Delta S)_N} = \left(\frac{\partial T}{\partial S}\right)_{N,p}\overline{(\Delta S)^2_N} = kT \neq 0 \tag{9.1.37}$$

$$\overline{(\Delta V)^2_{N,S}} = \left(\frac{\partial V}{\partial p}\right)^2_{N,S}\overline{(\Delta p)^2_{N,S}} = kTV\kappa_S \tag{9.1.38}$$

$$\overline{(\Delta p\Delta V)_N} = \left(\frac{\partial V}{\partial p}\right)_{N,S}\overline{(\Delta p)^2_{N,S}} = -kT \neq 0 \tag{9.1.39}$$

$$\overline{(\Delta T\Delta p)_N} = \left(\frac{\partial T}{\partial p}\right)_{N,S}\overline{(\Delta p)^2_{N,S}} = \frac{kT^2}{C_V}\left(\frac{\partial p}{\partial T}\right)_{N,V} \neq 0 \tag{9.1.40}$$

$$\overline{(\Delta T\Delta V)_N} = 0 \tag{9.1.41}$$

(3) 比较式(9.1.15)与式(9.1.36)、式(9.1.16)与式(9.1.38)、式(9.1.22)与式(9.1.31)、式(9.1.25)与式(9.1.32)可知,同一热力学量,在不同的宏观条件下,其涨落不同,即热力学量的涨落与系统的宏观条件密切相关;比较式(9.1.23)至式(9.1.40)与式(9.1.17)至式(9.1.41)两组等式可知,各热力学量的涨落以及各相关矩与独立参量的选择无关。

2. 开系情形($\Delta N \neq 0$)

设系统有固定的体积,即 $\Delta V = 0$,由式(9.1.10)得

$$P = Ce^{-(\Delta T \Delta S + \Delta \mu \Delta N)/(2kT)} \tag{9.1.42}$$

若选择 T 和 N 为状态参量,则有

$$\Delta S = \left(\frac{\partial S}{\partial T}\right)_{N,V} \Delta T + \left(\frac{\partial S}{\partial N}\right)_{T,V} \Delta N = \frac{C_V}{T}\Delta T - \left(\frac{\partial \mu}{\partial T}\right)_{N,V} \Delta N,$$

$$\Delta \mu = \left(\frac{\partial \mu}{\partial T}\right)_{N,V} \Delta T + \left(\frac{\partial \mu}{\partial N}\right)_{T,V} \Delta N$$

把它们代入式(9.1.42)得

$$P(\Delta T, \Delta N) = C\exp\left[-\frac{C_V}{2kT^2}(\Delta T)^2 - \frac{1}{2kT}\left(\frac{\partial \mu}{\partial N}\right)_{T,V}(\Delta N)^2\right] \tag{9.1.43}$$

这是随机变量 ΔT、ΔN 的联合概率分布,它说明 ΔT 与 ΔN 是相互独立的。与前面类同,由此可以得到温度和粒子数的均方涨落分别为

$$\overline{(\Delta T)^2_V} = \frac{kT^2}{C_V} \tag{9.1.44}$$

$$\overline{(\Delta N)^2_V} = kT\left(\frac{\partial N}{\partial \mu}\right)_{T,V} \tag{9.1.45}$$

$$\overline{(\Delta T \Delta N)_V} = 0 \tag{9.1.46}$$

几点讨论。

(1) 证明

$$\overline{(\Delta N)^2_V} = kT\left(\frac{\partial N}{\partial \mu}\right)_{T,V} = -\frac{N^2 kT}{V^2}\left(\frac{\partial V}{\partial p}\right)_T = \frac{N^2 kT\kappa_T}{V}$$

首先,在 T、V 不变的条件下,在 $N\mu = G = F + pV$ 的两端同时对 N 求微商,得

$$N\left(\frac{\partial \mu}{\partial N}\right)_{T,V} + \mu = \left(\frac{\partial F}{\partial N}\right)_{T,V} + V\left(\frac{\partial p}{\partial N}\right)_{T,V}$$

又因

$$\mu = \left(\frac{\partial F}{\partial N}\right)_{T,V}$$

故

$$N\left(\frac{\partial \mu}{\partial N}\right)_{T,V} = V\left(\frac{\partial p}{\partial N}\right)_{T,V} = -V\left(\frac{\partial^2 F}{\partial N \partial V}\right) = -V\left(\frac{\partial \mu}{\partial V}\right)_{T,N} \tag{9.1.47}$$

其次,在 T、N 不变的条件下,在 $N\mu = F + pV$ 的两端同时对 V 求微商,得

$$N\left(\frac{\partial \mu}{\partial V}\right)_{T,N} = \left(\frac{\partial F}{\partial V}\right)_{T,N} + p + V\left(\frac{\partial p}{\partial V}\right)_{T,N} = V\left(\frac{\partial p}{\partial V}\right)_{T,N} \tag{9.1.48}$$

上式最后一步用了 $p = -(\partial F/\partial V)_{T,N}$。

将式(9.1.48)代入式(9.1.47)得

$$N \left(\frac{\partial \mu}{\partial V}\right)_{T,N} = -\frac{V^2}{N} \left(\frac{\partial p}{\partial V}\right)_{T,N} \tag{9.1.49}$$

将式(9.1.49)代入式(9.1.45)得

$$\overline{(\Delta N)^2_V} = -\frac{N^2 kT}{V^2} \left(\frac{\partial V}{\partial p}\right)_{T,N} \tag{9.1.50}$$

(2) 能量涨落和压强涨落

$$\overline{(\Delta E)^2_V} = \left(\frac{\partial E}{\partial T}\right)^2_{V,N} \overline{(\Delta T)^2} + 2 \left(\frac{\partial E}{\partial T}\right)_{V,N} \left(\frac{\partial E}{\partial N}\right)_{V,T} \overline{(\Delta T \Delta N)_V} + \left(\frac{\partial E}{\partial N}\right)^2_{V,T} \overline{(\Delta N)^2_V}$$

$$= kT^2 C_V + kT \left(\frac{\partial N}{\partial \mu}\right)_{V,T} \left(\frac{\partial E}{\partial N}\right)^2_{V,T}$$

$$\tag{9.1.51}$$

与用正则分布求得的式(8.4.31)完全相同。

$$\overline{(\Delta p)^2_V} = \left(\frac{\partial p}{\partial T}\right)^2_{V,N} \overline{(\Delta T)^2_V} + 2 \left(\frac{\partial p}{\partial T}\right)_{V,N} \left(\frac{\partial p}{\partial N}\right)_{V,T} \overline{(\Delta T \Delta N)_V} + \left(\frac{\partial p}{\partial N}\right)^2_{V,T} \overline{(\Delta N)^2_V}$$

$$= kT \left[\left(\frac{\partial p}{\partial T}\right)_{V,N} \left(\frac{\partial p}{\partial S}\right)_{V,N} + \left(\frac{\partial p}{\partial \mu}\right)_{V,T} \left(\frac{\partial p}{\partial N}\right)_{V,T} \right]$$

利用

$$\left(\frac{\partial p}{\partial S}\right)_{V,N} = -\left(\frac{\partial T}{\partial V}\right)_{S,N}$$

及

$$\left(\frac{\partial p}{\partial \mu}\right)_{V,T} = \left(\frac{\partial N}{\partial V}\right)_{T,\mu}$$

得到

$$\overline{(\Delta p)^2_V} = kT \left[-\left(\frac{\partial p}{\partial T}\right)_{V,N} \left(\frac{\partial T}{\partial V}\right)_{S,N} + \left(\frac{\partial p}{\partial N}\right)_{V,T} \left(\frac{\partial N}{\partial V}\right)_{T,\mu} \right]$$

而对单元系

$$\mu = \mu(T, P)$$

因此

$$\left(\frac{\partial N}{\partial V}\right)_{T,\mu} = \left(\frac{\partial N}{\partial V}\right)_{T,p}$$

最后得

$$\overline{(\Delta p)^2_V} = kT \left[-\left(\frac{\partial p}{\partial T}\right)_{V,N} \left(\frac{\partial T}{\partial V}\right)_{S,N} + \left(\frac{\partial p}{\partial N}\right)_{V,T} \left(\frac{\partial N}{\partial V}\right)_{T,p} \right]$$

$$= kT \left[-\left(\frac{\partial p}{\partial T}\right)_{V,N} \left(\frac{\partial T}{\partial V}\right)_{S,N} - \left(\frac{\partial p}{\partial V}\right)_{N,T} \right] \tag{9.1.52}$$

$$= -kT \left(\frac{\partial p}{\partial V}\right)_{N,S}$$

$$= \frac{kT}{V \kappa_S}$$

（3）各相关矩

$$\overline{(\Delta T \Delta S)_V} = \left(\frac{\partial S}{\partial T}\right)_{V,N} \overline{(\Delta T)^2_V} + \left(\frac{\partial S}{\partial N}\right)_{V,T} \overline{(\Delta T \Delta N)_V} = kT \tag{9.1.53}$$

$$\overline{(\Delta T \Delta \mu)_V} = \left(\frac{\partial \mu}{\partial T}\right)_{N,p} \overline{(\Delta T)^2_V} + \left(\frac{\partial \mu}{\partial N}\right)_{V,T} \overline{(\Delta T \Delta N)_V}$$

$$= kT \left(\frac{\partial \mu}{\partial S}\right)_{V,N} = kT \left(\frac{\partial T}{\partial N}\right)_{V,S} \tag{9.1.54}$$

$$\overline{(\Delta \mu \Delta S)_V} = 0 \tag{9.1.55}$$

$$\overline{(\Delta \mu \Delta N)_V} = kT \tag{9.1.56}$$

$$\overline{(\Delta S \Delta N)_V} = kT \left(\frac{\partial S}{\partial \mu}\right)_{T,V} = kT \left(\frac{\partial N}{\partial T}\right)_{\mu,V} \tag{9.1.57}$$

若选择 μ 和 S 为状态参量，则

$$\Delta T = \left(\frac{\partial T}{\partial S}\right)_{V,\mu} \Delta S + \left(\frac{\partial T}{\partial \mu}\right)_{V,S} \Delta \mu$$

$$= \left(\frac{\partial T}{\partial S}\right)_{V,\mu} \Delta S - \left(\frac{\partial T}{\partial S}\right)_{V,\mu} \left(\frac{\partial S}{\partial \mu}\right)_{V,T} \Delta \mu$$

$$= \left(\frac{\partial T}{\partial S}\right)_{V,\mu} \Delta S - \left(\frac{\partial T}{\partial N}\right)_{V,\mu} \left(\frac{\partial N}{\partial S}\right)_{V,\mu} \left(\frac{\partial S}{\partial \mu}\right)_{V,T} \Delta \mu$$

$$= \left(\frac{\partial T}{\partial S}\right)_{V,\mu} \Delta S - \left(\frac{\partial N}{\partial S}\right)_{V,\mu} \Delta \mu,$$

$$\Delta N = \left(\frac{\partial N}{\partial S}\right)_{V,\mu} \Delta S + \left(\frac{\partial N}{\partial \mu}\right)_{V,S} \Delta \mu$$

把它们代入式(9.1.42)得

$$P(\Delta \mu, \Delta S) = C \exp\left[-\frac{1}{2kT} \left(\frac{\partial T}{\partial S}\right)_{V,\mu} (\Delta S)^2 - \frac{1}{2kT} \left(\frac{\partial N}{\partial \mu}\right)_{V,S} (\Delta \mu)^2\right] \tag{9.1.58}$$

这是随机变量 $\Delta \mu$、ΔS 的联合概率分布，它说明 $\Delta \mu$ 与 ΔS 是相互独立的。由此可以得到熵和化学势的均方涨落分别为

$$\overline{(\Delta S)^2_V} = kT \left(\frac{\partial \mu}{\partial N}\right)_{V,S} \tag{9.1.59}$$

$$\overline{(\Delta \mu)^2_V} = kT \left(\frac{\partial S}{\partial T}\right)_{V,\mu} \tag{9.1.60}$$

$$\overline{(\Delta S \Delta \mu)_V} = 0 \tag{9.1.61}$$

利用式(9.1.59)至式(9.1.61)也可求出其他热力学量的均方涨落和各相关矩。

　　最后指出，尽管热力学量的涨落和各相关矩由系统的宏观条件决定，与状态参量的选择无关，但计算却有繁简之别。因此，恰当地选择状态参量便显得十分重要。恰当地选择状态参量的原则是：当求某热力学量的均方涨落和该量的相关矩时，应取该量以及与它统计独立的非共轭量（通常我们称 p 与 V、T 与 S、μ 与 N 互为共轭量）为状态参量。

9.1.3　光的散射*

　　利用上面的涨落理论可解释光的散射现象，当光线射入气体或液体时，部分光线由于受

到散射而偏离入射光线原来行进的方向,从而减弱了入射光的强度。这种光的散射现象可由两种原因引起:一种是光受到悬浮在气体或液体中的杂质或尘埃的影响,发生散射,这种散射称为丁达尔现象;另一种是对于纯净的、透明的气体或液体介质,虽然没有杂质,但光还是会发生散射,这种散射是由于密度涨落引起的,称为瑞利散射,或分子散射,下面介绍瑞利散射理论。

概括瑞利的研究,设一束波长为 λ 的光在折射率为 n_0 的介质中传播,假定通过单位面积的光强度为 I,当射到一体积比 λ^3 小,折射率为 n 的介质上时,则在垂直于入射方向的单位立体角中,散射光的强度为

$$I' = \frac{2\pi^2 V^2}{\lambda^4}\left(\frac{n-n_0}{n}\right)^2 = \frac{2\pi^2 V^2}{\lambda^4}\left(\frac{\Delta n}{n}\right)^2 \qquad (9.1.62)$$

其中 $V < \lambda^3$。

利用电动力学给出的联系折射率 n 和介质密度 ρ 的关系 —— 洛伦兹折射公式

$$\frac{1}{\rho}\frac{n^2-1}{n^2+2} = 常数 \qquad (9.1.63)$$

得到

$$\frac{\Delta\rho}{\rho} = \frac{6n^2}{(n^2-1)(n^2+2)}\frac{\Delta n}{n} \qquad (9.1.64)$$

将式(9.1.64)代入式(9.1.62),再对涨落的各种可能数值求平均,可得

$$\overline{\frac{I'}{V}} = \frac{\pi^2 V (n^2-1)^2 (n^2+2)^2}{18n^4\lambda^4}\overline{\left(\frac{\Delta\rho}{\rho}\right)^2}$$

$$\frac{\pi^2 V (n^2-1)^2 (n^2+2)^2}{18n^4\lambda^4}\frac{kT}{V}\kappa_T \qquad (9.1.65)$$

最后一步用了式(9.1.20)。

几点讨论。

(1) 若散射介质是气体,则因气体的 $n \approx 1$,并将气体视为理想气体,故有

$$\kappa_T = -\frac{1}{V}\left(\frac{\partial V}{\partial p}\right)_T = \frac{1}{p}$$

式(9.1.65)化为

$$\overline{\frac{I'}{V}} = \frac{\pi^2 (n^2-1)^2}{2\lambda^4}\frac{kT}{p} \qquad (9.1.66)$$

式(9.1.66)表明,散射光的强度与波长 λ 的四次方成反比。因此短波的光较长波的光散射更大。当太阳光被大气层散射时,波长较短的蓝色光散射较多,所以散射光照耀的天空呈现蓝色。而在日出和日落时,由于大气层较厚,能透过大气层的光线是波长较长的光线,因此,日出和日落时的太阳呈红色。

(2) 若散射介质是液体,则由于液体的压缩系数 κ_T 较气体小得多,因此一般情况下液体对光的分子散射也很小。

(3) 当液体或气体接近临界点时,因压缩系数很大,分子的密度涨落很大,可产生很强的散射,以致物质变成半透明,呈现乳白色,这种现象称为临界乳光现象。在临界点附近,因 $(T-T_c)$ 和 $(V-V_c)$ 都是小量,故可把 $(\partial p/\partial V)_T$ 在临界点 C 展开,并取前两项得

$$\left(\frac{\partial p}{\partial V}\right)_T = \left(\frac{\partial p}{\partial V}\right)_c + \left(\frac{\partial^2 p}{\partial V^2}\right)_c (V - V_c) + \left(\frac{\partial^2 p}{\partial V \partial T}\right)_c (T - T_c).$$

由于在临界点，$(\partial p/\partial V)_c = 0$，$(\partial^2 p/\partial V^2)_c = 0$，故上式简化为

$$\left(\frac{\partial p}{\partial V}\right)_T = \left(\frac{\partial^2 p}{\partial V \partial T}\right)(T - T_c)$$

代入式(9.1.65)，得到临界点附近的散射光强度为

$$\frac{\overline{I'}}{V} \propto \frac{1}{T - T_c}$$

因$(T - T_c)$很小，故$\overline{I'}/V$很大。

9.2　布朗运动理论

1827 年，英国植物学家布朗在用显微镜观察浮在水中的植物花粉时，发现这些颗粒不停地做无规则运动。这种运动称为布朗运动，做布朗运动的粒子称为布朗粒子。

布朗运动的实质在很长时间内没有被认识，直至 1900 年以后，爱因斯坦(1905)、斯莫鲁霍夫斯基(1906)和朗之万(1908)等才相继发表了他们的理论，皮兰(1908)完成了他的实验工作后，布朗运动的实质才得到清楚的解释。

由于布朗粒子(直径约在10^{-5}cm ~ 10^{-4}cm)比分子(直径约为10^{-8}cm)大得多，所以它将受到周围许多液体分子的碰撞，在通常情况下，碰撞数约为10^{21}次/s。另一方面，布朗粒子相对于宏观物体又非常小，因此在任一瞬间，周围的分子对它的碰撞所产生的力一般来说是互不平衡的。于是，在某一瞬间，布朗粒子可能在某一方向受到净作用力，而使它朝该方向加速运动；在另一瞬间，又可能在另一方向受到净作用力而使它朝另一方向加速运动。由于周围分子的运动是无规则的，因此布朗粒子所受到的碰撞力是涨落不定的，力的大小和方向都不断发生变化，这样，我们就观察到布朗粒子忽而朝东，忽而朝西，不停地做无规则运动。布朗运动虽然并不直接就是分子的无规则运动，但它实质上是周围分子无规则运动的反映。而且，由于观测是在宏观短而微观长的时间内进行的，因此实际上观测到的是布朗粒子的一种平均运动，布朗粒子的位移只是一种剩余的涨落。

布朗运动在科学技术上具有重大的意义。首先，测量仪器中的活动部分(如分析天平的称盘、悬线电流计中的线圈等)在气体分子的不平衡碰撞下也会产生布朗运动。随着科学技术的发展，仪器的灵敏度越来越高，布朗运动对灵敏度的影响已成为现代精密测量中一个不可忽视的因素。其次，在近代无线电技术(如卫星通信)中，由于放大倍数很高，电涨落现象表现得特别显著，引起热噪声，这也需用布朗运动理论进行研究。第三，扩散现象的本质是布朗运动产生的位移。因此布朗运动理论可用于研究各类扩散现象，如半导体中载流子(电子或空穴)的扩散和原子核反应堆中中子的扩散等。第四，布朗运动是一种典型的随机过程，在随机理论和非平衡统计理论的发展中占有重要的地位。另外，在历史上，布朗运动对分子运动论的确立起过重要的作用。

下面以"布朗粒子是气体或液体中的巨大分子，布朗粒子运动的推动力是由于周围介质的分子对其不断的碰撞"为基本出发点，来讨论布朗运动理论。

9.2.1 布朗粒子位移的方均值

我们采用朗之万的方法研究布朗粒子位移的方均值。

为简单起见，只讨论布朗粒子的运动在一个水平方向的投影，且假设不存在外力场。设布朗粒子的质量为 m，在时刻 t，微粒的坐标为 $x(t)$。周围分子对布朗粒子碰撞的净作用力为 $F(t)$。朗之万将 $F(t)$ 分解成两部分

$$F(t) = F'(t) + F''(t)$$

式中，$F'(t)$ 相当于周围分子对静止的布朗粒子的碰撞作用力；$F''(t)$ 是由于当布朗粒子以速度 v 运动时，在其前进方向上将与更多的分子相碰撞而受到的附加阻力，当 v 不大时，阻力的大小与速度 v 成正比，即

$$F''(t) = -\alpha v = -\alpha \frac{\mathrm{d}x}{\mathrm{d}t}$$

其中 α 为阻力系数，可由实验测定。因此，布朗粒子的运动方程可表为

$$m \frac{\mathrm{d}^2 x}{\mathrm{d}t^2} = -\alpha \frac{\mathrm{d}x}{\mathrm{d}t} + F'(t) \tag{9.2.1}$$

式 (9.2.1) 称为朗之万方程。以 x 乘式 (9.2.1) 的两端，并注意到

$$x \frac{\mathrm{d}x}{\mathrm{d}t} = \frac{1}{2} \frac{\mathrm{d}(x^2)}{\mathrm{d}t},$$

$$x \frac{\mathrm{d}^2 x}{\mathrm{d}t^2} = \frac{1}{2} \frac{\mathrm{d}^2}{\mathrm{d}t^2}(x^2) - \left(\frac{\mathrm{d}x}{\mathrm{d}t}\right)^2$$

可得

$$\frac{1}{2} m \frac{\mathrm{d}^2}{\mathrm{d}t^2}(x^2) - m \left(\frac{\mathrm{d}x}{\mathrm{d}t}\right)^2 = -\frac{1}{2} \alpha \frac{\mathrm{d}}{\mathrm{d}t}(x^2) + xF'(t)$$

将上式对大量布朗粒子求平均，即把大群布朗粒子的运动方程相加然后除以布朗粒子的总数，并且注意求平均与对时间求导数的次序是可以交换的，便得

$$\frac{1}{2} m \frac{\mathrm{d}^2}{\mathrm{d}t^2} \overline{x^2} - m \overline{\left(\frac{\mathrm{d}x}{\mathrm{d}t}\right)^2} = -\frac{1}{2} \alpha \frac{\mathrm{d}}{\mathrm{d}t} \overline{x^2} + \overline{xF'(t)} \tag{9.2.2}$$

在上式中，由于 $xF'(t)$ 可正可负，它的数值对各个布朗粒子来说是涨落不定的，因此它的平均值 $\overline{xF'(t)} = 0$。再由能量均分定理得

$$\overline{\frac{1}{2} m \left(\frac{\mathrm{d}x}{\mathrm{d}t}\right)^2} = \frac{1}{2} kT$$

把这些结果代入式 (9.2.2)，化简整理后得

$$\frac{\mathrm{d}^2}{\mathrm{d}t^2} \overline{x^2} + \frac{\alpha}{m} \frac{\mathrm{d}}{\mathrm{d}t} \overline{x^2} - \frac{2kT}{m} = 0 \tag{9.2.3}$$

式 (9.2.3) 是 $\overline{x^2}$ 的二阶常系数线性非齐次微分方程，其通解为

$$\overline{x^2} = \frac{2kT}{\alpha} t + C_1 \mathrm{e}^{-\alpha t/m} + C_2 \tag{9.2.4}$$

其中，C_1 和 C_2 是积分常数。一般 α/m 的数值是很大的 (约为 10^7 的数量级)，即使 t 小至 10^{-6} s，式 (9.2.4) 中右端的第二项仍可略去；在实践中，观测时间比 10^{-6} s 长得多，因而这一项完全可以略去。如果假设所有的布朗粒子在 $t = 0$ 时均处在 $x = 0$ 处，即用 x 描述布朗粒子的位

移,便得 $C_2 = 0$。于是式(9.2.4)简化为

$$\overline{x^2} = \frac{2kT}{\alpha}t \tag{9.2.5}$$

式(9.2.5)称为爱因斯坦公式,它指出,在时间间隔 t 内,布朗粒子位移的方均值与时间间隔 t 成正比。

几点讨论。

(1) 如果将布朗粒子视为半径为 r 的小球,在黏滞系数为 η 的流体中运动,则根据斯托克斯公式有 $\alpha = 6\pi r\eta$,将其代入式(9.2.5)得

$$\overline{x^2} = \frac{kT}{3\pi r\eta}t \tag{9.2.6}$$

(2) 皮兰用实验验证了式(9.2.6)。皮兰的方法是在显微镜下跟踪一个布朗粒子,记下这个布朗粒子在时间间隔 t(例如 30 s)内在 x 方向的位移。例如在时间间隔 0 至 t,t 至 $2t$,$2t$ 至 $3t$,……,布朗粒子在 x 方向的位移分别为 x_1,x_2,x_3,$\cdots$。由多次观测的数据可求得位移方均值 $\overline{x^2}$。结果证实 $\overline{x^2}$ 与时间间隔 t 成正比,并与黏滞系数 η 成反比,且与温度 T 有关。

(3) 由式(9.2.6)可见,只要测得 $\overline{x^2}$、r、η、T 和 t,就可得到 k。

9.2.2 布朗运动与扩散的关系

下面证明,布朗粒子在流体中的迁移过程,其机制与粒子的扩散相同。或者说,布朗运动实际上是一种扩散。

扩散是由于粒子在空间的分布不均匀所引起的。假设布朗粒子的密度不均匀,以 $n(\mathbf{r},t)$ 表示布朗粒子的数密度,$\mathbf{J}(\mathbf{r},t)$ 表示布朗粒子的流密度(单位时间内通过单位面积的粒子数)。由裴克定律可得

$$\mathbf{J} = -D\,\nabla n \tag{9.2.7}$$

其中 D 是扩散系数。由于在扩散过程中粒子数守恒,必须满足连续性方程

$$\frac{\partial n(\mathbf{r},t)}{\partial t} + \nabla \cdot \mathbf{J} = 0 \tag{9.2.8}$$

对式(9.2.7)两端同时取散度,再结合式(9.2.8),有

$$\frac{\partial n(\mathbf{r},t)}{\partial t} = D\nabla^2 n(\mathbf{r},t) \tag{9.2.9}$$

此即扩散方程。

在一维情况下

$$\frac{\partial n(x,t)}{\partial t} = D\frac{\partial^2 n(x,t)}{\partial x^2} \tag{9.2.10}$$

设 $t = 0$ 时,N 个布朗粒子全部集中在 $x = 0$ 处,即

$$n(x,0) = N\delta(x) \tag{9.2.11}$$

则扩散方程式(9.2.10)满足初始条件式(9.2.11)的解为

$$n(x,t) = N(4\pi Dt)^{-1/2}\,\mathrm{e}^{-x^2/(4Dt)} \tag{9.2.12}$$

由式(9.2.12)可求得布朗粒子位移的方均值

$$\overline{x^2} = \frac{1}{N}\int_{-\infty}^{\infty} x^2 n(x,t)\mathrm{d}x = 2Dt \tag{9.2.13}$$

这个结果与朗之万方程的解式(9.2.5)是一致的。将两式比较,并考虑式(9.2.6)可得

$$D = \frac{kT}{\alpha} = \frac{kT}{6\pi r\eta} \tag{9.2.14}$$

由式(9.2.12)可见,在某时刻 t,布朗粒子在空间的分布是高斯分布。的确,将(9.2.13)式代入式(9.2.12)即得

$$n = N\,(2\pi\,\overline{x^2})^{-1/2}\exp\!\left(-\frac{x^2}{2\,\overline{x^2}}\right) \tag{9.2.15}$$

这正是高斯分布式(5.4.12)。得到这个结果并不奇怪,因为可把一个布朗粒子的运动看作"无规行走"的问题。布朗粒子忽而朝东,忽而朝西,在做无规则运动。这就好比一个人喝醉了酒,从某一点出发,以每一步的步长为 l 的步伐开始忽东忽西地无规行走。设他向东走一步的概率即为 p,则向西走一步的概率即为 $(1-p)$。由于他喝醉了酒,因此他在走任何一步时都不记得他前一步是怎么走的,也就是说,他前后各步都是彼此统计独立的。若他已走了 N 步,则在这 N 步中有 n 步向东的概率为

$$W_N(n) = \frac{N!}{n!\,(N-n)!}\,p^n\,(1-p)^{N-n} \tag{9.2.16}$$

这正是二项式分布式(5.4.9)。由第5.4节的讨论可知,在 $N\gg1$,$n\gg1$,$n\approx\bar{n}$ 的条件下,二项式分布趋于高斯分布,流体中的布朗粒子满足这些条件,故它满足高斯分布。

9.2.3 简单应用

1. 布朗运动和测量仪器的灵敏度

布朗运动的存在,使凡是带有细丝悬挂反射镜(以及线圈)的仪器的灵敏度受到一定的限制。例如悬丝电流计,它的运动部分是用石英丝 f 悬挂着的线圈 C 和反射镜 M,如图 9-1 所示。

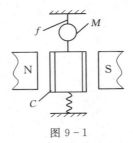

图 9-1

当没有电流通过时,线圈(和反射镜)应不发生偏转而停止在"零点",但是由于空气分子的不平衡碰撞,即使没有电流通过,线圈也会发生无规则的扭摆式布朗运动,这就使该电流计的灵敏度受到限制。

悬丝电流计的扭转运动是一个自由度的运动,其运动方程是

$$I\frac{\mathrm{d}^2\varphi}{\mathrm{d}t^2} + a\frac{\mathrm{d}\varphi}{\mathrm{d}t} + a\varphi = L \tag{9.2.17}$$

式中，φ 是线圈和反射镜的角位移；I 是转动惯量；a 是扭转系数；$a\mathrm{d}\varphi/\mathrm{d}t$ 是空气阻力矩；$a\varphi$ 是石英丝的恢复力矩；L 是由于分子碰撞所产生的涨落不定的力矩。方程(9.2.17)与布朗粒子的运动方程(9.2.1)很相似。我们不详细求解该方程，而采用简单的计算方法。

设由于布朗运动的结果，悬镜和线圈偏离平衡位置的角度为 φ，则石英丝增加的势能为 $a\varphi^2/2$，根据能量均分定理应有

$$\frac{1}{2}a\,\overline{\varphi^2} = \frac{1}{2}kT$$

于是

$$\sqrt{\overline{\varphi^2}} = \sqrt{kT/a} \tag{9.2.18}$$

下面就来估计 $\sqrt{\overline{\varphi^2}}$ 的大小。石英丝的 $a \approx 10^{-13}\mathrm{J} \cdot (\mathrm{rad})^{-2}$，设 $T = 300$ K，代入上式得 $\sqrt{\overline{\varphi^2}} \approx 2 \times 10^{-4}$ rad。如果电流引起的偏转小于这个角度，我们便不能测出这一电流，请读者想一想，如何消除布朗运动的影响呢？

2. 电路中的电涨落 —— 噪声

电路中的电涨落将导致无规则信号产生，它经过放大后就形成噪声输出。这种噪声使仪器的灵敏度受到限制，只有当外来信号的强度比噪声的强度更大时，我们才可能觉察到信号，否则，信号将淹没在噪声之中。噪声主要来自两方面：一是散粒效应；二是约翰逊效应。

散粒效应：电子管内的电流是依靠烧热的阴极发射出电子而产生的，由于阴极在相同的时间间隔内所发射的电子数是有涨落的，这就引起阴极电流的涨落，经放大后，就会出现无规则信号，成为噪声输出。这个现象称为散粒效应。这是肖特基于 1918 年发现的。可以证明，由于散粒效应引起的电路中的电流涨落为

$$\overline{(\Delta I)^2} = 2e\bar{I}\Delta\nu \tag{9.2.19}$$

此式表明电流的涨落与平均电流强度 $\bar{I}$ 成正比，与频谱中某一段频带宽度 $\Delta\nu$ 成正比。放大器的电流涨落等于放大倍数乘以式(9.2.19)。

约翰逊效应：我们知道，导体中有大量的自由电子，这些自由电子在不停地做无规则热运动。当线路中有直流或交流电压时，导体中的自由电子虽然大体上是按照外加电压的方向运动，可是在这个有规则的运动上还附加有电子的无规则热运动。由于涨落，就产生了一个涨落电流，经放大后便产生噪声，称为热噪声。这个现象是约翰逊于 1928 年发现的，故称为约翰逊效应。尼奎斯对约翰逊效应做了理论上的研究，得到以下关系

$$\overline{V^2} = 4RkT \tag{9.2.20}$$

上式称为尼奎斯定理。它表明，在电路中，由于电子的无规则运动所产生噪声电压的方均值与所使用的频率无关，而与电阻 R、温度 T 成正比。为避免各种电子电路的信号"失真"，在设计电路时，应利用尼奎斯定理估计实验装置中热噪声对信号的干扰。但由于热噪声不可能完全消除，所以限制了仪器的灵敏度。

9.3 涨落的相关性 *

一个系统内各个部分的涨落能够发生相互影响,这称为涨落的空间相关性。不同时刻的涨落也能相互影响,这称为涨落的时间相关性。本节将分别讨论这两种相关性。

9.3.1 涨落的空间相关性

1. 空间相关函数

考虑一个均匀的各向同性的系统,例如气体或液体,这种系统处于平衡态时,其热力学量的统计平均值是处处相同的。当系统内发生涨落时,系统内各处的热力学量,如粒子数密度、能量密度等,都可能与其平均值发生偏差,因而各热力学量在不同地点便可能有不同的值。现在考察系统内的两个宏观上无限小但微观上足够大的体积元 dV_1 和 dV_2,其位置矢量分别为 r_1 和 r_2,这两个小体积元所在处的某热力学量分别为 $A(r_1)$ 和 $A(r_2)$,$A(r_1)$ 和 $A(r_2)$ 都是涨落不定的。当问题涉及空间两点的相互关联时,用

$$\overline{\Delta A(r_1) \Delta A(r_2)} = g_{AA}(r_1, r_2) \tag{9.3.1}$$

来描述某处的涨落和邻近另一点处涨落的相互关系,$g_{AA}(r_1, r_2)$ 就称为空间相关函数。

几点讨论。

(1) 由于

$$\Delta A(r_1) = A(r_1) - \bar{A},$$

$$\Delta A(r_2) = A(r_2) - \bar{A}$$

所以

$$\overline{\Delta A(r_1) \Delta A(r_2)} = \overline{[A(r_1) - \bar{A}][A(r_2) - \bar{A}]} = \overline{A(r_1)A(r_2)} - (\bar{A})^2$$

如果 r_1 和 r_2 两处的涨落是相互独立的,不相干的,则

$$\overline{A(r_1)A(r_2)} = \overline{A(r_1)} \cdot \overline{A(r_2)} = (\bar{A})^2,$$

$$\overline{\Delta A(r_1) \Delta A(r_2)} = 0$$

如果 r_1 和 r_2 两处的涨落存在相关性,则

$$\overline{\Delta A(r_1) \Delta A(r_2)} \neq 0$$

所以 $g_{AA}(r_1, r_2)$ 的大小决定了两处涨落的关联程度。

(2) 对于均匀系,相关函数式(9.3.1)应当是两点之间的位矢差 $r_1 - r_2$ 的函数,即

$$g_{AA}(r_1, r_2) = g_{AA}(r_1 - r_2) \tag{9.3.2}$$

这是因为,既然系统是均匀的,只要两点的相对位置一定,不论这两点取在哪里,它们之间的关系应当不变;或者说,相关函数在 r_1 和 r_2 做平移变换

$$r_1 \rightarrow r_1 + a, r_2 \rightarrow r_2 + a$$

的条件下应当不变;这一要求只有在式(9.3.2)成立时才能满足。

(3) 一般情况下,$g_{AA}(r_1 - r_2)$ 将随两点之间的距离 $|r_1 - r_2|$ 增大而减小。如果在

$|r_1 - r_2| \sim \zeta$ 的长度内,关联性是显著的,而在 ζ 之外,关联性很小甚至可以略去,则 ζ 可作为空间关联范围的度量,称为关联长度。关联长度是某处的涨落所产生的影响能涉及的空间范围。对于任何两处都不相关的情形,相当于关联长度为零。

(4) 可以把空间相关函数推广到不同的物理量之间的相关性,例如 r_1 处的物理量 $A(r_1)$ 对 r_2 处的物理量 $B(r_2)$ 的影响,可用如下交叉相关函数来描述

$$\overline{A(r_1)B(r_2)} = g_{AB}(r_1, r_2) \tag{9.3.3}$$

(5) 系统内部两处涨落的关联性是由系统内部粒子间的相关性引起的。粒子间的相关性来源有二:一是由于粒子间具有相互作用;显然,一个地方的变动会牵动其近邻部分,这种相关性又称为动力学相关性。二是由于微观粒子的全同性所导致的量子效应。对于理想费米气体或玻色气体,即使粒子间无相互作用,仍然存在相关性。费米子遵从泡利不相容原理,两个以及两个以上的粒子不能占据同一个态,这相当于粒子之间存在一种排斥作用。玻色子在低温下具有凝聚于最低能级中的现象,这相当于粒子之间存在一种吸引作用。因此,理想费米气体或理想玻色气体仍然存在相关性,这种相关性又称为统计相关性。应当指出,相关性的这种划分,严格地说只有局限的意义,因为统计相关性和动力学相关性还会相互影响。例如在金属中的电子系统,常由于统计相关性的结果使两个电子之间的有效相互作用不再是库仑作用,而是一短程的、作用较弱的库仑赝势。

2. 粒子数密度涨落的空间相关函数

下面以粒子数密度的相关性为例,来说明涨落的空间相关性(只限于经典情形)。

设系统中有 N 个粒子,平衡时满足正则分布式(8.3.10)。将式(8.3.10)改写为

$$dW = \rho_N(r_1, r_2, \cdots, r_N; p_1, p_2, \cdots, p_N) dr_1 \cdots dr_N \cdot dp_1 \cdots dp_N \tag{9.3.4}$$

$$\rho_N(r_1, r_2, \cdots, r_N; p_1, p_2, \cdots, p_N) = \rho_N(r_1, r_2, \cdots, r_N)\rho_N(p_1, p_2, \cdots, p_N) \tag{9.3.5}$$

其中

$$\rho_N(r_1, r_2, \cdots, r_N) = \frac{\exp\left[-\sum_{i<j} u(r_i - r_j)/kT\right]}{\int \cdots \int \exp\left[-\sum_{i<j} u(r_i - r_j)/kT\right] dr_1 dr_2 \cdots dr_N} \tag{9.3.6}$$

$$\rho_N(p_1, p_2, \cdots, p_N) = \frac{\exp\left[-\sum_i p_i^2/2mkT\right]}{\int \cdots \int \exp\left[-\sum_i p_i^2/2mkT\right] dp_1 dp_2 \cdots dp_N} \tag{9.3.7}$$

分别是位置的概率密度函数和动量的概率密度函数,这里省略了对求相关函数不重要的因子 $(N!h^{N_r})^{-1}$。如果将式(9.3.4)两边对动量 $p_i(i = 1, 2, \cdots, N)$ 进行积分,可得位置的概率分布为

$$dW(r_1, r_2, \cdots, r_N) = \rho_N(r_1, r_2, \cdots, r_N) dr_1 dr_2 \cdots dr_N \tag{9.3.8}$$

先求粒子数密度 $n(r)$ 的统计平均值。在 r 处的粒子数密度可表为

$$n(r) = \sum_{i=1}^{N} \delta(r - r_i) \tag{9.3.9}$$

这里 r 在宏观上代表一个点,实际上是一个很小的体积元。式(9.3.9)中右端每一项的意义是:当分子 i 的位置 r_i 进入 r 处一无限小体元中时,对该点的数密度贡献即为 1。于是

$$\overline{n(\boldsymbol{r})} = \int \cdots \int n(\boldsymbol{r}) \rho_N(\boldsymbol{r}_1, \boldsymbol{r}_2, \cdots, \boldsymbol{r}_N) \mathrm{d}\boldsymbol{r}_1 \mathrm{d}\boldsymbol{r}_2 \cdots \mathrm{d}\boldsymbol{r}_N$$

$$= \int \cdots \int \sum_{i=1}^{N} \delta(\boldsymbol{r}_1 - \boldsymbol{r}_i) \rho_N(\boldsymbol{r}_1, \boldsymbol{r}_2, \cdots, \boldsymbol{r}_N) \mathrm{d}\boldsymbol{r}_1 \mathrm{d}\boldsymbol{r}_2 \cdots \mathrm{d}\boldsymbol{r}_N$$

由于 N 个粒子是全同的,上式中每一项的贡献都相同,所以

$$\overline{n(\boldsymbol{r})} = N \int \delta(\boldsymbol{r} - \boldsymbol{r}_1) \mathrm{d}\boldsymbol{r}_1 \int \cdots \int \rho_N(\boldsymbol{r}_1, \boldsymbol{r}_2, \cdots, \boldsymbol{r}_N) \mathrm{d}\boldsymbol{r}_2 \cdots \mathrm{d}\boldsymbol{r}_N$$

$$= N \int \delta(\boldsymbol{r} - \boldsymbol{r}_1) \mathrm{d}\boldsymbol{r}_1 \cdot \frac{1}{V} \rho_1(\boldsymbol{r}_1) = \bar{n} \rho_1(\boldsymbol{r}) \tag{9.3.10}$$

这里

$$\rho_1(\boldsymbol{r}_1) = V \int \cdots \int \rho_N(\boldsymbol{r}_1, \boldsymbol{r}_2, \cdots, \boldsymbol{r}_N) \mathrm{d}\boldsymbol{r}_2 \cdots \mathrm{d}\boldsymbol{r}_N \tag{9.3.11}$$

$\rho_1(\boldsymbol{r}_1)$ 表示:不论其他粒子的位置如何,一个粒子出现在 $\boldsymbol{r}_1$ 处的概率密度再乘以体积 V。显然,对于均匀系,这个概率密度应当和位置无关,并且

$$\int \cdots \int \rho_N(\boldsymbol{r}_1, \boldsymbol{r}_2, \cdots, \boldsymbol{r}_N) \mathrm{d}\boldsymbol{r}_2 \cdots \mathrm{d}\boldsymbol{r}_N = \frac{1}{V}$$

即

$$\rho_1(\boldsymbol{r}_1) = 1. \text{(均匀系)} \tag{9.3.12}$$

再求 $n(\boldsymbol{r}_1) n(\boldsymbol{r}_2)$ 的统计平均值

$$\overline{n(\boldsymbol{r}_1) n(\boldsymbol{r}_2)} = \int \cdots \int n(\boldsymbol{r}_1) n(\boldsymbol{r}_2) \rho_N(\boldsymbol{r}_1, \boldsymbol{r}_2, \cdots, \boldsymbol{r}_N) \mathrm{d}\boldsymbol{r}_1 \cdots \mathrm{d}\boldsymbol{r}_N$$

$$= \int \cdots \int \sum_{i=1}^{N} \sum_{j=1}^{N} \delta(\boldsymbol{r}_1 - \boldsymbol{r}_i') \delta(\boldsymbol{r}_2 - \boldsymbol{r}_j') \rho_N(\boldsymbol{r}_1', \boldsymbol{r}_2', \cdots, \boldsymbol{r}_N') \mathrm{d}\boldsymbol{r}_1' \mathrm{d}\boldsymbol{r}_2' \cdots \mathrm{d}\boldsymbol{r}_N'$$

$$= \int \cdots \int \left[\sum_i \delta(\boldsymbol{r}_1 - \boldsymbol{r}_i') \delta(\boldsymbol{r}_2 - \boldsymbol{r}_i') + \sum_{i \neq j} \delta(\boldsymbol{r}_1 - \boldsymbol{r}_i') \delta(\boldsymbol{r}_2 - \boldsymbol{r}_j') \right] \cdot$$

$$\rho_N(\boldsymbol{r}_1', \boldsymbol{r}_2', \cdots, \boldsymbol{r}_N') \mathrm{d}\boldsymbol{r}_1' \mathrm{d}\boldsymbol{r}_2' \cdots \mathrm{d}\boldsymbol{r}_N'$$

$$= N \int \delta(\boldsymbol{r}_1 - \boldsymbol{r}_1') \delta(\boldsymbol{r}_2 - \boldsymbol{r}_1') \mathrm{d}\boldsymbol{r}_1' \int \cdots \int \rho_N(\boldsymbol{r}_1', \boldsymbol{r}_2', \cdots, \boldsymbol{r}_N') \mathrm{d}\boldsymbol{r}_2' \cdots \mathrm{d}\boldsymbol{r}_N' +$$

$$N(N-1) \iint \delta(\boldsymbol{r}_1 - \boldsymbol{r}_1') \delta(\boldsymbol{r}_2 - \boldsymbol{r}_2') \mathrm{d}\boldsymbol{r}_1' \mathrm{d}\boldsymbol{r}_2' \cdot$$

$$\int \cdots \int \rho_N(\boldsymbol{r}_1', \boldsymbol{r}_2', \cdots, \boldsymbol{r}_N') \mathrm{d}\boldsymbol{r}_3' \cdots \mathrm{d}\boldsymbol{r}_N'$$

利用式(9.3.11)和式(9.3.12),并令

$$\rho_2(\boldsymbol{r}_1, \boldsymbol{r}_2) = V^2 \int \cdots \int \rho_N(\boldsymbol{r}_1, \boldsymbol{r}_2, \cdots, \boldsymbol{r}_N) \mathrm{d}\boldsymbol{r}_3 \mathrm{d}\boldsymbol{r}_4 \cdots \mathrm{d}\boldsymbol{r}_N \tag{9.3.13}$$

于是

$$\overline{n(\boldsymbol{r}_1) n(\boldsymbol{r}_2)} = \bar{n} \delta(\boldsymbol{r}_1 - \boldsymbol{r}_2) + \frac{N(N-1)}{V^2} \rho_2(\boldsymbol{r}_1, \boldsymbol{r}_2)$$

$$\approx \bar{n} \delta(\boldsymbol{r}_1 - \boldsymbol{r}_2) + \bar{n}^2 \rho_2(\boldsymbol{r}_1, \boldsymbol{r}_2) \tag{9.3.14}$$

粒子数密度涨落的空间相关函数为

$$\overline{\Delta n(\boldsymbol{r}_1) \Delta n(\boldsymbol{r}_2)} = \overline{n(\boldsymbol{r}_1) n(\boldsymbol{r}_2)} - (\bar{n})^2$$

$$= \bar{n}^2 [\rho_2(\boldsymbol{r}_1, \boldsymbol{r}_2) - 1] + \bar{n} \delta(\boldsymbol{r}_1 - \boldsymbol{r}_2) \tag{9.3.15}$$

几点讨论。

(1) 由式(9.3.15)可知,只要确定了 $\rho_2(\boldsymbol{r}_1,\boldsymbol{r}_2)$ 就可求出涨落的相关性。不仅如此,有了 ρ_2 还可以确定系统的其他热力学量,如系统的内能、压强等,这可参阅有关书籍。

(2) $\rho_2(\boldsymbol{r}_1,\boldsymbol{r}_2)$ 称为双粒子概率密度函数,其表示:不论其他粒子的位置如何,两个粒子同时分别处于 $\boldsymbol{r}_1$ 和 $\boldsymbol{r}_2$ 处的概率密度再乘以体积 V 的平方。如果粒子相互独立,则 $\rho_2(\boldsymbol{r}_1,\boldsymbol{r}_2)=1$;如果 $|\boldsymbol{r}_1-\boldsymbol{r}_2|$ 很大,可以认为这两点是相互独立的,则

$$\lim_{|\boldsymbol{r}_1-\boldsymbol{r}_2|\to\infty}\rho_2(\boldsymbol{r}_1,\boldsymbol{r}_2)=1$$

对均匀系,由平移不变性可得

$$\rho_2(\boldsymbol{r}_1,\boldsymbol{r}_2)=\rho_2(\boldsymbol{r}_1-\boldsymbol{r}_2)。$$

(3) 在实验上可以通过 X 光或中子散射的强度来确定 $\rho_2(\boldsymbol{r}_1-\boldsymbol{r}_2)$。

9.3.2　涨落的时间相关性

1. 时间相关函数

设有一个处于平衡态的系统,以 $A(t)$ 表示某一物理量的值与其平均值之差,$A(t)$ 是个随机变量,定义该随机变量的时间相关函数为

$$\overline{A(t)A(t')}=\overline{A(t)A(t+\tau)}=\Phi_{AA}(\tau) \tag{9.3.16}$$

它描述在某一时刻的扰动对另一时刻该物理量的影响。

几点讨论。

(1) 这里的平均是对系统在 t 时刻到 $t+\tau$ 时刻的所有可能的微观状态进行的,即对系综取平均。根据 8.1 节中系综概念的引入,这样的平均和在固定 τ 条件下对 t 在长时间内的平均相同。即

$$\Phi_{AA}(\tau)=\overline{A(t)A(t+\tau)}=\lim_{T\to\infty}\frac{1}{T}\int_0^T A(t)A(t+\tau)\mathrm{d}t \tag{9.3.17}$$

(2) 由于平衡态不随时间变化,不同时刻的物理量之间(只要它们的时间间隔一定)的相关性应当和在什么时刻观察这两个量无关,所以相关函数应当是两个时刻之差的函数。

(3) 随着时间 τ 的增大,相关函数 $\Phi_{AA}(\tau)$ 将减小,当 τ 大于某一时间 τ^* 时,$A(t)$ 和 $A(t+\tau)$ 不再相关,彼此互不影响,于是 $\Phi_{AA}(\tau)=0$。τ^* 称为关联时间,和关联长度一样,τ^* 是由系统的内在特征所决定的,它的长短以及关联的强度与系统的动力学性质有关。如果 τ 极小,相对于宏观的时间尺度 τ 可视为趋于零,则有

$$\Phi_{AA}(t,t')=\overline{A(t)A(t')}=a\delta(t-t') \tag{9.3.18}$$

可见,当 $t=t'$,$\tau\to 0$ 时,

$$\Phi_{AA}(t,t')=\overline{[A(t)]^2}\equiv a$$

a 就是 $A(t)$ 的涨落。

(4) 在平衡态下,$A(t)$ 影响以后时刻的 $A(t+\tau)$ 和依赖于以前时刻 $A(t-\tau)$ 的强度是相同的,所以 $\Phi_{AA}(\tau)$ 应是 τ 的偶函数,

$$\Phi_{AA}(\tau)=\Phi_{AA}(-\tau) \tag{9.3.19}$$

(5) 和空间相关函数一样,可以把时间相关函数推广到不同物理量之间的相关性,如 t

时刻的物理量 $A(t)$ 对以后 t' 时刻的物理量 $B(t')$ 发生某种影响，则这种影响可以用如下交叉相关函数来描述

$$\overline{A(t)B(t')} = \Phi_{AB}(\tau) \tag{9.3.20}$$

其余详见有关著作。

2. 布朗粒子速度的相关函数

先讨论布朗粒子的速度。将式(9.2.1)改写为

$$v = -\beta v + A(t) \tag{9.3.21}$$

式中，v 是布朗粒子的速度，$\beta = \alpha/m$，$A(t) = F'(t)/m$。

设在 $t = t_0$ 时，布朗粒子的速度为 v_0，则在 $t > t_0$ 时，式(9.3.21)的解为

$$v(t) = v(t_0)e^{-\beta(t-t_0)} + e^{-\beta t}\int_{t_0}^t A(\zeta)e^{\beta\zeta}d\zeta \tag{9.3.22}$$

上式对所有布朗粒子均成立。

由于各个布朗粒子的涨落力不同，因此对各个布朗粒子取平均后可得

$$\overline{A(\zeta)^{粒}} = 0$$

故有

$$\overline{v(t)^{粒}} = v(t_0)e^{-\beta(t-t_0)} \tag{9.3.23}$$

式(9.3.23)表明布朗粒子的平均速度将随着时间的增加而指数衰减，它的弛豫时间 $\tau^* = \beta^{-1} = m/\alpha \approx 10^{-7}\text{s}$。

现在来求速度的相关函数。由于 $\tau^* = 10^{-7}\text{s}$，平均速度随时间增加很快减小，例如 $t - t_0 \approx 10^{-6}$ 时平均速度已经很小，所以在 $t_0 \to -\infty$ 时，式(9.3.22)的右端第一项为零，于是

$$v(t) = e^{-\beta t}\int_{-\infty}^t A(\zeta)e^{\beta\zeta}d\zeta \tag{9.3.24}$$

利用式(9.3.24)可得

$$\overline{v(t)v(t')^{粒}} = \int_{-\infty}^t d\zeta \int_{-\infty}^{t'} d\zeta' e^{-\beta(t-\zeta)} e^{-\beta(t'-\zeta')} \overline{A(\zeta)A(\zeta')^{粒}}$$

利用式(9.3.18)，上式可进一步化简为

$$\overline{v(t)v(t')^{粒}} = \int_{-\infty}^t d\zeta \int_{-\infty}^{t'} d\zeta' e^{-\beta(t-\zeta)} e^{-\beta(t'-\zeta')} a\delta(\zeta-\zeta')$$

令 $\zeta = t - \eta, \zeta' = t' - \eta'$，于是

$$\overline{v(t)v(t')^{粒}} = a\int_0^\infty d\eta \int_0^\infty d\eta' e^{-\beta\eta}e^{-\beta\eta'}\delta(t-t'-\eta+n')$$
$$= ae^{-\beta(t-t')}\int_0^\infty \theta(\eta-t+t')e^{-2\beta\eta}d\eta \tag{9.3.25}$$

这里 $\theta(x)$ 为阶梯函数：

$$\theta(x) = 0(x < 0); \quad \theta(x) = 1(x > 0)$$

于是式(9.3.25)的右端等于

$$\overline{v(t)v(t')^{粒}} = \begin{cases} \dfrac{a}{2\beta}e^{-\beta(t-t')} & (t > t') \\ \dfrac{a}{2\beta}e^{-\beta(t'-t)} & (t < t') \end{cases} \tag{9.3.26}$$

或者统一写成

$$\overline{v(t)v(t')}^{粒} = \frac{a}{2\beta}e^{-\beta|t-t'|} \tag{9.3.27}$$

式(9.3.27)表明,虽然涨落力 $A(t)$ 不存在相关性,但速度仍然具有相关性,关联时间就是 β^{-1},它由布朗粒子在流体中所受的黏滞机制决定,但关联强度和涨落力的大小与 a 有关。

3. 涨落耗散定理

式(9.3.27)中的 a 可由布朗粒子和媒质达到热平衡的条件给出。布朗粒子和媒质达到热平衡时,布朗粒子速度的方均值可由能量均分定理求得

$$\overline{v^2(t)}^{粒} = \overline{v_x^2} = kT/m$$

把它代入式(9.3.27),并取 $t=t'$,得到

$$a = 2kT\beta/m \tag{9.3.28}$$

已知 a 是涨落力大小的量度,它来自布朗粒子所受的无规则的碰撞力;β 是布朗粒子在流体中运动时所受到的阻尼或者说是耗散机制的量度。式(9.3.28)把涨落和耗散联系起来了。耗散愈强的系统,涨落力也愈大,反之亦然。这个结果称为涨落耗散定理。它是涨落理论中极为重要的定理之一。

思考题及习题

1. 计算围绕平均值的涨落问题时,大致要经过哪几个步骤?如何选取独立变数?
2. 试用理想气体证明,强度量的均方涨落(如$\overline{(\Delta T)^2}$ 和 $\overline{(\Delta p)^2}$)与粒子数 N 成反比,而广延量的均方涨落(如$\overline{(\Delta E)^2}$ 和 $\overline{(\Delta S)^2}$)与粒子数 N 成正比,但二者的相对涨落均与 $\sqrt{N}$ 成反比。
3. 试证明:

$$\overline{(\Delta G)_N^2} = kT\left(\frac{\partial p}{\partial V}\right)_S\left[\frac{2VST}{C_p}\left(\frac{\partial V}{\partial T}\right)_p - \frac{S^2T^2}{C_p^2}\left(\frac{\partial V}{\partial T}\right)_p^2 - V^2\right] + \frac{kS^2T^2}{C_p}。$$

4. 试从 $S(x) = k\ln W(x)$ 出发导出高斯分布

$$W(x)dx = (2\pi\overline{x^2})^{-1/2}\exp(-\frac{x^2}{2\overline{x^2}})dx$$

(提示:已知当 $x = \bar{x} = 0$ 时,熵 $S(x)$ 具有极大值,将 $S(x)$ 在 $x = 0$ 处展开,并只取前二项。)

5. 试说明如何分别由式(9.2.6)和式(9.2.20)测得玻尔兹曼常数 k 和阿伏伽德罗常数 N_A。
6. 试说明如何由式(9.2.19)测得电子电荷 e。
7. 什么叫空间相关函数、时间相关函数?其各自的性质如何?
8. 试求粒子数密度的空间相关函数和布朗粒子速度的时间相关函数。
9. 试说明涨落耗散定理。

非平衡态统计物理学简介

第10章

前面几章讨论了平衡态的统计理论。然而,系统的状态是经常变动的,平衡态只是一种暂时的、特殊的现象,非平衡态才是经常的、一般的情况。因此,需要建立关于非平衡态的统计理论。

非平衡态统计理论由玻尔兹曼、麦克斯韦建立,至今已经历了一百多年的历程。近年来,这门学科已成为统计物理学中最活跃的研究方向,并正与等离子体物理、固体物理、化学反应动力学以及生化基本过程等愈来愈多的领域发生着密切联系。

非平衡态统计物理学的任务是从微观运动规律(经典力学或量子力学)出发,分析非平衡态系统在演变的过程中的行为和性质。其中新课题是定量地讨论耗散性(趋向平衡或熵增加)以及与之相联系的宏观突变现象(自发对称性破缺),其中包括趋向平衡的微观基础、系统涨落的特性、正确耗散系数的获得以及具有一定耗散性质的系统的宏观行为等等。限于本书的性质和篇幅,这里主要只介绍与玻尔兹曼方程有关的一些问题,旨在使读者了解非平衡态统计物理学的一些基本概念及耗散过程的主要特点。

本章将首先导出非平衡态分布函数满足的线性方程 —— 玻尔兹曼方程,并应用其讨论气体的黏滞现象和金属的电导率;再具体讨论碰撞对分布函数的影响,进一步得出非平衡态分布函数满足的非线性方程 —— 玻尔兹曼积分微分方程,并用它讨论系统趋向平衡的问题,得到玻尔兹曼 H 定理。

10.1　玻尔兹曼方程及其应用

10.1.1　玻尔兹曼方程

玻尔兹曼方程是稀薄气体处在非平衡态时的分布函数满足的方程。稀薄气体是指气体分子在绝大部分时间内是自由运动,即 ξ_c(分子碰撞经历的平均时间)$\ll \xi_t$(分子在相邻两次碰撞之间自由运动的平均时间)。

假定单个粒子的自由运动状态可用其速度 v 及坐标 r 来标记(很容易推广到包括其他运动自由度的情况),N 个粒子按状态的分布,可用分布函数 $f(r,v,t)$ 来描述。则在时刻 t、位于体积元 $d\tau = dxdydz$ 和速度间隔 $d\omega = dv_x dv_y dv_z$ 内的分子数为

$$f(r,v,t)d\tau d\omega$$

经过 $\mathrm{d}t$ 时间后,在 $t+\mathrm{d}t$ 时刻、位于同一体积元 $\mathrm{d}\tau$ 和同一速度间隔 $\mathrm{d}\omega$ 内的分子数变为

$$f(\boldsymbol{r},\boldsymbol{v},t+\mathrm{d}t)\mathrm{d}\tau\mathrm{d}\omega$$

当 $\mathrm{d}t$ 很小时,用泰勒级数展开,并只取前两项,可得

$$\left[f(\boldsymbol{r},\boldsymbol{v},t)+\frac{\partial f}{\partial t}\mathrm{d}t\right]\mathrm{d}\tau\mathrm{d}\omega$$

两式相减,即得在 $\mathrm{d}t$ 时间内 $\mathrm{d}\tau\mathrm{d}\omega$ 内增加的分子数为

$$\frac{\partial f}{\partial t}\mathrm{d}t\mathrm{d}\tau\mathrm{d}\omega$$

其中 $\partial f/\partial t$ 为分布函数随时间的变化率。分布函数随时间而变化有两个原因:一是分子的速度使其位置发生变化,当存在外场时,分子的加速度使其速度发生变化,这两者都会引起 f 的变化,用 $(\partial f/\partial t)_d$ 表示,称为漂移变化。二是分子间的碰撞引起 f 的变化,用 $(\partial f/\partial t)_c$ 表示,称为碰撞变化。因而分布函数随时间的变化率可表示为

$$\frac{\partial f}{\partial t}=\left(\frac{\partial f}{\partial t}\right)_d+\left(\frac{\partial f}{\partial t}\right)_c \tag{10.1.1}$$

首先分析由于漂移而引起 $\mathrm{d}\tau\mathrm{d}\omega$ 内粒子数的变化。以 x,y,z,v_x,v_y,v_z 为直角坐标,构成一个六维空间,该六维空间的体积元是以 6 对平面 $(x,x+\mathrm{d}x)$,$(y,y+\mathrm{d}y)$,$(z,z+\mathrm{d}z)$,$(v_x,v_x+\mathrm{d}v_x)$,$(v_y,v_y+\mathrm{d}v_y)$,$(v_z,v_z+\mathrm{d}v_z)$ 为边界的。在 $\mathrm{d}t$ 时间内,进、出体积元 $\mathrm{d}\tau\mathrm{d}\omega$ 的粒子数的余额,就是由于漂移而引起的 $\mathrm{d}\tau\mathrm{d}\omega$ 内的粒子数的变化。显然,在 $\mathrm{d}t$ 时间内,在界面 x 处进入 $\mathrm{d}\tau\mathrm{d}\omega$ 内的粒子数等于以 $\dot{x}\mathrm{d}t$ 为高、以 $\mathrm{d}A=\mathrm{d}y\mathrm{d}z\mathrm{d}v_x\mathrm{d}v_y\mathrm{d}v_z$ 为底的柱体内的粒子数

$$(f\dot{x})_x\mathrm{d}t\mathrm{d}A$$

同理,在 $\mathrm{d}t$ 时间内,在界面 $x+\mathrm{d}x$ 处逸出 $\mathrm{d}\tau\mathrm{d}\omega$ 的粒子数为

$$(f\dot{x})_{x+\mathrm{d}x}\mathrm{d}t\mathrm{d}A=\left[(f\dot{x})_x+\frac{\partial}{\partial x}(f\dot{x})\mathrm{d}x\right]\mathrm{d}t\mathrm{d}A$$

两式相减,得到 $\mathrm{d}t$ 时间内通过一对平面 $(x,x+\mathrm{d}x)$ 进入 $\mathrm{d}\tau\mathrm{d}\omega$ 内的净粒子数为

$$-\frac{\partial}{\partial x}(f\dot{x})\mathrm{d}x\mathrm{d}t\mathrm{d}A=-\frac{\partial}{\partial x}(f\dot{x})\mathrm{d}t\mathrm{d}\tau\mathrm{d}\omega$$

根据同样的讨论可知,在 $\mathrm{d}t$ 时间内,通过一对平面 $(v_x,v_x+\mathrm{d}v_x)$ 进入 $\mathrm{d}\tau\mathrm{d}\omega$ 内的净粒子数为

$$-\frac{\partial}{\partial v_x}(f\dot{x})\mathrm{d}t\mathrm{d}\tau\mathrm{d}\omega$$

所以,在 $\mathrm{d}t$ 时间内,通过 6 对平面进入 $\mathrm{d}\tau\mathrm{d}\omega$ 内的净分子数为

$$-\left[\frac{\partial}{\partial x}(f\dot{x})+\frac{\partial}{\partial y}(f\dot{y})+\frac{\partial}{\partial z}(f\dot{z})+\frac{\partial}{\partial v_x}(f\dot{v}_x)+\frac{\partial}{\partial v_y}(f\dot{v}_y)+\frac{\partial}{\partial v_z}(f\dot{v}_z)\right]\mathrm{d}t\mathrm{d}\tau\mathrm{d}\omega$$

$$\tag{10.1.2}$$

由于粒子的坐标 $\boldsymbol{r}$ 与其速度 $\boldsymbol{v}$ 是相互独立的变量,所以

$$\frac{\partial v_x}{\partial x}=\frac{\partial v_y}{\partial y}=\frac{\partial v_z}{\partial z}=0$$

若作用在一个粒子上的外力 $\boldsymbol{F}=F_x\boldsymbol{i}+F_y\boldsymbol{j}+F_z\boldsymbol{k}$ 满足

$$\frac{\partial F_x}{\partial v_x}+\frac{\partial F_y}{\partial v_y}+\frac{\partial F_z}{\partial v_z}=0$$

例如重力或电磁力,则式(10.1.2)可简化为

$$-\left[v_x\frac{\partial f}{\partial x}+v_y\frac{\partial f}{\partial y}+v_z\frac{\partial f}{\partial z}+\frac{1}{m}\left(F_x\frac{\partial f}{\partial v_x}+F_y\frac{\partial f}{\partial v_y}+F_z\frac{\partial f}{\partial v_z}\right)\right]\mathrm{d}t\mathrm{d}\tau\mathrm{d}\omega$$

于是

$$\left(\frac{\partial f}{\partial t}\right)_d=-\left(\boldsymbol{v}\cdot\nabla_r f+\frac{\boldsymbol{F}}{m}\cdot\nabla_v f\right) \tag{10.1.3}$$

式中

$$\nabla_r=\boldsymbol{i}\frac{\partial}{\partial x}+\boldsymbol{j}\frac{\partial}{\partial y}+\boldsymbol{k}\frac{\partial}{\partial z},\nabla_v=\boldsymbol{i}\frac{\partial}{\partial v_x}+\boldsymbol{j}\frac{\partial}{\partial v_y}+\boldsymbol{k}\frac{\partial}{\partial v_z}\text{。}$$

再分析由于碰撞而引起的 $\mathrm{d}\tau\mathrm{d}\omega$ 中粒子数的变化。这个问题的详细讨论将在本章10.2节进行,这里只对分布函数的碰撞变化率做唯象的讨论。当分布函数 f 偏离了局域平衡的分布函数 $f^{(0)}$ 时,粒子间的相互碰撞将使系统趋向局域平衡。

假定

$$\left(\frac{\partial f}{\partial t}\right)_c\propto(f-f^{(0)})$$

即

$$\left(\frac{\partial f}{\partial t}\right)_c=-\frac{f-f^{(0)}}{\xi_0} \tag{10.1.4}$$

式中,$-1/\xi_0$ 为比例系数,ξ_0 具有时间的量纲。

将式(10.1.3)和式(10.1.4)代入式(10.1.1),就得到非平衡态分布函数 f 随时间的演化方程

$$\frac{\partial f}{\partial t}=-\left(\boldsymbol{v}\cdot\nabla_r f+\frac{\boldsymbol{F}}{m}\cdot\nabla_v f\right)-\frac{f-f^{(0)}}{\xi_0} \tag{10.1.5}$$

即玻尔兹曼方程。

几点讨论。

(1)因为粒子间的相互碰撞不会改变局域平衡的分布函数 $f^{(0)}$,即

$$\left(\frac{\partial f^{(0)}}{\partial t}\right)_c=0$$

所以式(10.1.4)可改写为

$$\left[\frac{\partial(f-f^{(0)})}{\partial t}\right]_c=-\frac{f-f^{(0)}}{\xi_0}$$

积分上式得到

$$f(t)-f^{(0)}=[f(0)-f^{(0)}]\mathrm{e}^{-t/\xi_0}$$

上式说明,由于粒子的碰撞,分布函数对局域平衡的分布函数的偏离在时间 ξ_0 内减少为初始偏离的 e 分之一,因此 ξ_0 称为弛豫时间。

(2)可以证明(参见王竹溪《统计物理学导论》),将粒子视为弹性刚球,式(10.1.4)总是成立的,并且 ξ_0 就是粒子连续两次碰撞之间所经历的时间。

(3)对于稳恒的状态

$$\frac{\partial f}{\partial t}=0$$

由式(10.1.5)可得

$$\boldsymbol{v} \cdot \nabla_r f + \frac{\boldsymbol{F}}{m} \cdot \nabla_v f = -\frac{f - f^{(0)}}{\xi_0} \qquad (10.1.6)$$

此为定态玻尔兹曼方程。

10.1.2　金属的电导率

实验发现,若在金属内部存在一个恒定且均匀的沿 z 方向的电场,则电流密度 J_z 与电场强度 E_z 成正比,即

$$J_z = \sigma E_z \qquad (10.1.7)$$

此即欧姆定律,σ 是金属的电导率。

下面从统计物理学的角度给出电流密度 J_z 的表达式。设单位体积内、速度 $\boldsymbol{v}$ 处的一个量子态上的平均电子数为 f,则单位体积内,速度为 $\boldsymbol{v}$,且在速度间隔 $\mathrm{d}\omega = \mathrm{d}v_x \mathrm{d}v_y \mathrm{d}v_z$ 内的平均电子数为 $f \dfrac{2m^3}{h^3} \mathrm{d}\omega$。其中的"2"表示电子有两个自旋取向。电流密度 J_z 等于在单位时间内通过单位截面的电子数乘以电子的电荷$(-\mathrm{e})$,即

$$J_z = -\mathrm{e} \int_{-\infty}^{\infty} v_z f \frac{2m^3}{h^3} \mathrm{d}\omega \qquad (10.1.8)$$

若不存在外电场 E_z,$f = f^{(0)}$ 就是通常的费米分布

$$f = f^{(0)} = \frac{1}{\mathrm{e}^{\beta(\frac{p^2}{2m} - \mu)} + 1} \qquad (10.1.9)$$

将上式代入式(10.1.8),并考虑被积函数是 v_z 的奇函数,积分得 $J_z = 0$。这说明,不存在外电场时,金属内部没有电流,与实际相符。

若存在外电场,稳恒状态下电子的分布函数 f 由玻尔兹曼方程(10.1.6)确定。由于电场恒定、均匀,且沿 z 方向无温度梯度,故

$$\nabla_r f = 0$$

又因为电场强度

$$E = E_z$$

即

$$F_x = F_y = 0, \ F_z = -\mathrm{e}E_z$$

所以,玻尔兹曼方程(10.1.6)简化为

$$-\frac{\mathrm{e}E_z}{m} \frac{\partial f}{\partial v_z} = -\frac{f - f^{(0)}}{\xi_0} \qquad (10.1.10)$$

在弱电场下,f 偏离 $f^{(0)}$ 很小,假设

$$f = f^{(0)} + f' \qquad (10.1.11)$$

其中 $f' \ll f^{(0)}$。将式(10.1.11)代入式(10.1.10),并略去 $\partial f'/\partial v_z$,可得

$$f' = \frac{\mathrm{e}E_z \xi_0}{m} \frac{\partial f^{(0)}}{\partial v_z}$$

因此

$$f = f^{(0)} + \frac{eE_z\xi_0}{m}\frac{\partial f^{(0)}}{\partial v_z}$$

将上式代入式(10.1.8),并注意右端第一项 $f^{(0)}$ 代入后积分为零,故有

$$J_z = -\frac{e^2 E_z}{m}\int_{-\infty}^{\infty}\xi_0 v_z \frac{\partial f^{(0)}}{\partial v_z}\frac{2m^3}{h^3}\mathrm{d}\omega$$

由于费米分布仅在 $\varepsilon = \mu$ 附近才有 $\partial f^{(0)}/\partial v_z \neq 0$,所以对 J_z 有贡献的仅是 $\varepsilon = \mu$ 附近的那些电子。因此可在上式中令 $\xi_0 = \xi_F(\varepsilon \approx \mu$ 附近,弛豫时间的值),这样

$$J_z = -\frac{e^2 E_z}{m}\xi_F\int_{-\infty}^{\infty} v_z \frac{\partial f^{(0)}}{\partial v_z}\frac{2m^3}{h^3}\mathrm{d}\omega$$

利用分部积分

$$\int_{-\infty}^{\infty} v_z \frac{\partial f^{(0)}}{\partial v_z}\mathrm{d}v_z = \left[v_z f^{(0)}\Big|_{-\infty}^{\infty} - \int_{-\infty}^{\infty} f^{(0)}\mathrm{d}v_z\right] = -\int_{-\infty}^{\infty} f^{(0)}\mathrm{d}v_z$$

所以

$$J_z = -\frac{e^2 E_z}{m}\xi_F\int_{-\infty}^{\infty} f^{(0)}\frac{2m^3}{h^3}\mathrm{d}\omega = \frac{ne^2 \xi_F}{m}E_z$$

与式(10.1.7)比较,可得

$$\sigma = \frac{ne^2\xi_F}{m}$$

式中 n 为自由电子数密度,在高温下这一结果与实验符合。

10.2 玻尔兹曼积分微分方程

本节详细地分析碰撞对分布函数的影响,从而得出玻尔兹曼积分微分方程。

10.2.1 基本假定

(1)假设粒子是弹性刚球,球的大小和形状在碰撞时不发生变化,在碰撞时两球的相互作用力在两球球心的连线上 —— 弹性刚球模型。

(2)假定气体是稀薄的,三个或三个以上的粒子同时相碰的概率很小,可以只考虑两两分子的碰撞。

(3)稀薄气体中,任何两个粒子的速度分布是相互独立而不存在关联的 —— 粒子的混沌性假设。

10.2.2 粒子碰撞前后速度的变化

设两个粒子的质量和直径分别为 m_1, m_2 和 d_1, d_2,碰撞前后的速度分别为

$$\boldsymbol{v}_1(v_{1x}, v_{1y}, v_{1z}), \boldsymbol{v}_2(v_{2x}, v_{2y}, v_{2z})$$

和

$$\boldsymbol{v}_1'(v_{1x}', v_{1y}', v_{1z}'), \boldsymbol{v}_2'(v_{2x}', v_{2y}', v_{2z}')$$

由于碰撞是弹性的,碰撞前后动量和能量均守恒,所以

$$\begin{cases} m_1 \boldsymbol{v}_1 + m_2 \boldsymbol{v}_2 = m_1 \boldsymbol{v}_1' + m_2 \boldsymbol{v}_2' \\ \dfrac{1}{2} m_1 v_1^2 + \dfrac{1}{2} m_2 v_2^2 = \dfrac{1}{2} m_1 v_1'^2 + \dfrac{1}{2} m_2 v_2'^2 \end{cases} \tag{10.2.1}$$

上式共有 4 个方程(动量守恒三个,能量守恒一个)。当碰撞前的速度 $\boldsymbol{v}_1$,$\boldsymbol{v}_2$ 给定后,碰撞后的速度还有 6 个未知数,比方程数目多 2,故式(10.2.1)的 4 个方程不足以完全确定碰撞后的速度 $\boldsymbol{v}_1'$ 和 $\boldsymbol{v}_2'$。但是当给定碰撞方向后,碰撞后的速度 $\boldsymbol{v}_1'$ 和 $\boldsymbol{v}_2'$ 就可以完全确定了。用 $\boldsymbol{n}$ 表示两粒子相碰时由第一个粒子中心到第二个粒子中心的方向。以标志两个粒子的碰撞方向。

根据假定 1,碰撞时两粒子的相互作用力与 $\boldsymbol{n}$ 平行或反平行,每一个分子的速度改变也必与 $\boldsymbol{n}$ 平行或反平行,故有

$$\boldsymbol{v}_1' - \boldsymbol{v}_1 = \lambda_1 \boldsymbol{n}, \boldsymbol{v}_2' - \boldsymbol{v}_2 = \lambda_2 \boldsymbol{n} \tag{10.2.2}$$

其中 λ_1 和 λ_2 为待定系数。将式(10.2.2)代入式(10.2.1),可以解得

$$\lambda_1 = \frac{-2m_2}{m_1 + m_2} (\boldsymbol{v}_1 - \boldsymbol{v}_2) \cdot \boldsymbol{n}, \lambda_2 = \frac{-2m_1}{m_1 + m_2} (\boldsymbol{v}_1 - \boldsymbol{v}_2) \cdot \boldsymbol{n} \tag{10.2.3}$$

再把 λ_1 和 λ_2 代入式(10.2.2),得

$$\boldsymbol{v}_1' = \boldsymbol{v}_1 + \frac{2m_2}{m_1 + m_2} [(\boldsymbol{v}_1 - \boldsymbol{v}_2) \cdot \boldsymbol{n}] \boldsymbol{n},$$

$$\boldsymbol{v}_2' = \boldsymbol{v}_2 - \frac{2m_1}{m_1 + m_2} [(\boldsymbol{v}_2 - \boldsymbol{v}_1) \cdot \boldsymbol{n}] \boldsymbol{n} \tag{10.2.4}$$

几点讨论。

(1) 将式(10.2.4)的两式相减,得

$$\boldsymbol{v}_2' - \boldsymbol{v}_1' = (\boldsymbol{v}_2 - \boldsymbol{v}_1) - 2[(\boldsymbol{v}_2 - \boldsymbol{v}_1) \cdot \boldsymbol{n}] \boldsymbol{n} \tag{10.2.5}$$

再将等式两端平方,得

$$(\boldsymbol{v}_2' - \boldsymbol{v}_1')^2 = (\boldsymbol{v}_2 - \boldsymbol{v}_1)^2 \tag{10.2.6}$$

上式说明,两粒子的相对速率在碰撞前后不发生变化。

(2) 求式(10.2.5)与 $\boldsymbol{n}$ 的标积,可得

$$(\boldsymbol{v}_2' - \boldsymbol{v}_1') \cdot \boldsymbol{n} = -(\boldsymbol{v}_2 - \boldsymbol{v}_1) \cdot \boldsymbol{n} \tag{10.2.7}$$

上式说明,相对速度在碰撞方向 $\boldsymbol{n}$ 上的投影在碰撞前后反号。

(3) 将式(10.2.7)代入式(10.2.4),得

$$\boldsymbol{v}_1 = \boldsymbol{v}_1' + \frac{2m_2}{m_1 + m_2} [(\boldsymbol{v}_2' - \boldsymbol{v}_1') \cdot (-\boldsymbol{n})](-\boldsymbol{n})$$

$$\boldsymbol{v}_2 = \boldsymbol{v}_2' - \frac{2m_1}{m_1 + m_2} [(\boldsymbol{v}_2' - \boldsymbol{v}_1') \cdot (-\boldsymbol{n})](-\boldsymbol{n}) \tag{10.2.8}$$

比较式(10.2.8)和式(10.2.4)可以看出,如果两粒子在碰撞前的速度为 $\boldsymbol{v}_1'$ 和 $\boldsymbol{v}_2'$,碰撞方向为 $\boldsymbol{n}' = -\boldsymbol{n}$,则碰撞后的速度就是 $\boldsymbol{v}_1$ 和 $\boldsymbol{v}_2$,这种碰撞称为反碰撞。

10.2.3　粒子数的碰撞次数

现在从统计的观点讨论粒子发生碰撞的次数。以第一个粒子 m_1 的中心为球心,$d_{12} =$

$(d_1 + d_2)/2$ 为半径做一球，称为虚球，如图 $10-1$ 中虚线所示。发生碰撞时，第二个粒子 m_2 的中心必须在虚球上。设第二个粒子对第一个粒子的相对速度为 $v_2 - v_1$，$v_1 - v_2$ 与碰撞方向 $\boldsymbol{n}$ 的夹角为 θ，则

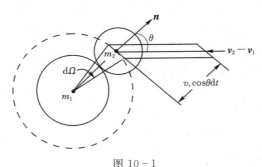

图 $10-1$

$$(v_1 - v_2) \cdot \boldsymbol{n} = v_r \cos\theta$$

其中 $v_r = |v_1 - v_2|$ 是相对速率。显然，只有当 $0 \leqslant \theta \leqslant \pi/2$ 时，这两个粒子才可能在 $\boldsymbol{n}$ 方向上发生碰撞。

在 dt 时间内，第二个粒子要在以 $\boldsymbol{n}$ 为轴线的立体角 $d\Omega$ 内碰到第一个粒子，它必须位于以 $v_2 - v_1$ 为轴线，以 $v_r \cos\theta dt$ 为高，以 $d_{12}^2 d\Omega$ 为底的柱体内。该柱体为图中画点的部分，其体积为

$$d_{12}^2 v_r \cos\theta dt d\Omega$$

若以 $f_2(\boldsymbol{r}, v_2, t)d\omega_2$ 表示单位体积内、时刻 t、速度为 v_2 且处于间隔 $d\omega_2 = dv_{2x} dv_{2y} dv_{2z}$ 内的粒子数，则 dt 时间内，速度为 v_2 且处于 $d\omega_2$ 间隔内的粒子数与速度为 v_1 的粒子在 $d\Omega$ 内相碰的次数为

$$f_2(\boldsymbol{r}, v_2, t)d\omega_2 d_{12}^2 v_r \cos\theta dt d\Omega = f_2 \Lambda d\omega_2 dt d\Omega$$

式中

$$\Lambda = d_{12}^2 v_r \cos\theta, \quad f_2 = f_2(\boldsymbol{r}, v_2, t)$$

根据假定(3)，以 $f_1(\boldsymbol{r}, v_1, t)d\tau d\omega_1$ 表示时刻 t，速度 v_1、位于体积元 $d\tau = dx dy dz$ 和速度间隔 $d\omega_1 = dv_{1x} dv_{1y} dv_{1z}$ 内的粒子数，则在时间 dt、体积元 $d\tau$ 内，速度间隔在 $d\omega_1$ 内的粒子与速度间隔在 $d\omega_2$ 内的粒子在以 $\boldsymbol{n}$ 为轴线的立体角 $d\Omega$ 内的碰撞次数为

$$f_1 f_2 d\omega_1 d\omega_2 \Lambda d\Omega dt d\tau \tag{10.2.9}$$

称为元碰撞数，式中 $f_1 = f_1(\boldsymbol{r}, v_1, t), f_2 = f_2(\boldsymbol{r}, v_2, t)$.

在反碰撞过程中，碰撞前的速度间隔 $d\omega_1'$ 和 $d\omega_2'$ 内的粒子，在以 $\boldsymbol{n}' = -\boldsymbol{n}$ 为轴线的立体角 $d\Omega$ 内相碰后，变为在速度间隔 $d\omega_1$ 和 $d\omega_2$ 的粒子。用类似的方法可以得到，在时间 dt、体积元 $d\tau$ 内，速度间隔在 $d\omega_1'$ 内的粒子与速度间隔在 $d\omega_2'$ 内的粒子，在以 $\boldsymbol{n}' = -\boldsymbol{n}$ 为轴线的立体角 $d\Omega$ 内碰撞的次数为

$$f_1' f_2' d\omega_1' d\omega_2' \Lambda' d\Omega dt d\tau \tag{10.2.10}$$

称为元反碰撞数，其中 $f_1' = f_1(\boldsymbol{r}, v_1', t), f_2' = f_2(\boldsymbol{r}, v_2', t), \Lambda' = d_{12}^2(v_1' - v_2') \cdot \boldsymbol{n}'$.

10.2.4 分布函数的碰撞变化率

首先证明，$d\omega_1' d\omega_2' = d\omega_1 d\omega_2$。根据重积分的换元法则，有

$$\mathrm{d}\omega_1'\mathrm{d}\omega_2'=\mid J\mid\mathrm{d}\omega_1\mathrm{d}\omega_2$$

其中

$$J=\frac{\partial(v_{1x}',v_{1y}',v_{1z}',v_{2x}',v_{2y}',v_{2z}')}{\partial(v_{1x},v_{1y},v_{1z},v_{2x},v_{2y},v_{2z})}$$

根据式(10.2.4)可以直接证明$\mid J\mid=1$，但计算很繁琐。通过比较式(10.2.4)和式(10.2.8)发现，式(10.2.4)给出的v_1',v_2'与v_1,v_2,n的关系跟式(10.2.8)给出的v_1,v_2与v_1',v_2',n的关系完全相同。因此

$$J'=\frac{\partial(v_{1x},v_{1y},v_{1z},v_{2x},v_{2y},v_{2z})}{\partial(v_{1x}',v_{1y}',v_{1z}',v_{2x}',v_{2y}',v_{2z}')}=J$$

由行列式相乘的法则可知，$J'J=1$，故得$\mid J\mid=1$，因而$\mathrm{d}\omega_1'\mathrm{d}\omega_2'=\mathrm{d}\omega_1\mathrm{d}\omega_2$。

又根据式(10.2.7)，则

$$\begin{aligned}\Lambda'&=d_{12}^2(v_1'-v_2')\cdot n'\\&=d_{12}^2(v_1'-v_2')\cdot(-n)\\&=d_{12}^2(v_1-v_2)\cdot n\\&=\Lambda\end{aligned}$$

这样，式(10.2.10)的元反碰撞数可化为

$$f_1'f_2'\mathrm{d}\omega_1\mathrm{d}\omega_2\Lambda\mathrm{d}\Omega\mathrm{d}t\mathrm{d}\tau\tag{10.2.11}$$

元碰撞使$\mathrm{d}\omega_1$中的粒子数减少，元反碰撞使$\mathrm{d}\omega_1$中的粒子数增加。对式(10.2.11)和式(10.2.9)中的$\mathrm{d}\omega_2$和$\mathrm{d}\Omega$积分，再相减，便可得到在时间$\mathrm{d}t$、体积元$\mathrm{d}\tau$内，速度间隔$\mathrm{d}\omega_1$中因碰撞而增加的粒子数

$$\left[\iint(f_1'f_2'-f_1f_2)\mathrm{d}\omega_2\Lambda\mathrm{d}\Omega\right]\mathrm{d}t\mathrm{d}\tau\mathrm{d}\omega_1$$

而在时间$\mathrm{d}t$、体积元$\mathrm{d}\tau$内，速度间隔$\mathrm{d}\omega_1$中因碰撞而增加的粒子数可表示为

$$\left(\frac{\partial f_1}{\partial t}\right)_c\mathrm{d}t\mathrm{d}\tau\mathrm{d}\omega_1$$

所以

$$\left(\frac{\partial f_1}{\partial t}\right)_c=\iint(f_1'f_2'-f_1f_2)\mathrm{d}\omega_2\Lambda\mathrm{d}\Omega$$

为使所得结果一般化，把v_1换为v，v_2换为v_1，则有

$$\left(\frac{\partial f}{\partial t}\right)_c=\iint(f'f_1'-ff_1)\mathrm{d}\omega_1\Lambda\mathrm{d}\Omega\tag{10.2.12}$$

此即分布函数的碰撞变化率的表达式。

10.2.5　玻尔兹曼积分微分方程

将分布函数的漂移变化率式(10.1.3)和碰撞变化率式(10.2.12)代入式(10.1.1)，可得

$$\frac{\partial f}{\partial t}=-\left(v\cdot\nabla_r f+\frac{F}{m}\cdot\nabla_v f\right)+\iint(f'f_1'-ff_1)\Lambda\mathrm{d}\omega_1\mathrm{d}\Omega\tag{10.2.13}$$

式中的两重积分限分别是

$$\int d\omega_1 = \iint \int_{-\infty}^{\infty} dv_{1x} dv_{1y} dv_{1z}$$

$$\int d\Omega = \int_0^{2\pi} d\varphi \int_0^{\pi/2} \sin\theta d\theta$$

式(10.2.13)称为玻尔兹曼积分微分方程,由它确定了气体在非平衡态的分布函数 f 后,便可以建立气体内输运过程的严格理论。然而,方程(10.2.13)的求解非常繁杂,故此处不讨论。

10.3 H 定理

现在利用玻尔兹曼积分微分方程来研究系统趋于平衡的问题。

10.3.1 H 定理

1872 年,玻尔兹曼引进了一个函数

$$H = \iint f(\boldsymbol{r},\boldsymbol{v},t)\ln f(\boldsymbol{r},\boldsymbol{v},t)d\tau d\omega = \iint f\ln f d\tau d\omega \tag{10.3.1}$$

其中 $f = f(\boldsymbol{r},\boldsymbol{v},t)$ 是分布函数,函数 $H(t)$ 随时间的演化满足

$$\frac{dH(t)}{dt} \leqslant 0 \tag{10.3.2}$$

这一结论被称为玻尔兹曼 H 定理,简称 H 定理。

现在证明该定理。

将式(10.3.1)对时间求微商,有

$$\frac{dH}{dt} = \iint (1+\ln f)\frac{\partial f}{\partial t}d\tau d\omega$$

将玻尔兹曼积分微分方程(10.2.13)代入上式得

$$\frac{dH}{dt} = -\iint (1+\ln f)\boldsymbol{v}\cdot\nabla_r f d\tau d\omega - \iint (1+\ln f)\frac{\boldsymbol{F}}{m}\cdot\nabla_r f d\tau d\omega +$$
$$\iiint (1+\ln f)(f'f'_1 - ff_1)\Lambda d\omega d\omega_1 d\Omega d\tau \tag{10.3.3}$$

式(10.3.3)右端第一项关于 $d\tau$ 的积分可化为

$$-\int (1+\ln f)(\boldsymbol{v}\cdot\nabla_r f)d\tau$$
$$=-\int \nabla\cdot(\boldsymbol{v}f\ln f)d\tau$$
$$=-\oint d\Sigma\cdot \boldsymbol{v}f\ln f$$

最后一步利用了高斯定理,$\oint d\Sigma$ 表示沿封闭器壁的面积分。由于粒子不能穿出器壁,f 在边界上必为零,因此上式积分为零,即式(10.3.3)右端第一项为零。

利用外力条件

$$\frac{\partial F_x}{\partial v_x} + \frac{\partial F_y}{\partial v_y} + \frac{\partial F_z}{\partial v_z} = 0$$

式(10.3.3)右端第二项关于 $d\omega$ 的积分可化为

$$-\int (1+\ln f)\frac{\boldsymbol{F}}{m}\cdot\nabla_v f\,d\omega$$

$$=-\frac{1}{m}\int(1+\ln f)\left[\frac{\partial}{\partial v_x}(F_x f)+\frac{\partial}{\partial v_y}(F_y f)+\frac{\partial}{\partial v_z}(F_z f)\right]d\omega$$

$$=-\frac{1}{m}\int\left[\frac{\partial}{\partial v_x}(F_x f\ln f)+\frac{\partial}{\partial v_y}(F_y f\ln f)+\frac{\partial}{\partial v_z}(F_z f\ln f)\right]d\omega$$

因为当 $v_x(v_y,v_z)\to\pm\infty$ 时,必有 $f=0$,所以上式右端三项积分都为零,例如

$$\int_{-\infty}^{\infty}\frac{\partial}{\partial v_x}(F_x f\ln f)dv_x=\left[F_x f\ln f\right]\Big|_{-\infty}^{\infty}=0$$

因此式(10.3.3)右端第二项等于零。所以,由式(10.3.3)可得

$$\frac{dH}{dt}=\iiint(1+\ln f)(f'f_1'-ff_1)\Lambda\,d\omega\,d\omega_1\,d\Omega\,d\tau \tag{10.3.4}$$

因为 H 只是时间的函数,故 H 也可表为

$$H(t)=\iint f_1\ln f_1\,d\omega_1\,d\tau$$

利用这个 H,并重复上面的计算可得(也可在式(10.3.4)中令 $v_1\leftrightarrows v$ 得到)

$$\frac{dH}{dt}=\iiint(1+\ln f_1)(f'f_1'-ff_1)\Lambda\,d\omega\,d\omega_1\,d\Omega\,d\tau \tag{10.3.5}$$

式(10.3.5)与式(10.3.4)相加,得

$$\frac{dH}{dt}=\frac{1}{2}\iiint(2+\ln ff_1)(f'f_1'-ff_1)\Lambda\,d\omega\,d\omega_1\,d\Omega\,d\tau \tag{10.3.6}$$

同样,函数 H 也可表为

$$H=\iint f'\ln f'\,d\omega'\,d\tau$$

或

$$H=\iint f_1'\ln f_1'\,d\omega_1'\,d\tau$$

利用 H 的这两个表达式,重复以上的计算可得(也可在式(10.3.6)中令 $v\leftrightarrows v',v_1\leftrightarrows v_1'$ 得出)

$$\frac{dH}{dt}=\frac{1}{2}\iiint(2+\ln f'f_1')(ff_1-f'f_1')\,d\omega'\,d\omega_1'\,d\Omega\,d\tau$$

因为上节已经证明

$$d\omega_1'd\omega'=d\omega_1\,d\omega,$$
$$\Lambda'=\Lambda$$

故上式可化为

$$\frac{dH}{dt}=\frac{1}{2}\iiint(2+\ln f'f_1')(ff_1-f'f_1')\,d\omega\,d\omega_1\,\Lambda\,d\Omega\,d\tau \tag{10.3.7}$$

将式(10.3.7)与式(10.3.6)相加,并除以 2,便得

$$\frac{dH}{dt}=-\frac{1}{4}\iiint(ff_1-f'f_1')(\ln ff_1-\ln f'f_1')\,d\omega\,d\omega_1\,\Lambda\,d\Omega\,d\tau \tag{10.3.8}$$

上式中,若 $ff_1 > f'f'_1$,则

$$\ln ff_1 > \ln f'f'_1, (ff_1 - f'f'_1)(\ln ff_1 - \ln f'f'_1) > 0;$$

若 $ff_1 < f'f'_1$,则

$$\ln ff_1 < \ln f'f'_1, (ff_1 - f'f'_1)(\ln ff_1 - \ln f'f'_1) > 0。$$

因此,不论 ff_1 与 $f'f'_1$ 的数值如何,都有

$$(ff_1 - f'f'_1)(\ln ff_1 - \ln f'f'_1) \geqslant 0$$

即

$$\frac{\mathrm{d}H}{\mathrm{d}t} \leqslant 0 \tag{10.3.9}$$

其中等号当且仅当

$$ff_1 = f'f'_1 \tag{10.3.10}$$

时才成立。这就证明了 H 定理。

几点说明。

(1)H 定理的意义:不论初始状态如何,系统的 H 函数总是趋向减少的。H 随时间的变化率提供了一个趋向平衡态的标志:当 H 减少到极小值而不再改变时,系统就达到平衡态。可见,H 定理与热力学中的熵增加原理相当。

(2)H 定理是统计性的,也就是说,当系统处于非平衡态时,H 随时间减少的概率最大。但 H 定理并不排斥 H 的偶然增加,只是增加的概率很小而已。

(3)由式(10.3.4)可见,如果 $ff_1 = f'f'_1$,则 $\mathrm{d}H = 0$,即系统必达到平衡态;如果 $\mathrm{d}H = 0$,即系统达到了平衡态,则必有 $ff_1 = f'f'_1$。所以 $ff_1 = f'f'_1$ 是系统达到平衡态的充分必要条件,这个结果又称细致平衡原理。

10.3.2　平衡态的分布函数

将 $ff_1 = f'f'_1$ 两边取对数,得

$$\ln f + \ln f_1 = \ln f' + \ln f'_1 \tag{10.3.11}$$

该式是 $\ln f$ 的线性方程,它表明两个粒子碰撞前后速度的函数 $\ln f$ 是守恒的。

由于碰撞前后粒子数守恒、动量守恒和能量守恒,于是式(10.3.11)的可能特解有下列 5 个

$$\ln f = 1, mv_x, mv_y, mv_z, \frac{1}{2}mv^2 \tag{10.3.12}$$

例如,

$$\ln f = mv_x$$

则式(10.3.11)就是

$$mv_x + mv_y = mv'_x + mv'_y$$

它表示 x 方向的动量守恒。又因方程(10.3.11)是线性的,所以其普遍解应是所列特解的线性组合:

$$\ln f = \alpha_0 + \alpha_1 mv_x + \alpha_2 mv_y + \alpha_3 mv_z + \frac{1}{2}\alpha_4 m(v_x^2 + v_y^2 + v_z^2) \tag{10.3.13}$$

其中 α_0、α_1、α_2、α_3、α_4 都是与速度无关的系数。由式(10.3.13)求得

$$f = e^{\alpha_0} \cdot e^{\frac{1}{2}\alpha_4 m \left(v_x^2 + \frac{2\alpha_1}{\alpha_4}v_x\right)} \cdot e^{\frac{1}{2}\alpha_4 m \left(v_y^2 + \frac{2\alpha_2}{\alpha_4}v_y\right)} \cdot e^{\frac{1}{2}\alpha_4 m \left(v_z^2 + \frac{2\alpha_3}{\alpha_4}v_z\right)}$$

把指数项整理为完全平方,得

$$f = a e^{b\left[(v_x-v_{0x})^2 + (v_y-v_{0y})^2 + (v_z-v_{0z})^2\right]} \tag{10.3.14}$$

其中

$$a = \exp\left[\alpha_0 - \frac{m}{2\alpha_4}(\alpha_1^2 + \alpha_2^2 + \alpha_3^2)\right],$$

$$b = \frac{1}{2}\alpha_4 m,$$

$$v_{0x} = -\frac{\alpha_1}{\alpha_4},$$

$$v_{0y} = -\frac{\alpha_2}{\alpha_4},$$

$$v_{0z} = -\frac{\alpha_3}{\alpha_4}$$

将式(10.3.14)的分布函数形式分别代入以下各式

$$n = \int f \mathrm{d}\omega,$$

$$\bar{v}_x = \frac{1}{n}\int v_x f \mathrm{d}\omega,$$

$$\bar{v}_y = \frac{1}{n}\int v_y f \mathrm{d}\omega,$$

$$\bar{v}_z = \frac{1}{n}\int v_z f \mathrm{d}\omega,$$

$$\bar{\varepsilon} = \frac{3}{2}kT = \frac{1}{2}\int (v-v_0)^2 f \mathrm{d}\omega$$

可以分别求得:

$$a = n\left(\frac{m}{2\pi kT}\right)^{3/2},$$

$$b = -\frac{m}{2kT},$$

$$v_{0x} = \bar{v}_x,$$

$$v_{0y} = \bar{v}_y,$$

$$v_{0z} = \bar{v}_z$$

于是

$$f = n\left(\frac{m}{2\pi kT}\right)^{3/2} e^{-\frac{m}{2kT}\left[(v_x-\bar{v}_x)^2 + (v_y-\bar{v}_y)^2 + (v_z-\bar{v}_z)^2\right]} = n\left(\frac{m}{2\pi kT}\right)^{3/2} e^{-\frac{m}{2kT}(v-v_0)^2}$$

$$\tag{10.3.15}$$

式中,v_0 是系统的整体速度,其三个分量分别为 $\bar{v}_x$、$\bar{v}_y$、$\bar{v}_z$.

几点讨论。

(1) 当系统达到平衡态时,分布函数 f 必不随时间变化,即 $\frac{\partial f}{\partial t} = 0$。由玻尔兹曼积分微分方程(10.2.13)和平衡态的充要条件(10.3.10)可得

$$\boldsymbol{v} \cdot \nabla_r f + \frac{\boldsymbol{F}}{m} \cdot \nabla_v f = 0 \tag{10.3.16}$$

上式表明,系统达到平衡态时,由碰撞和漂移所引起的分布函数的改变各自分别抵消。

(2) 用 f 除式(10.3.16)得

$$\boldsymbol{v} \cdot \nabla_r \ln f + \frac{\boldsymbol{F}}{m} \cdot \nabla_v \ln f = 0$$

将式(10.3.15)代入上式,并考虑到 n、T、$\bar{v}_x$、$\bar{v}_y$、$\bar{v}_z$ 均与速度无关,而有可能是坐标的函数,于是有

$$\boldsymbol{v} \cdot \nabla_r \left[\ln n + \frac{3}{2} \ln \frac{m}{2\pi kT} - \frac{m}{2kT} (\boldsymbol{v} - \boldsymbol{v}_0)^2 \right] - \frac{1}{kT} \boldsymbol{F} \cdot (\boldsymbol{v} - \boldsymbol{v}_0) = 0 \tag{10.3.17}$$

上式对于任何 $\boldsymbol{v}$ 值都成立,即对 $\boldsymbol{v}$ 该式是恒等式。因此,式中 $\boldsymbol{v}$ 的各幂次的系数都应等于零。

① 若令(10.3.17)式中 $\boldsymbol{v}$ 的三次项系数为零,则

$$\boldsymbol{v} \cdot \nabla_r \left(\frac{m}{2kT} \boldsymbol{v}^2 \right) = 0 \tag{10.3.18}$$

即

$$\nabla T = 0$$

或

$$\frac{\partial T}{\partial x} = \frac{\partial T}{\partial y} = \frac{\partial T}{\partial z} = 0$$

② 若令(10.3.17)式中 $\boldsymbol{v}$ 的二次项系数为零,得

$$\boldsymbol{v} \cdot \nabla_r \left[\frac{m}{kT} (\boldsymbol{v} \cdot \boldsymbol{v}_0) \right] = 0$$

请读者自行证明下列关系,(注意利用 $\nabla T = 0$):

$$\begin{cases} \dfrac{\partial v_{0x}}{\partial x} = \dfrac{\partial v_{0y}}{\partial y} = \dfrac{\partial v_{0z}}{\partial z} \\ \dfrac{\partial v_{0y}}{\partial z} + \dfrac{\partial v_{0z}}{\partial y} = \dfrac{\partial v_{0z}}{\partial x} + \dfrac{\partial v_{0x}}{\partial z} = \dfrac{\partial v_{0x}}{\partial y} + \dfrac{\partial v_{0y}}{\partial x} \end{cases} \tag{10.3.19}$$

而且式(10.3.19)的解是

$$\boldsymbol{v}_0 = \boldsymbol{C} + \boldsymbol{\omega} \times \boldsymbol{r} \tag{10.3.20}$$

式中,$\boldsymbol{C}$ 和 $\boldsymbol{\omega}$ 是常矢量。式(10.3.20)表明,系统整体运动相当于具有恒定平动速度 $\boldsymbol{C}$ 和恒定转动角速度 $\boldsymbol{\omega}$ 的刚体运动。这就是说,处在平衡状态的系统,其整体运动只可能是具有恒定速度的平动和恒定角速度的转动。

③ 若令式(10.3.17)中 $\boldsymbol{v}$ 的一次项系数为零,则得(利用 $\nabla T = 0$)

$$\nabla_r \left[\ln n - \frac{m}{2kT} \boldsymbol{v}_0^2 \right] - \frac{1}{kT} \boldsymbol{F} = 0$$

若外力可写成势函数 φ 的梯度 $\boldsymbol{F} = -\nabla \varphi$,则积分上式可得

$$n = n_0 \exp\left[\frac{mv_0^2}{2kT} - \frac{\varphi}{kT}\right] \tag{10.3.21}$$

式中,n_0 为积分常数。上式确定了平衡态下分子数密 n 随位置的变化。

④ 若令式(10.3.17)中 v 的零次项系数为零,则得

$$v_0 \cdot F = 0 \tag{10.3.22}$$

该式表明,平衡系统的整体速度 v_0 必与外力 F 垂直。例如,$F = mg$,则 v_0 必须在水平面内。

思考题及习题

1. 试证明只有一种气体分子(直径为 d,分子数密度为 n)的理想气体中,一个分子在单位时间内的平均碰撞次数为 $\sqrt{2}\,\pi n d^2 \bar{v}$.

2. 设在平衡态下,质量为 m,电量为 e 的粒子遵从玻尔兹曼分布,试根据玻尔兹曼方程证明弱电场下的电导率可表为

$$\sigma = \frac{ne^2}{m}\overline{\tau_0}$$

式中,n 为粒子的数密度,$\overline{\tau_0}$ 为弛豫时间的平均值。

3. 被吸附在表面的气体分子(直径为 d) 做二维运动,试导出该二维气体的玻尔兹曼积分微分方程。

$$\left[\text{答}:\frac{\partial f}{\partial t} + v_x\frac{\partial f}{\partial x} + v_y\frac{\partial f}{\partial y} + X\frac{\partial f}{\partial x} + Y\frac{\partial f}{\partial y} = \iint (f'f_1' - ff_1)\,\mathrm{d}^2 v_r\cos\theta\mathrm{d}v_{1x}\mathrm{d}v_{1y}\right]$$

4. 试根据 H 函数的定义

$$H = \iint f\ln f\mathrm{d}\tau\mathrm{d}\omega$$

证明:处于平衡态的单原子分子理想气体的 H 为

$$H = N\left(\ln n + \frac{3}{2}\ln\frac{m}{2\pi kT} - \frac{3}{2}\right)$$

5. 试由细致平衡条件导出 $B\text{-}E$ 分布。

6. 试由细致平衡条件导出 $F\text{-}D$ 分布。

附　　录

附录 1　全微分(恰当微分)

在热力学中,当改变系统的热力学状态时,态函数的改变量必与所取路径无关,否则态函数中将包含该系统的历史信息。正是态函数的这个性质,使他们在探究各种系统平衡态的变化中十分有用。而态函数的微小改变量在数学上对应于全微分。这里我们复习一下全微分的理论。

设 F 是一个依赖于两个独立变量 x_1 和 x_2 的函数,即 $F = F(x_1, x_2)$。F 的微分定义为

$$dF = M_1 dx_1 + M_2 dx_2 \tag{1}$$

式中,$M_1 = (\partial F/\partial x_1)_{x_2}$ 是保持 x_2 不变时 F 对 x_1 的偏导数,$M_2 = (\partial F/\partial x_2)_{x_1}$ 是保持 x_1 不变时 F 对 x_2 的偏导数。如果 F 和它的导数连续,并满足下列条件:

$$\left[\frac{\partial}{\partial x_2} \left(\frac{\partial F}{\partial x_1} \right)_{x_2} \right]_{x_1} = \left[\frac{\partial}{\partial x_1} \left(\frac{\partial F}{\partial x_2} \right)_{x_1} \right]_{x_2}$$

那么

$$\left(\frac{\partial M_1}{\partial x_2} \right)_{x_1} = \left(\frac{\partial M_2}{\partial x_1} \right)_{x_2} \tag{2}$$

则 dF 是一个全微分,(2) 式称为全微分条件。

若 dF 是全微分,则有以下推论

(1) 积分

$$F(B) - F(A) = \int_A^B dF = \int_A^B (M_1 dx_1 + M_2 dx_2)$$

的值只依赖于端点 A 和 B,与 A、B 间选取的路径无关。

(2) dF 绕一闭合路径积分为零,即

$$\oint_{闭路} dF = \oint_{闭路} (M_1 dx_1 + M_2 dx_2) \equiv 0$$

(3) 若人们只知 dF,则函数 F 可确定到只差一个相加常数。

如果 F 依赖于两个以上的变量,那么上述几点不难加以推广。设 $F = F(x_1, x_2 \cdots, x_n)$,则微分 dF 为

$$dF = \sum_{i=1}^n M_i dx_i \tag{3}$$

式中,$M_i = \left(\dfrac{\partial F}{\partial x_i} \right)_{\{x_{j \neq i}\}}$ 表示除 x_i 外其他变量都不变时 F 对 x_i 的偏导数。对于任一对变量,下列关系都成立

$$\left[\frac{\partial}{\partial x_l}\left(\frac{\partial F}{\partial x_k}\right)_{\{x_{j\neq k}\}}\right]_{\{x_{j\neq l}\}}=\left[\frac{\partial}{\partial x_k}\left(\frac{\partial F}{\partial x_l}\right)_{\{x_{j\neq l}\}}\right]_{\{x_{j\neq k}\}} \tag{4a}$$

即

$$\left(\frac{\partial M_k}{\partial x_l}\right)_{\{x_{j\neq l}\}}=\left(\frac{\partial M_l}{\partial x_k}\right)_{\{x_{j\neq k}\}} \tag{4b}$$

例如三个独立变量的情形：

$$\mathrm{d}F=M_1\,\mathrm{d}x_1+M_2\,\mathrm{d}x_2+M_3\,\mathrm{d}x_3$$

由式(4b)可得以下结果：

$$\left(\frac{\partial M_1}{\partial x_2}\right)_{x_1,x_3}=\left(\frac{\partial M_2}{\partial x_1}\right)_{x_2,x_3},$$

$$\left(\frac{\partial M_1}{\partial x_3}\right)_{x_1,x_2}=\left(\frac{\partial M_3}{\partial x_1}\right)_{x_2,x_3},$$

$$\left(\frac{\partial M_2}{\partial x_3}\right)_{x_1,x_2}=\left(\frac{\partial M_3}{\partial x_2}\right)_{x_1,x_3}$$

一切态函数的微分都是全微分，并具有上述性质。

【例 1】 已知微分 $\mathrm{d}\Phi=(x^2+y)\mathrm{d}x+x\mathrm{d}y$，试求 Φ。

解：首先判定 $\mathrm{d}\Phi$ 是不是全微分。因为

$$\left(\frac{\partial\Phi}{\partial x}\right)_y=x^2+y,\left(\frac{\partial\Phi}{\partial y}\right)_x=x$$

于是有

$$\left[\frac{\partial}{\partial y}\left(\frac{\partial\Phi}{\partial x}\right)_y\right]_x=\left[\frac{\partial}{\partial x}\left(\frac{\partial\Phi}{\partial y}\right)_x\right]_y=1$$

所以这个微分是全微分。可以有几种方法来积分这个微分，让我们考虑其中的两种：

（1）选取一确定的路径，如附录 1 图所示

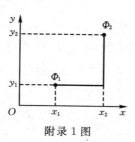

附录 1 图

$$\Phi_2-\Phi_1=\int_{x_1}^{x_2}(x^2+y_1)\mathrm{d}x+\int_{y_1}^{y_2}x_2\mathrm{d}y$$

$$=\frac{1}{3}(x_2^3-x_1^3)+y_1(x_2-x_1)+x_2(y_2-y_1)$$

$$=\frac{1}{3}(x_2^3-x_1^3)+x_2y_2-x_1y_1=\left(\frac{1}{3}x^2+xy\right)\Bigg|_{x_1,y_1}^{x_2,y_2}$$

因此

$$\Phi=\frac{1}{3}x^3+xy+C$$

(2) 固定 y 时做不定积分

$$\int \left(\frac{\partial \Phi}{\partial x}\right)_y \mathrm{d}x = \int (x^2 + y)\mathrm{d}x = \frac{x^3}{3} + xy + f(y)$$

式中 $f(y)$ 只是 y 的函数;固定 x 时做不定积分

$$\int \left(\frac{\partial \Phi}{\partial y}\right)_x \mathrm{d}y = \int x\mathrm{d}y = xy + g(x)$$

式中 $g(x)$ 只是 x 的函数。根据全微分条件,比较这两个表达式,可以看出 $f(y)$ 是一常数,而 $g(x) = x^3/3 + C$,从而得到

$$\Phi = x^3/3 + xy + C$$

【例 2】导出几个在热力学中十分有用的关系式。

给定 4 个状态参量 x、y、z 和 ω,且 $F(x,y,z) = 0$,而 ω 是变量 x、y、z 中任意两个的函数。试证明:

$$\left(\frac{\partial x}{\partial y}\right)_z = \frac{1}{\left(\frac{\partial y}{\partial x}\right)_z}, \left(\frac{\partial x}{\partial y}\right)_z \left(\frac{\partial y}{\partial z}\right)_x \left(\frac{\partial z}{\partial x}\right)_y = -1 \qquad (5)$$

$$\left(\frac{\partial x}{\partial \omega}\right)_z = \left(\frac{\partial x}{\partial y}\right)_z \left(\frac{\partial y}{\partial \omega}\right)_z, \left(\frac{\partial x}{\partial y}\right)_z = \left(\frac{\partial x}{\partial y}\right)_\omega + \left(\frac{\partial x}{\partial \omega}\right)_y \left(\frac{\partial \omega}{\partial y}\right)_z \qquad (6)$$

证明:

(1) 证明式(5):因为 $F(x,y,z) = 0$,所以 $x = x(y,z)$,$y = y(x,z)$,其微分式分别为

$$\mathrm{d}x = \left(\frac{\partial x}{\partial y}\right)_z \mathrm{d}y + \left(\frac{\partial x}{\partial z}\right)_y \mathrm{d}z$$

$$\mathrm{d}y = \left(\frac{\partial y}{\partial x}\right)_z \mathrm{d}x + \left(\frac{\partial y}{\partial z}\right)_x \mathrm{d}z$$

消去这两个方程中的 $\mathrm{d}y$,得

$$\left[\left(\frac{\partial x}{\partial y}\right)_z \left(\frac{\partial y}{\partial x}\right)_z - 1\right]\mathrm{d}x + \left[\left(\frac{\partial x}{\partial y}\right)_z \left(\frac{\partial y}{\partial z}\right)_x + \left(\frac{\partial x}{\partial z}\right)_y\right]\mathrm{d}z = 0$$

因为 $\mathrm{d}x$ 和 $\mathrm{d}z$ 是可以对立变化的,所以可分别令它们的系数为零,正好得到式(5)。

(2) 证明式(6):因为 $F(x,y,z) = 0$,所以 $y = y(x,z)$;因为 $\omega = \omega(x,z)$,所以 $z = z(x,\omega)$;y 和 z 的微分式分别为

$$\mathrm{d}y = \left(\frac{\partial y}{\partial x}\right)_z \mathrm{d}x + \left(\frac{\partial y}{\partial z}\right)_x \mathrm{d}z,$$

$$\mathrm{d}z = \left(\frac{\partial z}{\partial x}\right)_\omega \mathrm{d}x + \left(\frac{\partial z}{\partial \omega}\right)_x \mathrm{d}\omega$$

消去这两个方程中的 $\mathrm{d}z$,得

$$\mathrm{d}y = \left[\left(\frac{\partial y}{\partial x}\right)_z + \left(\frac{\partial y}{\partial z}\right)_x \left(\frac{\partial z}{\partial x}\right)_\omega\right]\mathrm{d}x + \left(\frac{\partial y}{\partial z}\right)_x \left(\frac{\partial z}{\partial \omega}\right)_x \mathrm{d}\omega$$

又因 $\omega = \omega(x,y)$,所以 $y = y(x,\omega)$,其微分式为

$$\mathrm{d}y = \left(\frac{\partial y}{\partial x}\right)_\omega \mathrm{d}x + \left(\frac{\partial y}{\partial \omega}\right)_x \mathrm{d}\omega$$

比较最后两个方程,根据微分形式的不变性,即可得式(6)。

这些结果在热力学理论中十分有用,应当熟记。

附录 2　齐次函数及其欧拉定理

如果函数 $f(x_1, x_2, \cdots x_n)$ 满足以下关系

$$f(\lambda x_1, \cdots, \lambda x_k) = \lambda^m f(x_1, \cdots x_k) \tag{1}$$

则称该函数 f 为 $x_1, \cdots x_k$ 的 m 次齐次函数。将式(1)两边对 λ 求导数后,再令 $\lambda = 1$,可得

$$\sum_i x_i \frac{\partial f}{\partial x_i} = mf \tag{2}$$

此即齐次函数的欧拉定理。

附录 3　斯特令公式

根据阶乘的定义

$$n! = 1 \times 2 \times 3 \cdots (n-1) \times n$$

可得

$$\ln n! = \ln 1 + \ln 2 + \cdots + \ln n = \sum_{m=1}^{n} \ln m \tag{1}$$

如果 n 很大,由式(1)可见,所有的项(除前面最小的少数几项外)都相应于 m 足够大,使得当 m 增加 1 时 $\ln m$ 只是稍增大一点。那么式(1)的求和可用积分近似表示。因此

$$\ln n! \approx \int_1^n \ln x \mathrm{d}x = \left[x \ln x - x \right] \Big|_1^n$$

所以,当 $n \gg 1$ 时

$$\ln n! \approx n \ln n - n \tag{2}$$

一个更好的近似(甚至当 n 小到 10 时,$n!$ 的误差也在 1% 以内)由下面的斯特令公式给出

$$\ln n! = n \ln n - n + \frac{1}{2} \ln(2\pi n) \tag{3}$$

当 n 十分大时,$n \gg \ln n$,式(3)就简化为式(2)。

另外,由式(3)得

$$n! = \sqrt{2\pi n} \left(\frac{n}{\mathrm{e}} \right)^n \tag{4}$$

由式(2)得

$$\frac{\mathrm{d}\ln n!}{\mathrm{d}n} = \ln n \tag{5}$$

式(4)和式(5)也是经常用到的。

附录 4　常用的定积分公式

1. 积分 $I = \displaystyle\int_{-\infty}^{\infty} \mathrm{e}^{-x^2} \mathrm{d}x$ 的计算

由于 I^2 可表示为

$$I^2 = \int_{-\infty}^{\infty} e^{-x^2} dx \int_{-\infty}^{\infty} e^{-y^2} dy = \iint_{-\infty}^{\infty} e^{-(x^2+y^2)} dxdy$$

上式是在 $x-y$ 平面上的积分，引入平面极坐标 (r,θ)，I^2 可表示为

$$I^2 = \int_0^{2\pi} \int_0^{\infty} e^{-r^2} rdrd\theta = 2\pi \int_0^{\infty} e^{-r^2} rdr = \pi$$

因此

$$I = \int_{-\infty}^{\infty} e^{-x^2} dx = \sqrt{\pi} \tag{1}$$

注意到被积函数是偶数，故有

$$\int_0^{\infty} e^{-x^2} dx = \frac{1}{2}\sqrt{\pi} \tag{2}$$

2. 积分 $I(n) = \int_0^{\infty} e^{-x} x^{n-1} dx$（$n$ 是正整数）的计算

当 $n = 1$ 时，有

$$\int_0^{\infty} e^{-x} dx = 1 \tag{3}$$

当 n 为其他整数时，分部积分一次有

$$\int_0^{\infty} e^{-x} x^{n-1} dx = -\left[e^{-x} x^{n-1}\right]_0^{\infty} + (n-1)\int_0^{\infty} e^{-x} x^{n-2} dx = (n-1)\int_0^{\infty} e^{-x} x^{n-2} dx$$

继续分部积分，并考虑到式（3）可得

$$I(n) = \int_0^{\infty} e^{-x} x^{n-1} dx = (n-1)! \tag{4}$$

3. 积分 $I(n) = \int_0^{\infty} e^{-ax^2} x^n dx$（$n$ 为零或正整数）的计算

做变量代换 $y = a^{1/2} x$，可得

$$I(0) = a^{-\frac{1}{2}} \int_0^{\infty} e^{-y^2} dy = \frac{1}{2}\sqrt{\pi} a^{-\frac{1}{2}} \tag{5}$$

$$I(1) = a^{-1} \int_0^{\infty} e^{-y^2} ydy = \frac{1}{2} a^{-1} \tag{6}$$

由于

$$I(n) = -\frac{\partial}{\partial a} \int_0^{\infty} e^{-ax^2} x^{n-2} dx = -\frac{\partial}{\partial a} I(n-2) \tag{7}$$

所以，其他的 $I(n)$ 可以通过求 $I(0)$ 或 $I(1)$ 对 a 的偏导数而得到。例如

$$I(2) = \int_0^{\infty} e^{-ax^2} x^2 dx = -\frac{\partial}{\partial a} I(0) = -\frac{1}{2}\sqrt{\pi} \frac{\partial}{\partial a} a^{-\frac{1}{2}} = \frac{1}{4}\sqrt{\pi} a^{-\frac{3}{2}} \tag{8}$$

$$I(3) = \int_0^{\infty} e^{-ax^2} x^3 dx = -\frac{\partial}{\partial a} I(1) = -\frac{1}{2}\frac{\partial}{\partial a} a^{-1} = \frac{1}{2} a^{-2} \tag{9}$$

$$I(4) = \int_0^{\infty} e^{-ax^2} x^4 dx = \frac{3}{8}\sqrt{\pi} a^{-\frac{5}{2}} \tag{10}$$

$$I(5) = \int_0^{\infty} e^{-ax^2} x^5 dx = a^{-3} \tag{11}$$

4. 积分 $I(n) = \int_0^\infty \dfrac{x^{n-1}}{e^x - 1} dx, (n = 2, 3, 4, \dfrac{3}{2}, \dfrac{5}{2})$ 的计算

因为

$$\frac{x^{n-1}}{e^x - 1} = \frac{x^{n-1} e^{-x}}{1 - e^{-x}} = x^{n-1} e^{-x}(1 + e^{-x} + e^{-2x} + \cdots) = \sum_{k=1}^\infty x^{n-1} e^{-kx}$$

故

$$I(n) = \int_0^\infty \frac{x^{n-1} dx}{e^x - 1} = \sum_{k=1}^\infty \int_0^\infty x^{n-1} e^{-kx} dx = \sum_{k=1}^\infty \frac{1}{k^n} \int_0^\infty y^{n-1} e^{-y} dy \tag{12}$$

于是有

$$I(2) = \int_0^\infty \frac{x dx}{e^x - 1} = \sum_{k=1}^\infty \frac{1}{k^2} \int_0^\infty y e^{-y} dy = \sum_{k=1}^\infty \frac{1}{k^2} = \frac{\pi^2}{6} \approx 1.645 \tag{13}$$

$$I(3) = \int_0^\infty \frac{x^2 dx}{e^x - 1} = \sum_{k=1}^\infty \frac{1}{k^3} \int_0^\infty y^2 e^{-y} dy = 2 \sum_{k=1}^\infty \frac{1}{k^3} = 2 \times 1.202 \tag{14}$$

$$I(4) = \int_0^\infty \frac{x^3 dx}{e^x - 1} = \sum_{k=1}^\infty \frac{1}{k^4} \int_0^\infty y^3 e^{-y} dy = 6 \sum_{k=1}^\infty \frac{1}{k^4} = 6 \times \frac{\pi^4}{90} = 6 \times 1.082 \tag{15}$$

$$I\left(\frac{3}{2}\right) = \int_0^\infty \frac{x^{\frac{1}{2}} dx}{e^x - 1} = \sum_{k=1}^\infty \frac{1}{k^{\frac{3}{2}}} \int_0^\infty y^{\frac{1}{2}} e^{-y} dy = 2 \sum_{k=1}^\infty \frac{1}{k^{\frac{3}{2}}} \int_0^\infty t^2 e^{-t^2} dt = \frac{1}{2} \sqrt{\pi} \times 2.612 \tag{16}$$

$$I\left(\frac{5}{2}\right) = \int_0^\infty \frac{x^{\frac{3}{2}} dx}{e^x - 1} = \sum_{k=1}^\infty \frac{1}{k^{\frac{5}{2}}} \int_0^\infty y^{\frac{3}{2}} e^{-y} dy$$

$$= 2 \sum_{k=1}^\infty \frac{1}{k^{\frac{5}{2}}} \int_0^\infty t^4 e^{-t^2} dt = \frac{3}{4} \sqrt{\pi} \sum_{k=1}^\infty \frac{1}{k^{\frac{5}{2}}} = \frac{3}{4} \sqrt{\pi} \times 1.341 \tag{17}$$

5. 积分 $I = \int_0^\infty \dfrac{x dx}{e^x + 1}$ 的计算

因为

$$\frac{x}{e^x + 1} = \frac{x e^{-x}}{1 + e^{-x}} = x e^{-x}(1 - e^{-x} + e^{-2x} - \cdots) = \sum_{k=1}^\infty (-1)^{k-1} x e^{-kx}$$

所以

$$I = \int_0^\infty \frac{x dx}{e^x - 1} = \sum_{k=1}^\infty (-1)^{k-1} \int_0^\infty x e^{-kx} dx$$

$$= \sum_0^\infty (-1)^{k-1} \frac{1}{k^2} \int_0^\infty y e^{-y} dy = \sum_{k=1}^\infty (-1)^{k-1} \frac{1}{k^2} = \frac{\pi^2}{12} \tag{18}$$

6. 积分 $I = \int_0^\infty \dfrac{f(\varepsilon)}{e^{(\varepsilon - \mu)/kT} + 1} d\varepsilon, (\dfrac{\mu}{kT} \gg 1)$ 的计算

做变量代换 $\varepsilon - \mu = kTx$, 可得

$$I = \int_{-\frac{\mu}{kT}}^\infty \frac{f(\mu + kTx)}{e^x + 1} kT dx = kT \int_{-\frac{\mu}{kT}}^0 \frac{f(\mu - kTx)}{e^x + 1} dx + kT \int_0^\infty \frac{f(\mu + kTx)}{e^x + 1} dx$$

$$= kT \int_0^{\frac{\mu}{kT}} \frac{f(\mu - kTx)}{e^{-x} + 1} dx + kT \int_0^\infty \frac{f(\mu + kTx)}{e^x + 1} dx$$

由于

$$\frac{1}{e^{-x} + 1} = 1 - \frac{1}{e^x + 1}$$

并考虑到

$$\frac{\mu}{kT} \gg 1$$

可得

$$I = \int_0^\mu f(\varepsilon)\,d\varepsilon + kT \int_0^\infty \frac{f(\mu+kTx) - f(\mu-kTx)}{e^x + 1}\,dx \tag{19}$$

又因被积函数的分母使对积分的贡献主要来自 x 较小的范围,所以可将被积函数的分子展开为 x 的幂级数,并只取到 x 的一次项,即

$$f(\mu+kTx) = f(\mu) + f'(\mu)kTx + \cdots$$
$$f(\mu-kTx) = f(\mu) - f'(\mu)kTx + \cdots$$

代入式(19),并利用式(18),可得

$$I = \int_0^\mu f(\varepsilon)\,d\varepsilon + 2\,(kT)^2 f'(\mu) \int_0^\infty \frac{x}{e^x + 1}\,dx + \cdots$$
$$= \int_0^\mu f(\varepsilon)\,d\varepsilon + \frac{\pi^2}{6}\,(kT)^2 f'(\mu) + \cdots \tag{20}$$

附录 5 半径为 R 的 n 维球的体积与表面积

在以 $x_1, x_2, \cdots, x_n$ 为轴的 n 维空间中,一个体积元 $d\Gamma$ 为

$$d\Gamma = \prod_{i=1}^n dx_i \tag{1}$$

在该空间中,半径为 R 的球的体积为

$$V_n(R) = \iint_{\prod_{i=1}^n} dx_i, \quad 0 \leqslant \sum_{i=1}^n x_i^2 \leqslant R^2 \tag{2}$$

球的体积 $V_n(R)$ 显然与 R^n 成正比,故

$$V_n(R) = C_n R^n \tag{3}$$

球的表面积是

$$A_n(R) = n C_n R^{n-1} \tag{4}$$

为了求出 C_n,计算积分

$$I_n = \int_{-\infty}^\infty \cdots \int_{-\infty}^\infty e^{-a(x_1^2 + \cdots + x_n^2)}\,dx_1 dx_2 \cdots dx_n \tag{5}$$

该积分有两种不同的算符。

其一:由于

$$\int_{-\infty}^\infty e^{-ax_i^2}\,dx_i = \left(\frac{\pi}{a}\right)^{\frac{1}{2}}$$

所以

$$I_n = \left(\frac{\pi}{a}\right)^{\frac{n}{2}} \tag{6}$$

其二:将 $x_1, x_2, \cdots, x_n$ 为轴的 n 维空间划分成球层,则

$$I_n = \int_0^\infty e^{-aR^2} nC_n R^{n-1} dR = \frac{1}{2} nC_n \int_0^\infty e^{-ar} r^{\frac{n}{2}-1} dr = \frac{1}{2} nC_n a^{\frac{-n}{2}} \int_0^\infty e^{-ar} (ar)^{\frac{n}{2}-1} d(ar)$$

利用附录 4 式(4),可得

$$I_n = \frac{1}{2} nC_n a^{-\frac{n}{2}} \left(\frac{n}{2}-1\right)! = \left(\frac{n}{2}\right)! C_n a^{-\frac{n}{2}} \tag{7}$$

比较式(6)与式(7),有

$$C_n = \frac{\pi^{\frac{n}{2}}}{\left(\frac{n}{2}\right)!}$$

代入式(3)与式(4),得

$$V_n(R) = \frac{\pi^{\frac{n}{2}}}{\left(\frac{n}{2}\right)!} R^n \tag{8}$$

$$A_n(R) = \frac{2\pi^{\frac{n}{2}}}{\left(\frac{n}{2}-1\right)!} R^{n-1} \tag{9}$$

附录6　常用的级数展开公式

1. $f(x) = f(x_0) + f'(x_0)(x-x_0) + \frac{f''(x_0)}{2!}(x-x_0)^2 + \cdots$

2. $e^x = 1 + x + \frac{x^2}{2!} + \cdots \ (-\infty < x < \infty)$

3. $\ln(1+x) = x - \frac{x^2}{2} + \frac{x^3}{3} - \frac{x^4}{4} + \cdots + (-1)^{n-1}\frac{x^n}{n} + \cdots \ (-1 < x \leqslant 1)$

4. $\ln(1-x) = -\left(x + \frac{x^2}{2} + \frac{x^3}{3} + \frac{x^4}{4} + \cdots + \frac{x^n}{n} + \cdots\right) \ (-1 \leqslant x < 1)$

5. $(1+x)^n = 1 + nx + \frac{n(n-1)}{2!}x^2 + \cdots \ (|x| < 1)$

6. $\frac{1}{1+x} = 1 - x + x^2 - x^3 + x^4 - \cdots \ (|x| < 1)$

附录7　常用的物理常数

1. 阿伏伽德罗常数 $N_A = 6.02214 \times 10^{23} \ \text{mol}^{-1}$

2. 普适气体常数 $R = 8.3145 \ \text{J} \cdot \text{K}^{-1} \cdot \text{mol}^{-1}$

3. 玻尔兹曼常数 $k = 1.38065 \times 10^{-23} \ \text{J} \cdot \text{K}^{-1}$

4. 普朗克常数 $h = 6.626 \times 10^{-34} \ \text{J} \cdot \text{S}.$

$\qquad\qquad \hbar = h/2\pi = 1.0545 \times 10^{-34} \ \text{J} \cdot \text{S}.$

5. 真空中光速 $c = 2.997925 \times 10^8 \ \text{m} \cdot \text{s}^{-1}$

6. 真空介电常数 $\varepsilon_0 = 8.854187817 \times 10^{-12} \ \text{F} \cdot \text{m}^{-1}$

7. 真空磁导率 $\mu_0 = 12.566370614 \times 10^{-7}$ N · A^{-2}

8. 万有引力常数 $G = 6.67428 \times 10^{-11}$ m^3 · kg^{-1} · s^{-2}

9. 电子电量 $e = 1.602 \times 10^{-19}$ C

10. 电子静止质量 $m_e = 9.1091 \times 10^{-31}$ kg

11. 质子静止质量 $m_p = 1.673 \times 10^{-27}$ kg

12. 玻耳磁子 $\mu_B = 9.27400915 \times 10^{-24}$ J · T^{-1}

13. 核磁子 $\mu_N = 5.05078324 \times 10^{-27}$ J · T^{-1}

14. 摩尔体积(理想气体在 273.15 K,1 atm 条件下)$v = 22.413996$ L · mol^{-1}

15. 斯特潘常量 $\sigma = 5.6704 \times 10^{-8}$ W · m^{-2} · K^{-4}

16. 标准大气压 1 atm $= 101325$ Pa

17. 电子伏特 1 eV $= 1.6021 \times 10^{-19}$ J

18. 1 Å $= 10^{-10}$ m

参考文献

[1] 龚昌德. 热力学与统计物理学[M]. 北京:高等教育出版社,1982.

[2] 王竹溪. 热力学[M]. 北京:高等教育出版社,1955.

[3] 王竹溪. 统计物理导论[M]. 北京:高等教育出版社,1956.

[4] 熊吟涛. 统计物理学[M]. 北京:人民教育出版社,1981.

[5] 马本堃,等. 热力学与统计物理学[M]. 北京:高等教育出版社,1980.

[6] 汪志诚. 热力学·统计物理[M]. 5版. 北京:高等教育出版社,2013.

[7] 朗道,E M 栗弗席兹. 统计物理学[M]. 杨训恺,等译. 北京:人民教育出版社,1964.

[8] 雷克. 统计物理现代教程[M]. 黄昀,等译. 北京:北京大学出版社,1983.

[9] 瑞夫. 统计物理学[M]. 周世勋,等译. 北京:科学出版社,1979.

[10] 彭匡鼎,李湘如. 热力学与统计物理学例题和习题[M]. 北京:高等教育出版社,1989.

[11] 中国科学技术大学物理辅导班. 热力学与统计物理学[M]. 合肥:中国科学技术大学出版社,1986.

[12] 谬胜清,王必和. 热力学·统计物理学[M]. 合肥:安徽教育出版社,1986.

[13] 梁希侠,班士良. 统计热力学[M]. 2版. 北京:科学出版社,2008.

[14] 包景东. 热力学与统计物理简明教程[M]. 北京:高等教育出版社,2011.

[15] 林宗涵. 热力学与统计物理学[M]. 北京:北京大学出版社,2007.